工学结合·基于工作过程导向的项目化创新系列教材
国家示范性高等职业教育土建类"十二五"规划教材

U0303227

建筑

识图与构造

（第2版）

JIANZHU

SHITU YU GOUZAO

主　编	盛　平	王延该
副主编	杨劲珍	潘　峰
	舒光学	曹兴亮
	游　翔	
参　编	李　娜	金中凡
	李合章	
主　审	危道军	

华中科技大学出版社
http://www.hustp.com
中国·武汉

内容简介

本书根据现代社会对高职高专层次建筑技术人才的要求编写，注重培养实际应用能力。本书编写符合最新规范，内容系统、全面，图文并茂，具有较强的实用性和借鉴性。

全书共16章，分别是：绪论、建筑制图的基本知识、投影的基本知识、民用建筑概述、基础与地下室、墙体、楼板、楼梯、屋顶、门与窗、装饰构造、变形缝、建筑施工图、结构施工图、建筑装饰施工图、给排水施工图、建筑电气施工图。《建筑识图与构造实训（第2版）》为本书的配套教材，将另行出版，以方便读者使用。

本书既可作为高等职业教育建筑工程类的专业教材，也可作为建筑工程技术人员和土建专业高等院校师生的参考用书。

图书在版编目(CIP)数据

建筑识图与构造(第2版)/盛　平　王延该　主编. -2版.—武汉：华中科技大学出版社，2013.2(2021.12重印)

ISBN 978-7-5609-8547-3

Ⅰ.建⋯　Ⅱ.①盛⋯　②王⋯　Ⅲ.①建筑制图-识别-教材　②建筑构造-教材　Ⅳ.TU2

中国版本图书馆CIP数据核字(2012)第276215号

建筑识图与构造(第2版)　　　　　　　　　　　　　　　盛　平　王延该　主编

策划编辑：张　毅
责任编辑：狄宝珠
封面设计：潘　群
责任校对：张　琳
责任监印：张正林
出版发行：华中科技大学出版社(中国·武汉)　　　电话：(027)81321913
　　　　　武汉市东湖新技术开发区华工科技园　　　邮编：430223
录　　排：禾木图文工作室
印　　刷：武汉邮科印务有限公司
开　　本：787mm×1092mm　1/16
印　　张：22
字　　数：556千字
版　　次：2021年12月第2版第5次印刷
定　　价：45.00元

前言

● ● ●

信息技术的快速发展促使建筑业日趋现代化、智能化,向安全、环保等层次发展。建筑制图与识图是建筑设计和施工的基础,建筑构造是建筑设计的重要组成部分,也是建筑施工中必须重视的重要环节,构造好坏不仅影响建筑的质量,同时也影响到建筑的使用价值和艺术价值。另一方面,随着我国建筑业的迅速发展,新材料、新技术、新工艺及新机具不断得到应用,与建筑施工密切相关的标准、规范也在不断修订和发布。由国家建设部颁发的各项质量指标对工程技术人员和工人的技术素质及管理水平有了更高的要求。

本书以近年来出版的多种版本的《房屋建筑学》、《建筑识图与构造》教材为参考,在编写中以理论联系实际和精练、实用为原则,注重基础性、广泛性和前瞻性。同时增加了装饰施工图、建筑防火、安全疏散以及建筑节能等方面的内容,以拓宽广大工程技术人员的知识面,满足 21 世纪市场变化对专业人才提出的更高要求。在标准和规范方面,全书统一和规范了许多建筑名词和术语,采用了国家和有关部门颁布的最新标准。

本书对建筑识图和建筑构造的内容进行了有机组织,强调相关内容之间的衔接和呼应,以培养学生的专业观念、岗位能力和应用能力为目标,内容新颖、条理清晰、通俗易懂,并配有大量的图例以及图集、附录。为配合工程图识读,本书单独提供了一套完整的建筑工程图图册。为了配合各院校的教学安排,本书中带"*"号的章节为选学和自学的内容。为了方便读者自学,本书在每章之后均附有复习思考题。

本书由盛平、王延该主编。全书共 16 章,王延该编写第 0、1、3 章,杨劲珍编写第 2 章,舒光学编写第 4 章,李娜编写第 5 章,游翔编写第 6 章,李合章编写第 7 章,潘峰编写第 8 章,曹兴亮编写第 9 章,盛平编写第 10～15 章,金中凡编写第 16 章。

本教材由危道军教授主审。在编写过程中,汪海龙、彭艳娜、宋翔、郭庆和张威为本书做了大量文字、图片工作,同时还得到同行的大力帮助,在此谨表感谢!

建筑学浩瀚无尽、博大精深,限于编者水平,书中难免存在错误和不足,恳请广大读者批评指正。

目录

━━━━━━━━━━ ○ ○ ○

第 0 章

绪　论

知识目标

(1) 了解建筑的含义、构成要素。

(2) 熟悉建筑构造的基本内容。

(3) 掌握建筑的基本分类。

能力目标

能对常见的建筑物进行分类。

0.1　本书的基本内容、学习方法及任务

0.1.1　基本内容

《建筑识图与构造》主要研究投影、绘图技能、土建工程图识读，以及房屋的构造组成、构造原理及构造方法。主要由建筑识图和建筑构造两部分内容组成。建筑识图主要研究投影的基本原理、绘制及识读土建工程图的方法和技能，建筑构造研究房屋各组成部分的构造原理和构造方法。

0.1.2　学习方法及学习任务

《建筑识图与构造》的学习应注意掌握以下方法。

（1）有意识地培养空间想象能力。多想、多看、多绘，通过训练提高绘图技能和识读施工图的能力。

（2）紧密联系工程实践。经常参观已经建成和正在施工的房屋，在平时的学习生活中多观察周围的建筑物，积累一定的感性认识；经常阅读有关规范、图集等资料及一些与本专业课程有关的参考书籍，了解房屋建筑发展的动态和趋势，拓宽自己的知识面，培养主动学习的习惯。

（3）培养耐心细致的工作作风和严肃认真的工作态度。

《建筑识图与构造》的学习任务有以下几个方面。

（1）掌握投影的基本原理及绘图的技能。

（2）掌握房屋构造的基本理论，了解房屋各部分的组成、科学称谓及功能要求。

（3）根据房屋的功能、自然环境因素、建筑材料及施工技术的实际情况，选择合理的构造方案。

（4）熟练地识读施工图纸，准确地掌握设计意图，熟练地运用工程语言进行有关工程方面的交流。

（5）合理地组织和指导施工，满足建筑构造方面的要求。

0.2　建筑的含义及构成要素

0.2.1　建筑的含义

人类的历史就是建筑的历史，建筑与人类相依存。从建筑的起源、发展，直到形成建筑文化，经历了漫长的历史变迁。相关文字记载和文学家的描述有助于加深我们对建筑的认识。"建筑是凝固的音乐"，表现了建筑的魅力；"建筑是石头的史书"，表现了建筑的厚实；"建筑是一切艺术之母"，表现了建筑的蕴涵；"建筑是城市的重要标志"、"建筑是城市经济制度和社会制度的自传"，表现了建筑的地位与作用。

建筑作为动词是指工程技术与建筑艺术的综合创作，它包括了各种土木工程的建筑活动。

建筑作为名词泛指一切建筑物与构筑物,即指人类为了满足生活与生产劳动的需要,利用所掌握的结构技术手段和物质生产资料,在科学规律与美学法则的指导下,通过对空间的限定、组织而形成的社会生活环境。

"建筑"的含义,通常认为是建筑物和构筑物的总称。建筑物俗称"建筑",一般是指为满足人类工作、生活、学习、休息、娱乐和从事劳动生产的建筑物,如住宅、学校、办公楼、医院、影剧院、体育馆、商场等;而为建筑主体服务、配套的部分则称为构筑物,如水塔、烟囱、蓄水池、挡土墙等。

因此,从本质上讲,建筑是一种由人工创造的、提供给人们因各种需要而使用的空间环境,是人类劳动创造的历史和财富。

0.2.2　建筑的构成要素

建筑活动是人类文明发展的重要活动之一。从我们的祖先开始就有意识地进行着各种营造活动,也形成了相应的理论。如我国宋代的《营造法式》,对建筑的构造与构成就进行了全面、系统的论述。在国外,如英国的弗朗西斯·培根在《论建筑》中说:"造房子为的是居住,而不是供人观赏。所以建筑的首要原则是实用,其次才是美观。当然,两者能兼顾更好……"

建筑的构成要素是指在不同的历史条件下的建筑功能、建筑的物质技术条件和建筑形象。

1. 建筑功能

满足建筑功能上的要求,是建筑的主要目的,它在建筑构成中起主导作用。

(1)满足使用功能。根据人们对建筑物在使用需要上的不同,不同性质的建筑物在使用上有不同的特点。例如,火车站要求人流、货流畅通,影剧院要求听得清、看得见和疏散快,工业厂房要求符合产品的生产工艺流程,某些实验室对温度、湿度的要求等,都直接影响着建筑物的使用功能。

(2)满足空间功能。这是指建筑物在构成上应满足人在使用中的人体尺度和人体活动所需的空间尺度。

(3)满足环境功能。这是指建筑在构成上,应具有良好的朝向、保温、隔声、防潮、防水、采光及通风的性能,这也是人们进行生产和生活活动所必需的条件。

2. 建筑的物质技术条件

建筑的物质技术条件是指建造房屋的手段。它是多门科学技术的综合产物,是建筑发展的重要因素。

(1)物质条件。这是指建筑材料、施工设备与施工条件等。

(2)技术条件。这是指制品技术、结构技术、施工技术和设备技术等。

3. 建筑形象

建筑形象,既是一种建筑的型,也是一种实在的体现。它既有雕塑性的型,也有结构性的型。

在具体形象上,主要体现在以下几个方面。

(1)建筑形体形象。它包括建筑的体形或体态、立面形式、细部构造与重点部位的点缀等。

(2)建筑色彩形象。它包括建筑的外观色彩、使用材料的色彩、质感、光影和装饰色彩搭配等。

（3）建筑所体现的历史和文化形象。不同的社会、不同的时代、不同的地域和不同的民族，由于其历史文化的背景不同，在建筑构成上体现的建筑形象也不同。如中国古代的宫殿、城池与外国的皇宫、城堡不同，中国的庙宇、道观与西方的神庙、教堂也有所不同等。

建筑形象是建筑功能与建筑的物质技术条件的综合反映。建筑形象处理得当，既能产生良好的艺术效果，又能给人以美的享受和历史文化的熏陶与感染。同样，在一定的建筑功能和建筑的物质技术条件下，充分发挥设计人员的想象力，可以使建筑形象在形态上更加美观，在文化底蕴上更加厚重。

因此，建筑功能、建筑的物质技术条件、建筑形象是构成建筑的三个基本要素，彼此之间是相互联系、相互约束、相互依赖的辩证统一的关系。

0.3　建筑的分类

0.3.1　按建筑的使用性质分类

1．工业建筑
工业建筑指为工业生产服务的生产车间及为生产服务的辅助车间、动力用房、仓储等。

2．农业建筑
农业建筑是供农业、牧业生产和加工用的建筑，如温室、畜禽饲养场、水产品养殖场、农畜产品加工厂、农产品仓库、农机修理厂（站）等。

3．民用建筑
民用建筑是供人们居住及进行社会活动等非生产性的建筑。民用建筑又分成居住建筑和公共建筑两类。

1）居住建筑

居住建筑主要是指提供家庭和集体生活起居用的建筑场所，如住宅、宿舍、公寓等。

2）公共建筑

公共建筑按性质不同又可分为以下几类。

（1）行政办公建筑，如各类办公楼、写字楼等。

（2）文教科研建筑，如教学楼、科学实验楼、图书馆、文化宫等。

（3）医疗福利建筑，如医院、疗养院、养老院等。

（4）托幼建筑，如托儿所、幼儿园等。

（5）商业建筑，如商场、商店、专卖店、超市等。

（6）体育建筑，如体育馆、游泳馆、网球场、高尔夫球场等。

（7）交通建筑，如公路客运站、铁路客运站、港口客运站、航空港、地铁站等。

（8）邮电通讯建筑，如邮政楼、广播电视楼、国际卫星通讯站等。

（9）旅馆建筑，如宾馆、旅馆、招待所等。

（10）展览建筑，如展览馆、博物馆、博览馆等。

(11) 文化观演建筑,如电影院、剧院、音乐厅、杂技厅等。

(12) 园林建筑,如公园、小游园、动(植)物园等。

(13) 纪念建筑,如纪念堂、纪念馆、纪念碑、纪念塔等。

有的大型公共建筑内部功能比较复杂,可能同时具备上述两个或两个以上的功能,这时一般称为综合性建筑(或综合体)。

0.3.2 按建筑的层数或总高度分类

1. 住宅建筑按层数分类

低层住宅:1~3 层。

多层住宅:4~6 层。

中高层住宅:7~9 层。

高层住宅:10 层及以上。

《住宅设计规范》(GB 50096—2011)规定,7 层及 7 层以上或住户顶层入口层楼面距室外设计地面的高度超过 16 m 以上的住宅必须设置电梯。由于设置电梯将会增加建筑的造价和使用维护费用,因此应控制修建中高层住宅和低层住宅。

2. 其他民用建筑按建筑高度分类

建筑高度是指自室外设计地面至建筑主体檐口顶部的垂直距离。

1) 普通建筑

普通建筑是指建筑高度不超过 24 m 的民用建筑和建筑高度超过 24 m 的单层民用建筑。

2) 高层建筑

高层建筑是指 10 层和 10 层以上的住宅,建筑高度超过 24 m 的公共建筑(不包括单层主体建筑)。

3) 超高层建筑

超高层建筑是指建筑高度超过 100 m 的民用建筑。

0.3.3 按建筑结构形式分类

1. 墙承重

墙承重是指由墙体承受建筑的全部荷载,这种承重体系适用于内部空间较小、建筑高度较小的建筑。

2. 骨架承重

骨架承重是指由钢筋混凝土或型钢组成的梁柱体系承受建筑的全部荷载,墙体只起到围护和分隔的作用。这种体系适用于跨度大、荷载大、高度大的建筑。

3. 内骨架承重

内骨架承重是指建筑内部由梁柱体系承重,四周用外墙承重。这种体系适用于局部设有较大空间的建筑。

4. 空间结构承重

空间结构承重是指由钢筋混凝土或型钢组成空间结构承受建筑的全部荷载,如网架结构、悬索结构、壳体结构等。这种体系适用于大空间建筑。

0.3.4　按承重结构的材料分类

1．砖混结构

砖混结构是用砖墙（柱）、钢筋混凝土楼板及屋面板作为主要承重构件的建筑，属于墙承重结构体系。我国目前在居住建筑和一般公共建筑中大多采用这种结构形式。

2．钢筋混凝土结构

钢筋混凝土结构是以钢筋混凝土材料作为主要承重构件的建筑，属于骨架承重结构体系。大型公共建筑、大跨度建筑、高层建筑大多采用这种结构形式。

3．钢结构

钢结构是指主要承重结构全部采用钢材作为承重构件的建筑，多属于骨架承重结构体系，具有自重轻、强度高的特点。大型公共建筑和工业建筑、大跨度和高层建筑经常采用这种结构形式。

0.3.5　按建筑规模和数量分类

1．大量性建筑

大量性建筑是指建筑规模不大，但数量多，如住宅、中小学教学楼、医院、中小型影剧院、工厂等。

2．大型性建筑

大型性建筑是指多层和高层公共建筑、大厅型公共建筑，其功能要求高，结构和构造复杂，设备考究，个性突出。如大城市的火车站、大型体育馆、大型影剧院、航空港（站）、博览馆、大型工厂等。

1．建筑的基本构成要素有哪些？最主要的构成要素是什么？

2．建筑按使用功能可分为几类？宿舍属于哪类建筑？

3．按建筑结构形式建筑如何分类？按承重结构的材料建筑如何分类？

4．为什么要控制中高层住宅的建造？

第1章

建筑制图的基本知识

知识目标

(1) 了解常用制图工具、仪器的使用与维护方法。

(2) 熟悉现行的国家制图标准。

(3) 学会分析图形，熟悉绘图步骤和方法。

能力目标

(1) 能正确使用制图工具和仪器绘制一般图样。

(2) 能运用国家制图标准手工绘制平面图形，要求图面效果良好。

1.1 绘图工具和仪器的用法

只有了解和正确使用绘图工具和仪器,才能保证绘图质量,加快绘图速度。

1. 图板

图板有 3 种规格:0 号图板(900 mm×1 200 mm)、1 号图板(600 mm×900 mm)、2 号图板(450 mm×600 mm)。要求图板表面平坦光洁,短边必须平直。

2. 丁字尺

丁字尺与图板规格是配套的,如图 1.1 所示,常用的有 1 500 mm、1 200 mm、1 100 mm、800 mm、600 mm 等多种规格。画图时,尺头始终紧靠图板左侧的工作边,左手握住尺头上下推动,直至丁字尺工作边对准要画线的地方,再从左向右画水平线。画水平线时,要由上至下逐条画出。

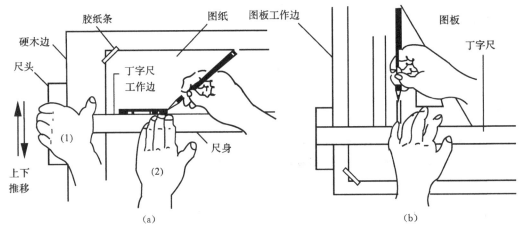

图 1.1　丁字尺与图板

注意:不能用丁字尺靠在图板的上边、右边、下边画线,也不能用丁字尺的下边画线。

3. 三角板

一副三角板有两块,配合丁字尺画铅垂线和与水平线成 30°、45°、60°的倾斜线。用两块三角板组合还能画与水平线成 15°、75°的倾斜线,如图 1.2 所示。

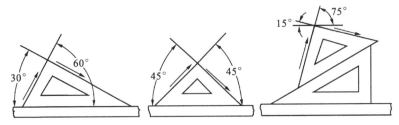

图 1.2　三角尺画不同角度倾斜线的方法

4. 比例尺

比例尺又称三棱尺,如图 1.3 所示,是用来按比例缩小或放大线段长度的尺子。比例尺通常采用 1：100、1：200、1：300、1：400、1：500、1：600 的比例。比例尺不能用来画线。

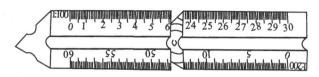

图 1.3　比例尺

5．圆规和分规

1）圆规及其附件

圆规是画圆和圆弧曲线的仪器,如图 1.4 所示。

2）分规

分规用来等分线段或在线段上截量尺寸。

6．绘图笔

绘图笔的种类很多,有绘图铅笔、鸭嘴笔、绘图墨水笔等。

1）铅笔

绘图铅笔的硬度标志分为 H 和 B 两类。标志 H、2H、3H…6H 表示硬铅芯,数字越大表示铅芯越硬;标志 B、2B、3B…6B 表示软铅芯,数字越大表示铅芯越软;标号 HB 表示硬度适中。画底稿时常用 2H 或 H,选用 HB 或 B 铅笔加深图线。削铅笔方法如表 1.1 所示。

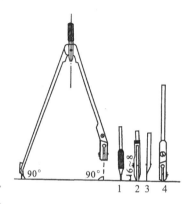

图 1.4　圆规及插脚

1—铅笔插脚;　2—墨线笔插脚;
3—钢针插脚;　4—加长杆

表 1.1　削铅笔方法

线宽	粗线 b	中粗线 $0.5b$	细线 $0.25b$
型号	B(2B)	HB(B)	2H(H)
铅芯形状及尺寸/mm			

2）鸭嘴笔

鸭嘴笔又名直线笔,是描图上墨的画线工具,目前已经较少使用。

3）绘图墨水笔

绘图墨水笔也称针管笔,如图 1.5 所示。绘图墨水笔笔尖的口径有 0.2 mm、0.3 mm、0.6 mm、0.9 mm 等多种规格,可绘制细线、中粗线、粗线等。

7．绘图辅助用具

1）曲线板

曲线板(见图 1.6)用于画非圆曲线。注意:描出的两段曲线应有一小段(至少三个点)是重合的,这样描绘的曲线才显得圆滑。

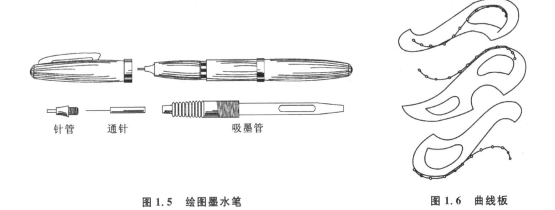

图1.5　绘图墨水笔　　　　　　　　　　图1.6　曲线板

2）模板

透明的塑料板上刻有常用的一些符号、图例和比例等，以提高绘图速度和质量。绘制不同专业的图纸，应选用不同的模板。常用的模板有建筑模板（见图1.7）、装饰模板、结构模板等。模板上刻有可用以画出的各种图例的孔、卫生设备、详图索引符号、指北针、标高等。

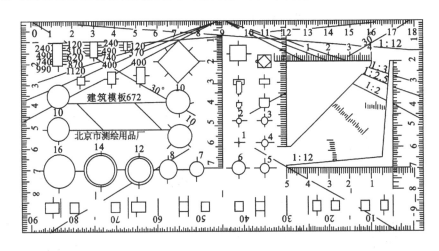

图1.7　建筑模板

3）其他绘图用品

其他绘图用品有擦图片、橡皮、排笔（或板刷）、胶带纸、双面刀片、小刀等。

8．绘图仪器

自动绘图系统是当前最先进的绘图设备，由电子计算机、绘图机、打印机和图形输入设备等组成。

1.2　建筑制图标准

建筑图纸是建筑设计和建筑施工中的重要技术资料，是交流技术思想的工程语言，为了使建筑图纸达到规格基本统一，图面清晰简明，有利于提高绘图效率，保证图面质量，满足设计、施工、管理、存档的要求,以满足工程建设的需要,国家计划委员会颁布了有关建筑制图的六种国家标准:《房屋建筑制图统一标准》(GB/T 50001—2010)、《总图制图标准》(GB/T 50103—2010)、《建筑制图标准》(GB/T 50104—2010)、《建筑结构制图标准》(GB/T 50105—2010)、《暖通空调制图标准》(GB/T 50114—2010)、《给水排水制图标准》(GB/T 50106—2010),这些标准自 2011 年 3 月起开始施行。

所有工程人员在设计、施工、管理中必须严格执行制图国家标准(简称"国标")。

1.2.1 图纸幅面

1. 图幅规格

设计图纸的幅面(见图 1.8)及图框尺寸,均应符合表 1.2 中的规定(表中尺寸是裁边之后的尺寸)。图纸幅面通常有两种形式即横式和立式,如图 1.9 所示。

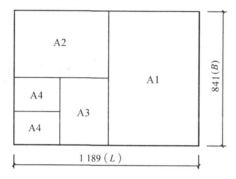

图 1.8 图纸幅面的裁剪

表 1.2 图幅及图框尺寸 单位:mm

尺寸代号	幅面代号				
	A0	A1	A2	A3	A4
$B \times L$	841×1 189	594×841	420×594	297×420	210×297
c	10			5	
a	25				

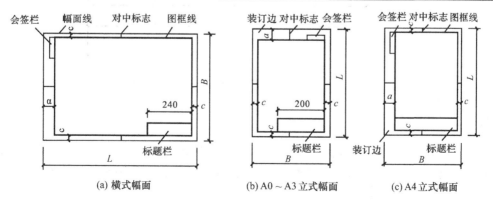

(a) 横式幅面   (b) A0～A3立式幅面   (c) A4立式幅面

图 1.9 图纸幅面

2. 标题栏和会签栏

在每一张图纸的右下角都必须有一个标题栏，即图标。图标用于填写工程图样的图名、图号、比例、设计单位、注册师姓名、设计人和审核人姓名及日期等内容，如图1.10所示。

图1.10　标题栏

学生制图作业的图标，建议采用如图1.11所示的格式。

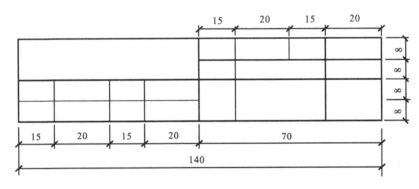

图1.11　学生标题栏

需要会签的图样，要在图样的规定位置画出会签栏。会签栏是指工程图样上由各工种负责人填写所代表的有关专业、姓名、日期等的一个表格，如图1.12所示。

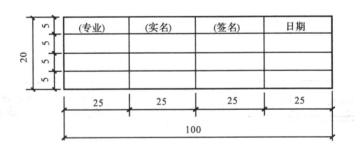

图1.12　会签栏

1.2.2　图线

工程图样主要是采用不同线型的图线来表达不同的设计内容。图线是构成图样的基本元素。因此，熟悉图纸的类型及用途，掌握各类图线的画法是建筑制图最基本的技术。

1. 线型的种类和用途

图线的线型、宽度及用途见表1.3。

表1.3　图线的线型、宽度及用途

名称	线型	线宽	一般用途
粗实线	——————	b	主要可见轮廓线 平面图及剖面图上被剖到部分的轮廓线、建筑物或构筑物的外轮廓线、结构图中的钢筋线、剖切位置线、地面线、详图符号的圆圈、图纸的图框线
中粗实线	——————	$0.5b$	可见轮廓线 剖面图中未被剖到但仍能看到需要画出的轮廓线、标注尺寸的尺寸起止45°短线、剖面图及立面图上门窗等构配件外轮廓线、家具和装饰结构轮廓线
细实线	——————	$0.25b$	尺寸线、尺寸界线、引出线及材料图例线、索引符号的圆圈、标高符号线、重合断面的轮廓线、较小图样中的中心线
粗虚线	— — — —	b	总平面图及运输图中的地下建筑物或构筑物等,如房屋地面下的通道、地沟等位置线
中粗虚线	— — — —	$0.5b$	需要画出看不见的轮廓线 拟建的建筑工程轮廓线
细虚线	- - - - -	$0.25b$	不可见轮廓线 平面图上高窗的位置线、搁板(吊柜)的轮廓线
粗点画线	—·—·—	b	结构平面图中梁、屋架的位置线
细点画线	—·—·—	$0.25b$	中心线、定位轴线、对称线
细双点画线	—··—··—	$0.25b$	假想轮廓线、成型前原始轮廓线
折断线	∿	$0.25b$	假想折断的边缘,在局部详图中用得最多
波浪线	∿∿∿	$0.25b$	构造层次的断开界线

2. 绘制图线应注意的事项

绘制图线应注意的事项见表1.4。

表1.4　绘制图线应注意的事项

序号	说明	图示	
		正确	错误
1	虚线、点画线的线段长度和间隔宜各自相等	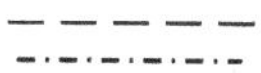 — — — — —·—·—	 — —— — —·— ··
2	当圆直径小于12 mm时,中心线可用细实线代替。点画线两端不应是点,点画线与点画线或其他圆线交接时,应是线段的交接	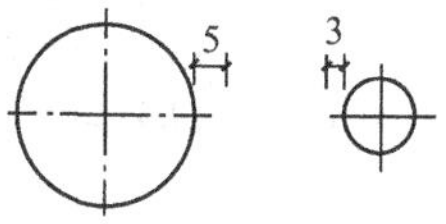	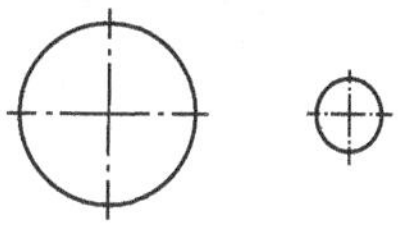

序号	说　明	图　示	
		正　确	错　误
3	虚线与虚线或其他图线相交时,应以线段相交		
4	虚线为实线的延长线时,不得与实线连接,应留有间隙		

各种线型在房屋平面图上的用法,如图 1.13 所示。

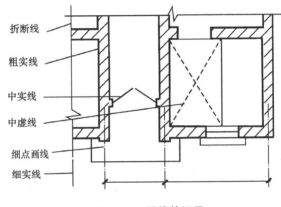

图 1.13　图线的运用

1.2.3　字体

用图线绘成图样,须用文字、数字或符号加以注释,表明其尺寸大小、材料、构造、做法、施工要点及标题等。书写必须做到笔画清晰、字体端正、排列整齐,标点符号清楚正确。

1. 汉字

图样上的汉字和说明的汉字,应采用长仿宋字体,如图 1.14 所示,字高与字宽之比为3：2。字号(字的大小)即为字的高度(字高应不小于 3.5 mm),各字号的高度和宽度的关系应符合表 1.5中的规定。图样上如需写更大的字,其高度应按$\sqrt{2}$的比值递增。仿宋体字的书写要领：横平

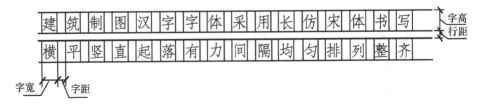

图 1.14　长仿宋体字格和字体

竖直,起落分明,填满方格,结构均匀。

表 1.5　长仿宋体字宽字高的关系　　　　　　　　单位:mm

字号	20	14	10	7	5	3.5
字高	20	14	10	7	5	3.5
字宽	14	10	7	5	3.5	2.5

大标题、图册封面等汉字也可写成其他字体,但应易于辨认,必须遵守《汉字简化方案》的规定。

2. **数字及字母**

数字及字母在图样上书写分直体和斜体(向右倾斜,并与水平线成 75°)两种。它们和中文字混合书写时应稍低于书写仿宋字的高度,如图 1.15 所示。

1234567890ⅡαβγδφⅠⅡⅢⅣⅤⅥⅨ

图 1.15　数字和字母

1.2.4　比例

比例是为了将建筑结构和装饰结构不变形地缩小或放大在图纸上,以确保所示物体图样的精确和清晰。比例应用阿拉伯数字表示,如 1∶1、2∶1、1∶10 等。1∶10 表示图纸所画物体比实体缩小 10 倍,1∶1 表示图纸所画物体与实体一样大,2∶1 表示图纸所画物体比实体增大 2 倍。图纸上比例的注写位置和大小如图 1.16 所示。

平面图 1∶100　　　⑤ 1∶100

图 1.16　比例的注写位置

1.2.5　尺寸标注

1. **标注尺寸的四要素**

图样上尺寸标注的四个要素和要求如图 1.17 所示。注意尺寸数字以实际尺寸为准,不得

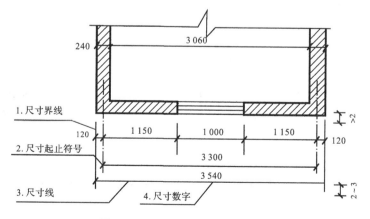

图 1.17　尺寸标注的四要素和要求

从图上直接量取。图样上的尺寸单位,除标高及总平面图以米(m)为单位外,其余均以毫米(mm)为单位。图中尺寸后面不注写单位。

2. 尺寸标注的基本规定

尺寸标注的基本规定见表1.6。

表1.6　尺寸标注的基本规定

项目	图　　示	说　　明
	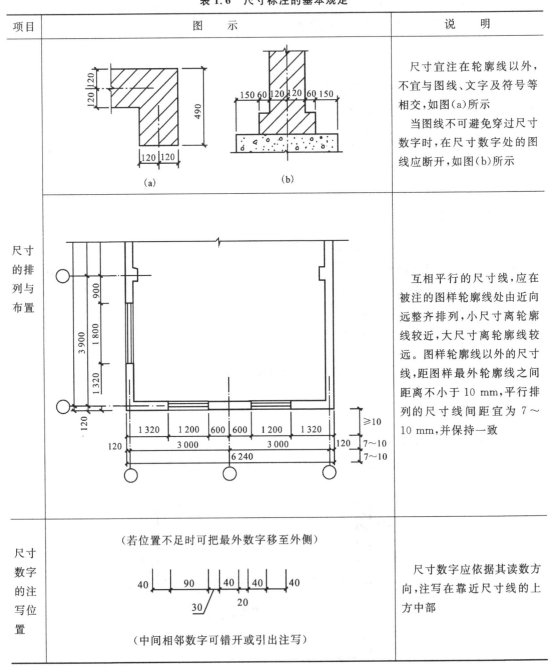 (a)　　　　　(b)	尺寸宜注在轮廓线以外,不宜与图线、文字及符号等相交,如图(a)所示 当图线不可避免穿过尺寸数字时,在尺寸数字处的图线应断开,如图(b)所示
尺寸的排列与布置		互相平行的尺寸线,应在被注的图样轮廓线处由近向远整齐排列,小尺寸离轮廓线较近,大尺寸离轮廓线较远。图样轮廓线以外的尺寸线,距图样最外轮廓线之间距离不小于10 mm,平行排列的尺寸线间距宜为7～10 mm,并保持一致
尺寸数字的注写位置	（若位置不足时可把最外数字移至外侧） （中间相邻数字可错开或引出注写）	尺寸数字应依据其读数方向,注写在靠近尺寸线的上方中部

续表

项目	图　　示		说　　明
尺寸数字的读数方向	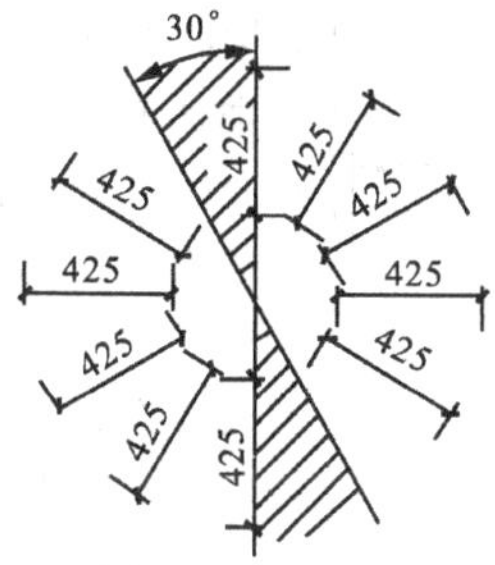 (a) 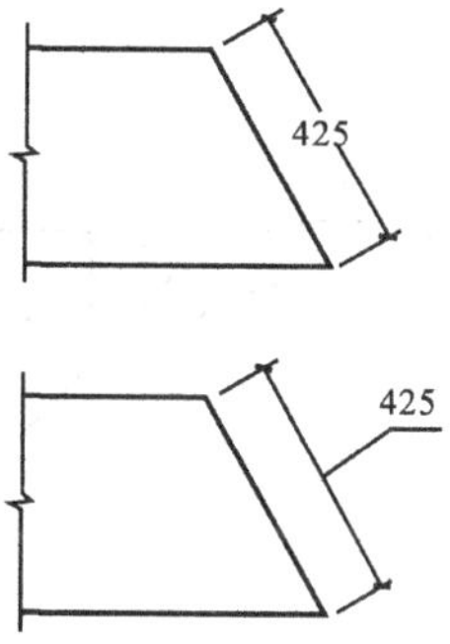	(b)	尺寸数字读数方向应按图(a)所示规定注写。若尺寸数字在30°斜线区内,宜按图(b)所示的形式注写
图线与尺寸线、尺寸界线的关系	正确	错误	中心线、轮廓线可用做尺寸界线,但不可用做尺寸线,如图(a)所示。任何图线均不得用做尺寸线,也不能用尺寸界线作为尺寸线,如图(b)所示
		(a) (b)	
半径的标注方法			半径的尺寸线,一端从圆心开始,另一端画箭头指向圆弧。半径数字前应加注符号"R"
圆直径的标注方法			在直径数字前应加符号"φ" 在圆内标注的直径尺寸线应通过圆心,两端箭头指向圆弧。较小圆的直径尺寸可标注在圆外
球半径、直径的标注方法			标注球的半径或直径尺寸时,应在数字前加注符号"SR"或"Sφ"

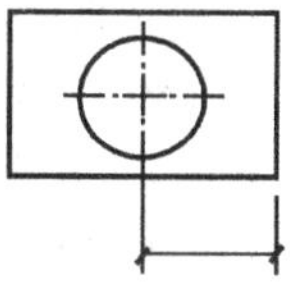

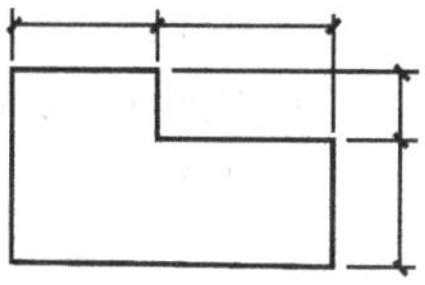

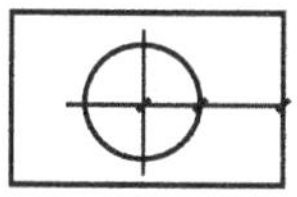

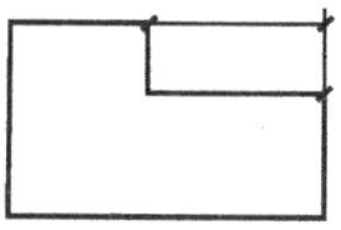

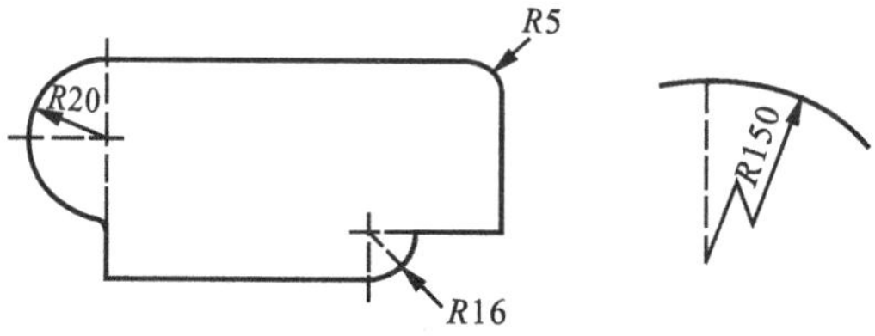

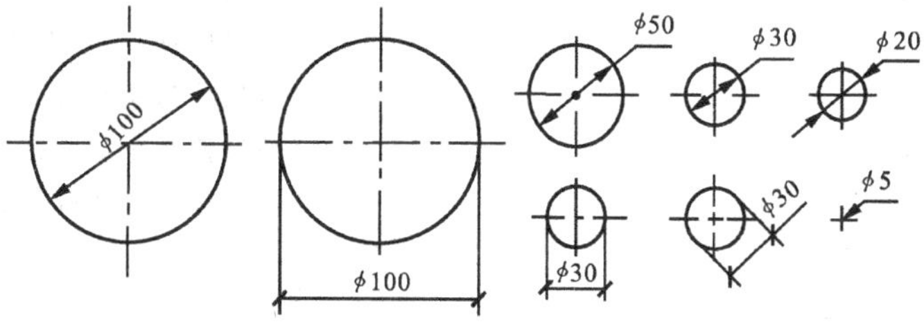

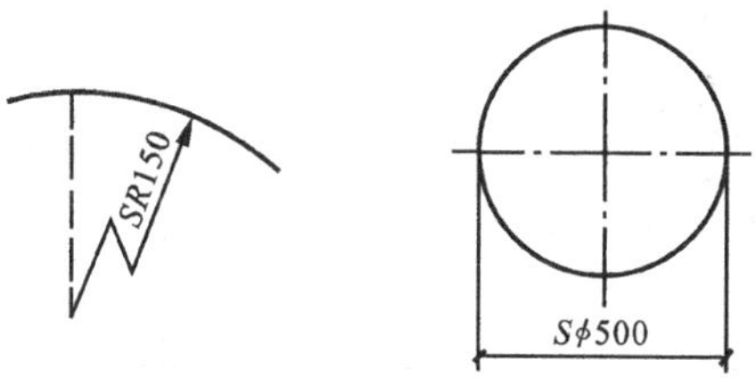

续表

项目	图　　　示	说　　　明
角度、弧度、弦长的标注	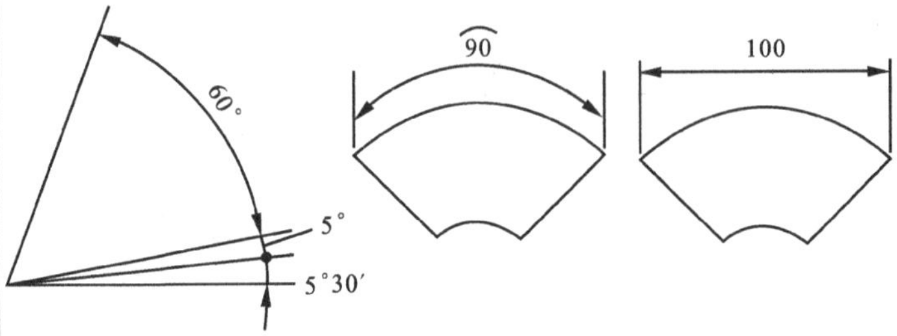	圆弧的尺寸线应是与该圆弧同心的圆弧线,尺寸界线应垂直于该圆弧的弦,起止符号应以箭头表示,弧长数字的上方应加注圆弧符号"⌒" 圆弧的弦长尺寸线应以平行于该弦的直线表示,尺寸界线应垂直于该弦,起止符号应以中粗斜短线表示
坡度的标注	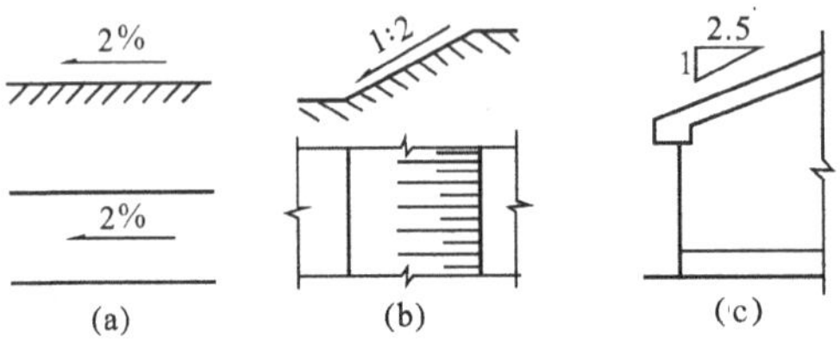 (a)　　(b)　　(c)	坡度数值下应加注坡向(箭头指向下坡方向)符号,如图(a)、图(b)所示。坡度也可用直角三角形的形式标注,如图(c)所示
单线图尺寸标注	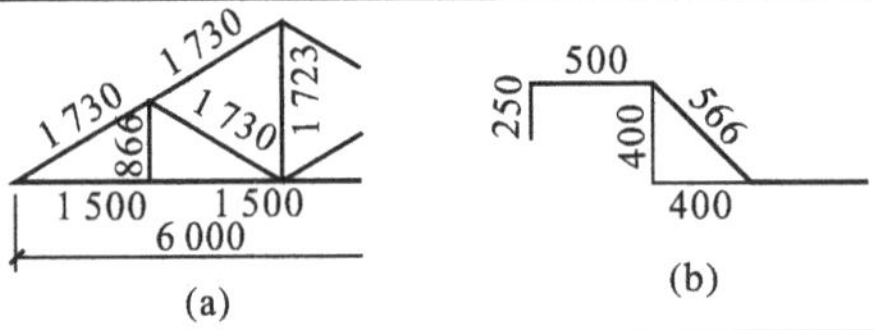 (a)　　　(b)	杆件或管线的长度,在单线图上可直接将尺寸数字沿杆件或管线一侧注写,分别如图(a)、(b)所示
连续排列等长尺寸标注	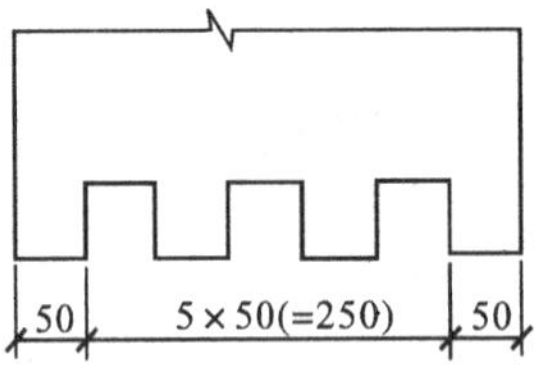	个数×等长＝总长
对称构(配)件尺寸标注	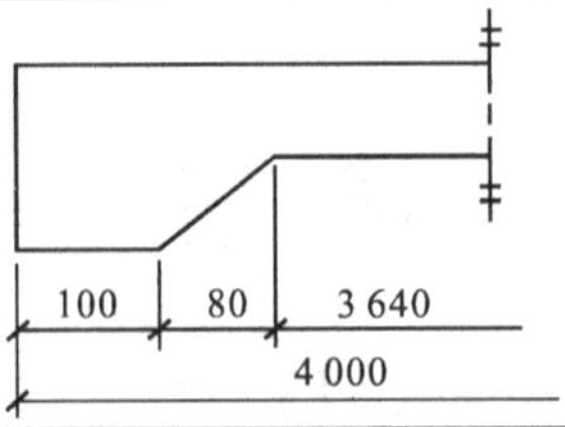	对称构(配)件尺寸线略超过对称符号,仅在线的一端画尺寸起止符号,尺寸数字应按整体全尺寸注写,其注写位置宜与对称符号对齐
相同要素尺寸标注	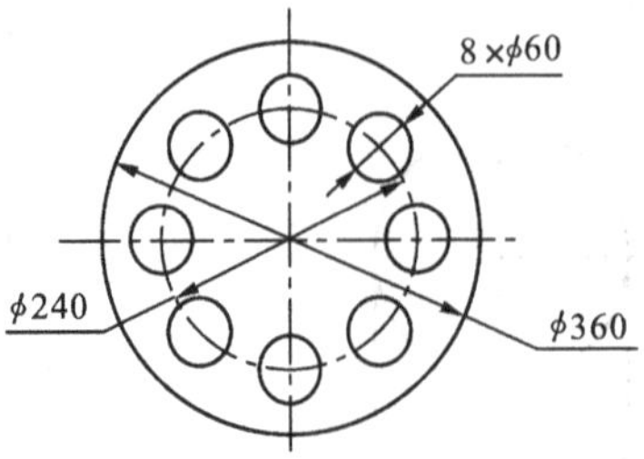	仅注写其中一个要素的尺寸,并注出个数

1.2.6　常用建筑材料图例

在工程图样中,建筑材料的名称除了要用文字说明外,还需画出建筑材料图例,如表1.7所示。

表 1.7　常见建筑材料图例符号(摘自 GB/T 50001—2010)

序号	名　　称	图　　例	说　　明
1	自然土壤		包括各种自然土壤
2	夯实土壤		
3	砂、灰土		靠近轮廓线的点较密
4	砂砾石、碎砖三合土		
5	天然石材		包括岩层、砌体、铺地、贴面等材料
6	毛石		
7	普通砖		① 包括砌体、砌块 ② 断面较窄,不易画出图例线时,可涂红
8	耐火砖		包括耐酸砖等
9	空心砖		包括各种多孔砖
10	饰面砖		包括铺地砖、马赛克、陶瓷饰面砖、人造大理石等
11	混凝土		① 本例仅适用于能承重的混凝土及钢筋混凝土 ② 包括各种标号、骨料、添加剂的混凝土 ③ 在剖面图上画出钢筋时,不画图例线 ④ 断面较窄,不易画出图例线时,可涂黑
12	钢筋混凝土		
13	焦渣、矿渣		包括与水泥、石灰等混合而成的材料
14	多孔材料		包括水泥珍珠岩、沥青珍珠岩、泡沫混凝土、非承重加气混凝土、泡沫塑料、软木等
15	纤维材料		包括麻丝、玻璃棉、矿渣棉、木丝板、纤维板等
16	松散材料		包括木屑、石灰木屑、稻壳等
17	木材		横断面,从左至右分别为垫木、木砖、木龙骨
			纵断面
18	胶合板		应注明胶合板的层数

续表

序号	名　称	图　例	说　明
19	石膏板		① 包括各种金属
20	金属		② 图形小时,可涂黑
21	网状材料		① 包括金属、塑料等网状材料 ② 注明材料
22	液体		注明液体名称
23	玻璃		包括平板玻璃、磨砂玻璃、夹丝玻璃、钢化玻璃等
24	橡胶		
25	塑料		包括各种软、硬塑料及有机玻璃等
26	防水材料		构造层次多或比例较大时采用上面图例
27	粉刷		本图例的点较稀

1.3　建筑工程制图的基本规定

制图标准明确规定了常用的符号、图例画法,以保证施工图的图面统一而简洁。

1.3.1　定位轴线的编号

1. 定位轴线的表示方法

定位轴线的表示方法如图 1.18 所示。

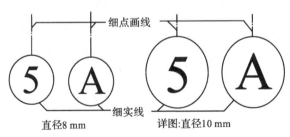

图 1.18　定位轴线的表示方法

2. 平面图上定位轴线的编号

定位轴线的编号如图1.19所示,横向编号应用阿拉伯数字,竖向编号应用大写拉丁字母(J、O、Z不得用做轴线编号)。

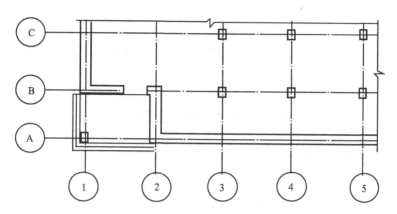

图1.19 定位轴线的编号

3. 分区编号

当建筑规模较大时,定位轴线可以采用分区编号,如图1.20所示。

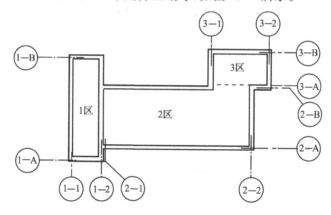

图1.20 定位轴线的分区编号

4. 附加轴线

对于非承重墙、装饰柱等一些次要的建筑部件,用附加轴线进行编号,如图1.21所示。

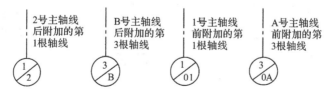

图1.21 附加定位轴线的含义及表示方法

5. 详图和通用详图的轴线编号

当一个详图适用于几根定位轴线时,应同时注明各有关轴线的编号,如图1.22(a)、(b)、(c)

所示。通用详图的定位轴线，不注写轴线编号，如图1.22(d)所示。

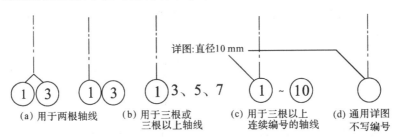

图1.22 详图和通用详图的轴线编号

1.3.2 索引符号与详图符号

1. 索引符号

索引符号是用于查找相关图纸的。当图样中的某一局部或构件未能表达清楚设计意图，而需另见详图以得到更详细的尺寸及构造做法时，就要通过索引符号表明详图所在位置。

2. 详图符号

详图符号是与索引符号相对应的，用来标明索引出的详图所在位置和编号，详见表1.8。

表1.8 索引和详图符号的绘制与标注规定

项目	图 示		说 明
索引符号及其编写方法	直径10 mm，圆和直线均应以细实线绘制 (a)	上半圆中用阿拉伯数字注明详图编号；下半圆内注明该详图所在图纸的图纸号 (b)	索引符号画法如图(a)所示。索引符号的编写方法如图(b)、(c)、(d)所示
	索引标准图的详图，在直径延长线上注写标准图册编号 (c)	下半圆内画一水平细实线表示被索引的详图与索引部位同在一张图纸内 (d)	
索引剖面详图的表示方法	(a) 表示从上向下剖视 剖切位置线 引出线 (c) 表示从左向右剖视	(b) 表示从下向上剖视 (d) 表示从右向左剖视	索引剖面详图时，应在被剖切部位绘制剖切位置线，并以引出线引出索引符号，引出线的一侧为剖视方向，如图(a)、(b)、(c)、(d)所示

续表

项目	图　　示	说　　明
详图符号	⑤ （a）与被索引图样同在一张图纸的详图符号　　⑤/2 （b）与被索引图样不在同一张图纸内的详图符号	详图符号用 $\phi14$ 粗实线圆表示。图（a）中"5"是详图编号；图（b）中"5"是详图编号，"2"是被索引图样所在的图纸编号

1.3.3　标高符号与风向频率玫瑰图

1．标高符号

标高是标注建筑物某一位置高度的一种尺寸形式,分为绝对标高和相对标高两种。

1）绝对标高

以我国青岛黄海海平面的平均高度为零点所测定的标高称为绝对标高。

2）相对标高

建筑物的施工图上许多地方要注明许多标高,其一般都采用相对标高,即以建筑物底层室内地面为零点所测定的标高。在建筑设计总说明中要说明相对标高与绝对标高的关系,这样就可以根据当地的水准点(绝对标高)测定拟建工程的底层地面标高。

标高符号为直角等腰三角形,用细实线绘制,如图 1.23(a)所示。如标注位置不够时,也可按所示形式绘制如图 1.23(b)所示。标高符号的具体画法如图 1.23(c)、图 1.23(d)所示,其中 h、l 的长度根据需要而定。

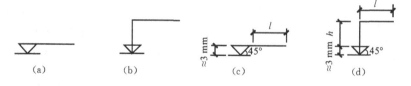

图 1.23　标高符号

总平面图室外地坪标高符号,宜用涂黑的三角形表示,如图 1.24(a)所示,具体画法如图 1.24(b)所示。标高符号的尖端应指至被注高度的位置。尖端一般应向下,也可向上。标高数字应注写在标高符号的左侧或右侧,如图 1.25 所示。

标高的数字应以 m 为单位,注写到小数点以后第三位。零点标高应注写成 ±0.000,正数标高不注"＋",负数标高应注"－",例如,3.000,－0.600 等。在图纸的同一位置需表示几个不同标高时,标高数字可按图 1.26 所示的形式注写。

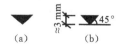

图 1.24　总平面图室外地坪标高符号	图 1.25　标高的指向	图 1.26　同一位置注写多个标高数字

2. 风向频率玫瑰图

风向频率玫瑰图（简称风玫瑰图）是根据某一地区多年平均统计的各个方向吹风次数的百分数值，按一定比例绘制而成的，一般用 8 个或 16 个方位表示。风玫瑰图上所表示的风的吹向是指从外面吹向该地区中心的。在建筑总平面图上，通常应按当地的实际情况绘制风向频率玫瑰图。全国各主要城市的风向频率玫瑰图请参阅《建筑设计资料集》。图 1.27 所示为北京、上海、合肥等地的风向频率玫瑰图。图中实线表示全年风向频率；虚线表示夏季风向频率，按 6、7、8 三个月统计。有的总平面图上只画指北针而不画风向频率玫瑰图。

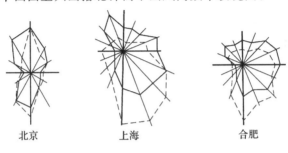

北京　　　　　　上海　　　　　　合肥

图 1.27　风向频率玫瑰图

1.3.4　其他符号

引出线、连接符号、对称符号和指北针详见表 1.9。

表 1.9　引出线、连接符号、对称符号和指北针

项目	图　　　示	说　　　明
引出线	（文字说明）　　（文字说明） （a）　　　　（b）　　　　（c） （d）　　　　（e） （f）当构造层次竖向排列时　　（g）当构造层次横向排列时	① 引出线应以细实线绘制，宜采用水平方向的直线以及与水平方向成 30°、45°、60°、90°的直线表示，如图（a）、（b）所示 ②索引详图引出线应对准索引符号的圆心，如图（c）所示 ③ 同时引出几个相同部分的引出线，宜互相平行，如图（d）所示，也可画成集中于一点的放射线，如图（e）所示 ④ 多层构造引出线应通过被引出的各层。注写文字说明时，应与由上而下或由左而右被说明的层次顺序相一致，如图（f）、（g）所示

续表

项目	图 示	说 明
连接符号	连接部位 A A A A 被连接图样用相同大写字母	① 连接符号用细折断线在连接部位表示 ② 在连接部位两端注写相同大写拼音字母
对称符号指北针	两平行线长6～10 mm,两侧应相等,上下间距为2～3 mm 用细点画线绘制 24 mm 3 mm	指北针圆用细实线绘制、针尖指北需用较大直径绘制时,指北针尾部宽宜为直径的1/8 指北针一般画在首层平面

1. 按不同线型绘制如图 1.28 所示图形。

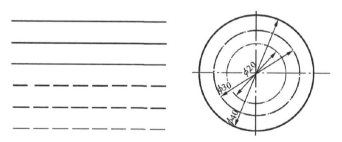

图 1.28 思考题 1

2. 定位轴线如何标注？附加轴线如何标注？

3. 绘图练习。

已知:横向定位轴线间距(即开间)均为 3.6 m,纵向定位轴线间距(即进深)为 6.0 m,墙厚均为 0.24 m,壁柱突出为 0.12 m×0.37 m,门 M 为 1.00 m×2.40 m,窗 C1 为 1.50 m×1.50 m、C2 为 0.60 m×1.50 m,台阶为 0.70 m×1.60 m,散水宽为 0.60 m,檐口底面至室外地面为3.0 m,屋脊至室外地面为 4.80 m,室内外地面高差为 0.15 m,建筑正立面为正南向,不足条件自定。

要求：按教师给定条件先标定尺寸，再用 A4 图幅绘制完成如图 1.29 所示的房屋南立面图和平面图。

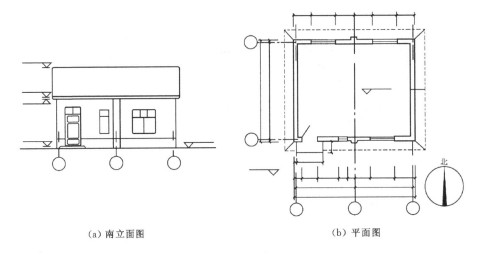

（a）南立面图　　　　　　　　　　（b）平面图

图 1.29　房屋南立面图和平面图

第2章

投影的基本知识

知识目标

(1) 正确理解投影的概念。

(2) 掌握投影的分类及平行投影的特性，熟悉各种投影法在建筑工程中的应用。

(3) 掌握三面正投影图的形成及投影特性。

(4) 掌握点、线、面的投影特性。

(5) 掌握棱柱、棱锥、棱台的投影特性，掌握圆柱、圆锥、圆台、球的投影特性。

(6) 了解组合体的构型方式，掌握组合体的识读方法。

(7) 熟悉剖面图、断面图的形成及种类，掌握剖面图、断面图的画法及两者的区别。

能力目标

(1) 能根据投影图识读点、直线、平面的空间位置。

(2) 能熟练绘制和识读基本形体、组合形体的投影图。

(3) 能熟练绘制和识读形体的剖面图和断面图。

2.1 三面投影图的形成

2.1.1 投影的基本概念

1. 影子

一个物体在光源的照射下，必定会在地面或墙面上留有阴影，我们称其为影子，如图 2.1 所示。

2. 投影及投影法

根据产生影子的这种自然现象，对其加以抽象，假设物体是透明的，光源 S 的光线将物体上的各顶点和各条棱线投射到某一平面 H 上，这些点和棱线的影子所构成的图形就称为投影，如图 2.2 所示。这种获得投影的方法称为投影法。

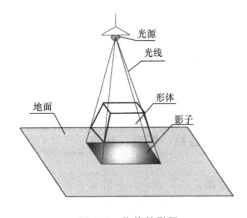

图 2.1 物体的影子

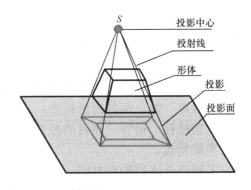

图 2.2 物体的投影

构成投影的三个要素：物体、投影面、投射线。

2.1.2 投影法的分类及其应用

1. 中心投影法

如图 2.3(a)所示，投影中心 S 在有限距离内发出辐射状的投射线，用这些投射线作出的形体的投影，称为中心投影。这种作出中心投影的方法，称为中心投影法。在日常生活中，照相、放映电影等均为中心投影的实例。

2. 平行投影法

假设投射中心距投影面无限远，所有投射线互相平行，这种投影法称为平行投影法。在平行投影法中，S 表示投射方向，根据投射方向与投影面不同的倾角，平行投影法又分为斜投影法和正投影法两种。

斜投影法——投射线与投影面相倾斜的平行投影法，如图 2.3(b)所示。

正投影法——投射线与投影面相垂直的平行投影法，如图 2.3(c)所示。

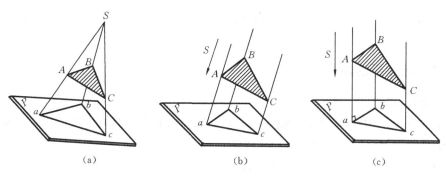

(a) (b) (c)

图2.3 投影法的分类

3. 工程上常用的投影图

透视图：用中心投影法将空间形体投射到单一投影面上得到的图形称为透视图,如图 2.4 所示。透视图与人的视觉习惯相符,能体现近大远小的效果,所以形象逼真,具有丰富的立体感,但作图比较麻烦,且度量性差,常用于绘制建筑效果图。

轴测图：将空间形体正放,用斜投影法画出的图或将空间形体斜放,用正投影法画出的图称为轴测图,如图 2.5 所示。形体上互相平行且长度相等的线段,在轴测图上仍互相平行、长度相等。轴测图虽不符合近大远小的视觉习惯,但仍具有很强的直观性,所以在工程上得到广泛应用。

正投影图：根据正投影法所得到的图形称为正投影图。如图2.6所示为房屋的正投影

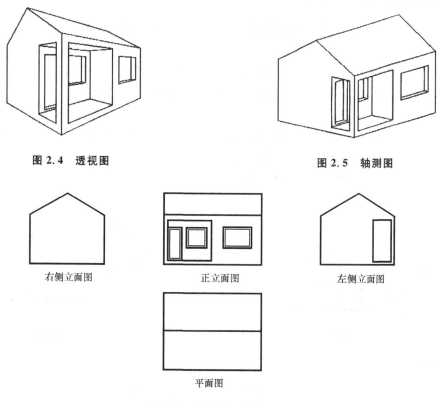

图2.4 透视图

图2.5 轴测图

右侧立面图   正立面图   左侧立面图

平面图

图2.6 房屋的正投影图

图。正投影图直观性不强，但能正确反映物体的形状和大小，且作图方便、度量性好，所以工程上应用最广。

2.1.3　正投影的特性

1. 同素性不变

一般情况下，点的投影是点，直线的投影是直线，平行投影所具有的这一性质称为同素性。

2. 从属性与定比性不变

从属性——直线上的点的投影仍在直线的投影上。

定比性——点 C 分线段 AB 所成两线段长度之比等于该两线段的投影长度之比，即 $AC : CB = ac : cb$，如图 2.7 所示。

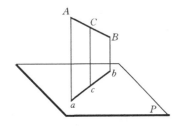

图 2.7　从属性与定比性

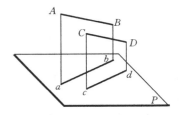

图 2.8　平行性

3. 平行性不变

两平行直线的投影仍互相平行，如图 2.8 所示。若已知 $AB /\!/ CD$，必有 $ab /\!/ cd$。

4. 显实性

若线段或平面图形平行于投影面，则其投影反映实长或实形，如图 2.9 所示。

已知 $DE /\!/ P$ 面，必有 $DE = de$；已知 $\triangle ABC /\!/ P$ 面，必有 $\triangle ABC \cong \triangle abc$。

5. 积聚性

若线段或平面图形垂直于投影面，则其投影积聚为一点或一直线段，如图 2.10 所示。

已知 $DE \perp P$ 面，则直线 DE 投影积聚为一点 d。

已知 $\triangle ABC \perp P$ 面，则 $\triangle ABC$ 积聚为直线段 ac。

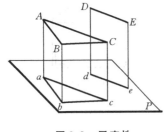

图 2.9　显实性

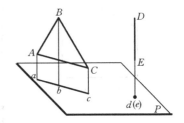

图 2.10　积聚性

6. 类似性

若平面图形倾斜于投影面，则其投影的形状必定类似于平面图形形状，如图 2.11 所示。

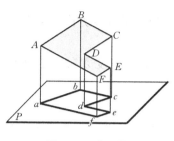

图 2.11　类似性

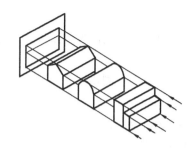

图 2.12　物体的一个正投影不能确定其空间形状

2.1.4　物体的三面投影图

1. 三投影面体系的形成

如图 2.12 所示,空间中的三个不同形体,他们在同一个投影面上的正投影都是相同的。由此可见,物体的一个投影不能唯一确定该物体的空间形状,通常需要设立三个投影面,作出物体在三个投影面上的正投影图,才能表达形体的完整形状。

三个投影面中,一个是水平放置的投影面,称为水平投影面(H 面);一个是面向观众正立的投影面,称为正立投影面(V 面);还有一个是侧立的投影面,称为侧立投影面(W 面)。三个投影面两两互相垂直相交,如图 2.13(a)所示,交线称为投影轴,分别用 OX、OY、OZ 表示,三投影轴的交点 O 称为原点。

将物体置于三投影面体系中,如图 2.13(a)所示。按箭头指示方向,将形体上各棱点和棱面,分别向 H、V、W 面作正投影,并将三个投影面上的投影按一定顺序各自连成图形,即得形体的三面投影图。在 H 面上的投影称为水平投影或 H 投影;在 V 面上的投影称为正面投影或 V 投影;在 W 面上的投影称为侧面投影或 W 投影。

将投影面展开,展开时,保持 V 投影面不动,将 H 投影面绕 OX 轴向下旋转 $90°$,使 H 面与 V 面共面,将 W 投影面绕 OZ 轴向右旋转 $90°$,使 W 面与 V 面共面,就得到三面投影图。熟悉后可去掉投影面边框和投影轴,如图 2.13(b)所示。

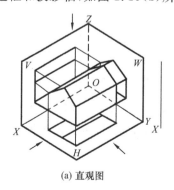

(a) 直观图

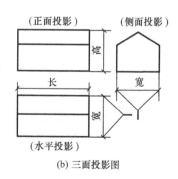

(b) 三面投影图

图 2.13　三面投影图的形成及其投影规律

2. 三面投影的投影规律

三面投影的投影规律如下。

(1) 正面投影与水平投影都反映形体的长度,这两个投影必沿长度方向左右对正,即"长对正"。

（2）正面投影与侧面投影都反映形体的高度,这两个投影必沿高度方向上下平齐,即"高平齐"。

（3）水平投影与侧面投影都反映形体的宽度,这两个投影在宽度方向一定相等,即"宽相等"。

3. 方位对应规律

形体有左右、前后、上下六个方位,如图 2.14(a)所示。六个方位与形体一齐投影到三个投影面上,所得投影如图 2.14(b)所示。识读投影图时,方向很重要。

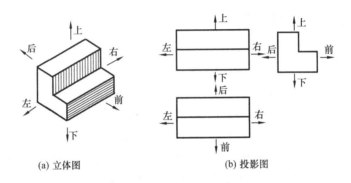

(a) 立体图　　　　　　(b) 投影图

图 2.14　三面投影的方位关系

例 2.1　根据图 2.15(a)所示立体图,绘制其三面投影图。

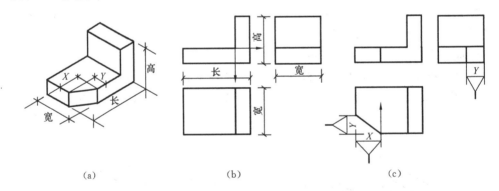

(a)　　　　　　(b)　　　　　　(c)

图 2.15　画弯板三面投影的作图步骤

分析:图示物体是底板左前方被切去一角的直角弯板,为便于作图,物体的主要表面应尽可能与投影面平行。画图时,应先画反映物体形状特征的投影图,然后再按投影规律画出其他投影图。

具体作图过程如下。

（1）量取弯板的长和高,画出反映特征轮廓的正面投影,再量取弯板的宽度,按长对正、高平齐、宽相等的投影关系画水平投影和侧面投影,如图 2.15(b)所示。

（2）量取底板切角的长(X)和宽(Y),在水平投影上画出切角的投影,按长对正的投影关系在正面投影上画出切角的图线。再按宽相等的投影关系在侧面投影上画出切角的图线,如图 2.15(c)所示。必须注意水平投影和侧面投影上"Y"的前后对应关系。

2.2 点、直线、平面的投影

2.2.1 点的投影

任何形体的构成都离不开点、线和面等基本几何元素,例如,图 2.16(a)所示的三棱锥,是由四个面、六条线和四个点组成的。要正确表达或分析形体,就必须掌握点、直线和平面的投影规律,研究这些基本几何元素的投影特性和作图方法,这对指导画图和读图有十分重要的意义。

1. 点的投影规律

如图 2.16(b)所示,将三棱锥的顶点 S 分别向 H 面、V 面、W 面投射,得到的投影分别为 s、s'、s''(按约定空间点用大写字母如 S 表示,H、V、W 面投影分别用相应的小写字母 s、s'、s'' 表示)。从图中还可看出,空间点 S 到 H 面的距离 $Ss = s's_X = s''s_Y$;空间点 S 到 V 面的距离 $Ss' = ss_X = s''s_Z$;空间点 S 到 W 面的距离 $Ss'' = s's_Z = ss_Y$。投影面展开后,得到图 2.16(c)所示的投影图。由投影图可以看出,点的投影有如下一些规律。

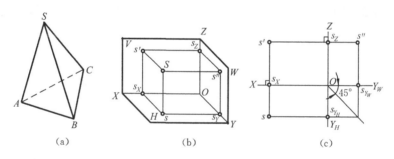

| (a) | (b) | (c) |

图 2.16 点的投影规律

(1) 点的 V 面投影和 H 面投影的连线垂直于 OX 轴,即 $s's \perp OX$。

(2) 点的 V 面投影和 W 面投影的连线垂直于 OZ 轴,即 $s's'' \perp OZ$。

(3) 点的 H 面投影至 OX 轴的距离等于其 W 面投影至 OZ 轴的距离,即 $ss_X = s''s_Z$。

(4) 点的三个投影到相应投影轴的距离,分别表示空间点到相应的投影面的距离。

例 2.2 如图 2.17(a)所示,已知点 A 的 V 面投影 a' 和 W 面投影 a'',求作 H 面投影 a。

分析:根据点的投影规律可知,$a'a \perp OX$,过 a' 点作 OX 轴的垂线 $a'a_X$,如图 2.17(b)所示,

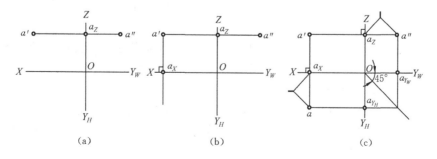

| (a) | (b) | (c) |

图 2.17 已知点的两投影求第三投影

所求 a 点必在 $a'a_X$ 的延长线上，并由 $aa_X=a''a_Z$ 可确定 a 点的位置，如图 2.17(c)所示。

2. 点的坐标

设空间点坐标为 $A(X,Y,Z)$，则：$X=a'a_Z=aa_Y$（空间点 A 到 W 面的距离）；$Y=aa_X=a''a_Z$（空间点 A 到 V 面的距离）；$Z=a'a_X=a''a_Y$（空间点 A 到 H 面的距离）。如图 2.18 所示。

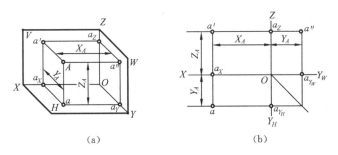

(a)　　　　　　　　　　　　(b)

图 2.18　点的投影及其坐标关系

例 2.3　已知空间点 B 的坐标为 $X=12,Y=10,Z=15$，也可以写成 $B(12,10,15)$，单位为 mm（下同）。求作 B 点的三面投影。

分析：已知空间点的三个坐标，便可作出该点的两个投影，从而作出另一投影，如图 2.19 所示。

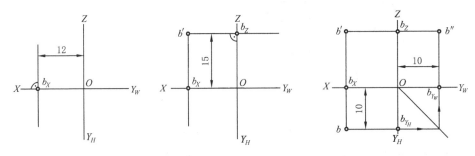

图 2.19　由点的坐标作三面投影

3. 两点的相对位置

两点的相对位置是指空间两个点的上下、左右、前后关系，在投影图中，两点相对位置是以它们的坐标差来确定的。两点的 V 面投影反映上下、左右关系；两点的 H 面投影反映左右、前后关系；两点的 W 面投影反映上下、前后关系。

例 2.4　已知空间点 $C(15,8,12)$，如图 2.20 所示，D 点在 C 点的右方7，前方5，下方6。求作 D 点的三面投影。

分析：D 点在 C 点的右方和下方，说明 D 点的 X、Z 坐标值小于 C 点的 X、Z 坐标值；D 点在 C 点的前方，说明 D 点的 Y 坐标值大于 C 点的 Y 坐标值。可根据两点的坐标差作出 D 点的三面投影。作图如图 2.20 所示。

如图 2.21 所示，E 点和 F 点的 H 面投影重合，称为 H 面的重影点。

因为 F 点的 Z 坐标值小，其水平投影被上面的 E 点遮住成为不可见的投影点。重影点在标注时，需将不可见的点的投影加上括号。

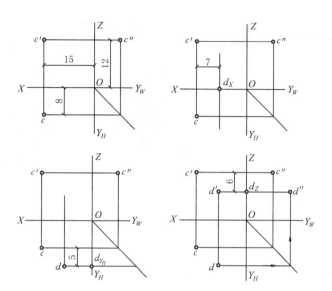

图 2.20　求作 D 点的三面投影

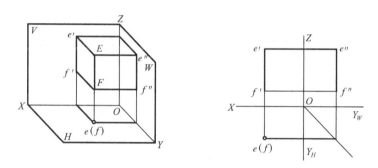

图 2.21　重影点的投影

2.2.2　直线的投影

空间两点可以确定一直线,所以只要作出线段两端点的三面投影,连接该两点的同面投影(同一投影面上的投影),即可得空间直线的三面投影。直线的投影一般仍为直线。

空间直线与投影面的相对位置有三种:投影面平行线、投影面垂直线和一般位置直线。前两种又称为特殊位置直线。

1.投影面平行线

只平行于一个投影面,而对另外两个投影面倾斜的直线称为投影面平行线。投影面平行线又有三种位置:平行于水平面的称为水平线;平行于正面的称为正平线;平行于侧面的称为侧平线。

投影面平行线的投影特性见表 2.1。直线在它所平行的投影面上的投影反映实长,倾斜于投影轴,投影与投影轴的夹角分别反映直线对相应投影面的倾角;另两个投影分别平行于相应的投影轴,同时垂直于一个轴。

直线对投影面所夹的角即直线对投影面的倾角,α、β、γ 分别表示直线对 H 面、V 面和 W 面的倾角。

表 2.1　投影面平行线的投影特性

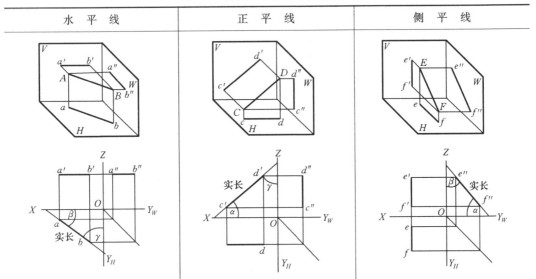

水 平 线	正 平 线	侧 平 线

2. 投影面垂直线

垂直于一个投影面，与另外两个投影面平行的直线，称为投影面垂直线。投影面垂直线也有三种位置：垂直于水平面的直线称为铅垂线；垂直于正面的直线称为正垂线；垂直于侧面的直线称为侧垂线。

投影面垂直线的投影特性见表 2.2。直线在它所垂直的投影面上的投影积聚为一点；另两个投影分别垂直于相应的投影轴，同时平行于一个轴。

表 2.2　投影面垂直线的投影特性

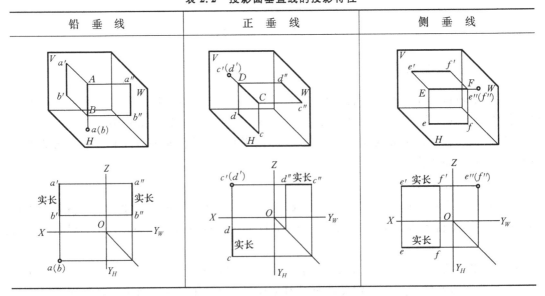

铅 垂 线	正 垂 线	侧 垂 线

3. 一般位置直线

既不平行也不垂直于任何一个投影面，即与三个投影面都处于倾斜位置的直线，称为一般位置直线。

一般位置直线投影特性如图 2.22 所示。一般位置直线的任何一个投影均倾斜于投影轴，均不反映直线的实长，也不反映直线与投影面的倾角。

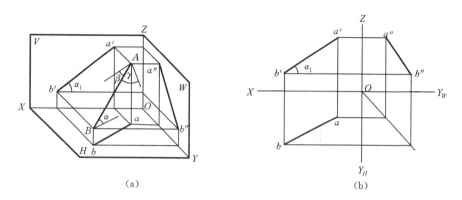

图 2.22　一般位置直线

例 2.5　分析正三棱锥各棱线与投影面的相对位置（如图 2.23 所示）。

（1）棱线 SB。sb 与 $s'b'$ 分别平行于 OY_H 和 OZ，可确定 SB 为侧平线，侧面投影 $s''b''$ 反映实长，如图 2.23（a）所示。

（2）棱线 AC。侧面投影中点 a'' 与点 c'' 重影，可判断 AC 为侧垂线，$a'c'=ac=AC$，如图 2.23（b）所示。

（3）棱线 SA。三个投影 sa、$s'a'$、$s''a''$ 对投影轴均倾斜，所以必定是一般位置直线，如图 2.23（c）所示。其他棱线与投影面的相对位置请读者自行分析。

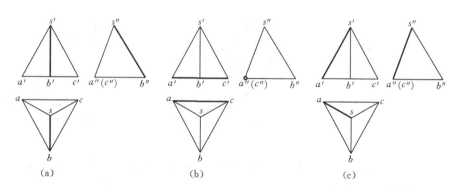

图 2.23　正三棱锥各棱线与投影面的相对位置

2.2.3　平面的投影

平面对投影面的相对位置有三种：投影面平行面、投影面垂直面和一般位置平面。前两种又称为特殊位置平面。

1. 投影面平行面

平行于一个投影面，而垂直于另外两个投影面的平面称为投影面平行面。平行于水平面的平面称为水平面；平行于正面的平面称为正平面；平行于侧面的平面称为侧平面。

投影面平行面的投影特性见表 2.3。

表 2.3　投影面平行面的投影特性

正 平 面	水 平 面	侧 平 面
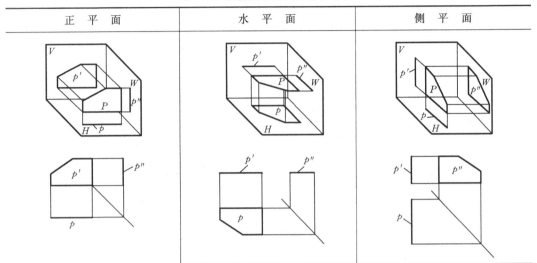		

2. 投影面垂直面

垂直于一个投影面，而倾斜于另外两个投影面的平面称为投影面垂直面。垂直于正面的平面称为正垂面；垂直于水平面的平面称为铅垂面；垂直于侧面的平面称为侧垂面。

投影面垂直面的投影特性见表 2.4。

表 2.4　投影面垂直面的投影特性

正 垂 面	铅 垂 面	侧 垂 面
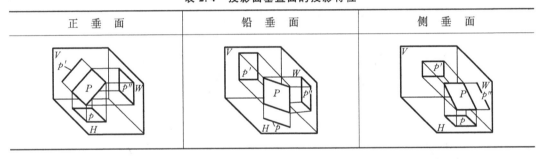		

3. 一般位置平面

如图 2.24 所示，△ABC 与 H、V、W 面均倾斜，所以在三个投影面上的投影△abc、

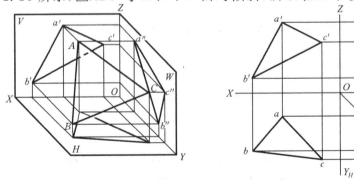

图 2.24　一般位置平面

$\triangle a'b'c'$、$\triangle a''b''c''$ 均不反映实形,而是缩小了的类似形。三个投影面上的投影均不能直接反映该平面对投影面的倾角。

例 2.6 分析正三棱锥各棱面与投影面的相对位置(如图 2.25 所示)。

(1) 底面 ABC。V 面和 W 面投影积聚为水平线,分别平行于 OX 轴和 OY_W 轴,可确定底面 ABC 是水平面,水平投影反映实形,如图 2.25(a)所示。

(2) 棱面 SAB。三个投影 sab、$s'a'b'$、$s''a''b''$ 都没有积聚性,均为棱面 SAB 的类似形,可判断 SAB 是一般位置平面,如图 2.25(b)所示。

(3) 棱面 SAC。从 W 面投影中的重影点 $a''(c'')$ 可知,棱面 SAC 的一边 AC 是侧垂线。根据几何定理,一个平面上的任一直线垂直于另一平面,则两平面互相垂直。因此,可判断棱面 SAC 是侧垂面,侧面投影积聚为一直线,如图 2.25(c)所示。

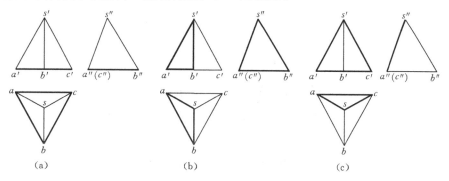

图 2.25 正三棱锥各棱面与投影面的相对位置

2.3 基本形体的投影

2.3.1 棱柱的投影

棱柱的棱线互相平行。常见的棱柱有三棱柱、四棱柱、五棱柱和六棱柱等。图 2.26 所示为正五棱柱体(棱线与顶面或底面垂直)的投影特征。

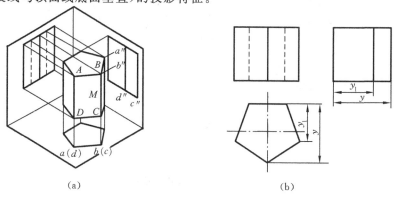

图 2.26 正五棱柱三面投影

通过以上实例,可以得出正棱柱的投影特征:在与底面平行的投影面上的投影反映底面实形,另两个投影为一个或几个矩形,如图 2.26(b)所示。

2.3.2　棱锥的投影

平面立体底面为多边形、棱线相交于一点(锥顶)的形体称为棱锥体。当棱锥体底面为正多边形时,称为正棱锥体,如正三棱锥、正四棱锥等。下面以正三棱锥为例分析其投影特性。

图 2.27(a)所示为一正放的正三棱锥,棱线 SA、SB、SC 分别倾斜于 H、V、W 面,底面 ABC 平行于 H 面,棱面 SAC 垂直于 W 面且倾斜于 H、V 面,棱面 SAB 和棱面 SBC 倾斜于 H、V、W 面,图 2.27(b)所示为该三棱锥的三面投影图。

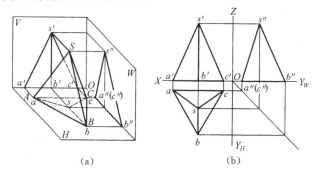

(a)　　　　　　　(b)

图 2.27　正三棱锥三面投影

H 面投影:底面 ABC 的投影△abc 反映实形;三个棱面的投影为三个三角形 sab、sbc、sca。V 面投影:底面 ABC 投影积聚为直线;三个棱面的投影为三个三角形 $s'a'b'$、$s'b'c'$、$s'c'a'$。W 面投影:底面 ABC 与棱面 SAC 投影分别积聚为直线,另两个棱面 SAB、SBC 的投影为两个三角形 $s''a''b''$ 和 $s''b''c''$,且两者重影。

通过以上实例,可以得出正棱锥的投影特征:当正棱锥体的底面平行于某一投影面时,在该投影面上的投影为反映其实形的多边形及其内部的 n 个共顶点的三角形,另两个投影为一个或几个三角形。图 2.28 所示为正六棱锥的投影。

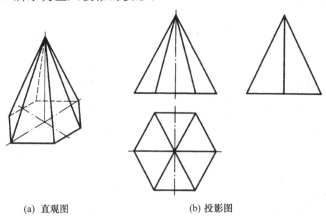

(a) 直观图　　　　　　　(b) 投影图

图 2.28　正六棱锥的投影

2.3.3　圆柱的投影

圆柱体由圆柱面与上、下两端面围成。圆柱面可看做由一条母线绕平行于它的轴线回转而成,圆柱面上任意一条平行于轴线的直母线称为圆柱面的素线。

投影分析:如图 2.29 所示,当圆柱轴线垂直于水平面时,圆柱上、下端面圆的水平投影反映实形,正面和侧面投影积聚成直线。圆柱面的水平投影积聚为一圆周,与两端面圆的水平投影重合。在正面投影中,前、后两半圆柱面的投影重合为一矩形,矩形的两条竖线分别是圆柱面最左和最右素线的投影,也是圆柱面前、后分界的转向轮廓线。在侧面投影中,左、右两半圆柱面的投影重合为一矩形,矩形的两条竖线分别是圆柱面最前和最后素线的投影,也是圆柱面左、右分界的转向轮廓线。

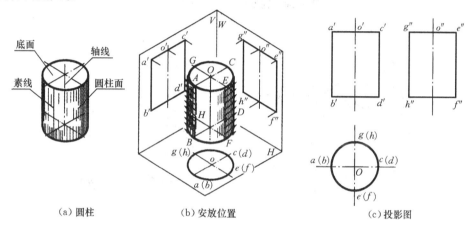

（a）圆柱　　　　　　（b）安放位置　　　　　　（c）投影图

图 2.29　圆柱的投影分析与作图

2.3.4　圆锥的投影

圆锥体由圆锥面和底面围成。圆锥面可看做由一条直母线绕与它斜交的轴线回转而成。圆锥面上任意一条与轴线斜交的直母线,称为圆锥面上的素线。

投影分析:如图 2.30 所示,当圆锥轴线垂直于水平面时,锥底面平行于水平面,水平投影反映实形,正面和侧面投影积聚成直线。圆锥面的三面投影都没有积聚性,其水平投影与底面的水平投影重合,全部可见。正面投影由前、后两个半圆锥面的投影重合为一等腰三角形,三角形两腰分别是圆锥最左和最右素线的投影,也是圆锥面前、后分界的转向轮廓线。圆锥的侧面投影由左、右两半圆锥面的投影重合为一等腰三角形,三角形的两腰分别是圆锥最前和最后素线的投影,也是圆锥面左、右分界的转向轮廓线。

2.3.5　圆球的投影

圆球的表面可看做由一条圆母线绕其直径回转而成。

投影分析:从图 2.31 可看出,圆球的三个投影都是等径圆,并且是圆球表面平行于相应投影面的三个不同位置的最大轮廓圆。正面投影的轮廓圆是前、后两半球面可见与不可见的分界线;水平投影的轮廓圆是上、下两半球面可见与不可见的分界线;侧面投影的轮廓圆是左、右两半球面可见与不可见的分界线。

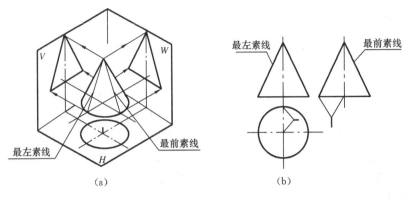

图 2.30　圆锥的投影分析与作图

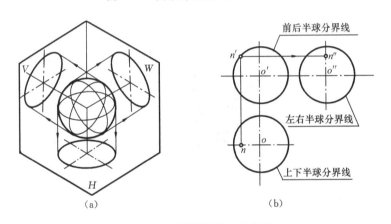

图 2.31　圆球的投影分析与作图

2.4　组合体的投影

我们日常生活中见到的建筑物或其他工程形体，都是由简单的基本形体组成的。由基本形体组合而成的立体称为组合体。

2.4.1　组合形体的构成方式

1．叠加型

叠加型组合体可以看做是由若干个基本形体叠加在一起的一个整体。因此，只要画出各基本形体的正投影，按它们的相互位置叠加起来，即成为组合体的正投影，如图 2.32 所示。

2．切割型

切割型组合体可以看做是由一个基本形体切除了某些部分而成的。作图时，可先画出完整的基本形体的投影，按它们的相互位置切掉多余的部分，即成为组合体的正投影，如图 2.33 所示。

3．混合型

混合型组合体可以看做是由叠加和切割混合而成的，如图 2.34 所示。

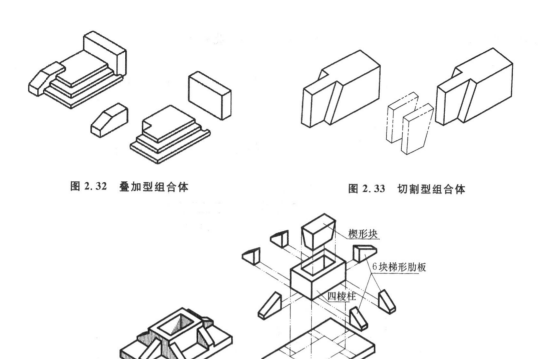

图 2.32　叠加型组合体　　　　　　　　图 2.33　切割型组合体

（a）立体图　　　　　　　　（b）形体分析

图 2.34　混合型组合体

2.4.2　组合体表面的连接关系

1. 表面平齐与相错

在图 2.35（a）中，两基本形体前表面结合以后表面平齐，投影图中此处不画线；在图 2.35

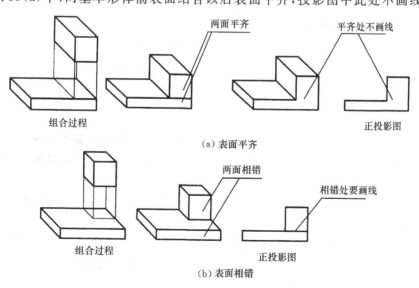

图 2.35　组合体表面平齐与相错

（b)中，两基本形体前表面结合以后表面相错，投影图中此处必须画线。

2. 表面相交与相切

在图 2.36(a)中，两基本形体前表面相交，投影图中此处要画线；在图 2.36(b)中，两基本形体前表面相切，投影图中此处不能画线。

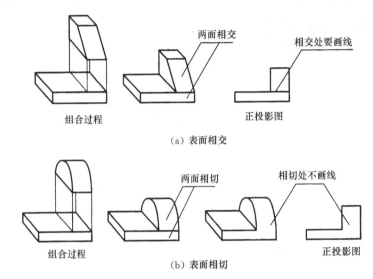

（a）表面相交

（b）表面相切

图 2.36　组合体表面相交与相切

两曲面体相切，如图 2.37 所示，投影图中此处不能画线(注意图中的错误)。

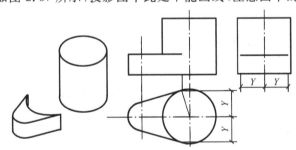

图 2.37　两曲面体相切(相切处不能画线)

2.4.3　组合形体的投影图画法

如图 2.38 所示的烟囱与屋面叠加图，已知水平投影和侧面投影，要求补画正面投影。由于烟囱四个棱面的水平投影和屋面的侧面投影都有积聚性，所以烟囱的正面投影可利用积聚性投影直接求得。

屋顶形状可看做三棱柱被左右对称的侧平面和正垂面切去两角而形成，已知正面投影和侧面投影，要求补画水平投影，如图 2.39 所示。

根据三面投影的投影关系，A、B 和 E 点的水平投影可由正面投影 a'、b'、e' 和侧面投影 a''、b''、e''直接求得。由于侧平面与正垂面的交线 CD 是正垂线，其正面投影 $c'(b')$重影，水平投影 c、d 可按长对正、宽相等的投影关系作出。

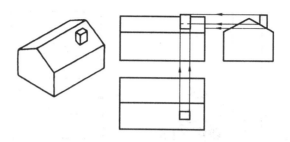

图 2.38　叠加型组合形体画法

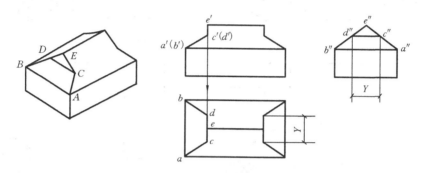

图 2.39　切割性组合形体画法

2.4.4　组合形体的投影图识读

根据已知的投影图及标注的尺寸,运用投影原理想象出组合体的空间形体、大小和组成特点的过程,称为组合体投影图的识读。

识读投影图是本课程的主要任务之一,掌握了组合体投影图的识读方法,就能为系统阅读施工图打下良好基础。

1. 读图应具备的基础知识

投影图比较抽象,从一定意义上说读图比画图更难一些。因此,必须熟练掌握正投影的基本原理和特性,主要包括以下内容。

(1) 正投影的性质,三面投影图的三等关系、方位对应关系。

(2) 各种位置直线、平面的投影特性。

(3) 各种基本形体的投影特点。

(4) 投影图中的每条图线、每个线框的含义。

(5) 不同组合方式的组合体表面连接关系及表达方式。

2. 读图要领

1) 联系各面投影

读图应按照投影图的对应关系,把各个投影图联系起来,不能孤立地只看其中一个或两个投影,如图 2.40、图 2.41、图 2.42 所示。

2) 明确投影图中线和线框的含义

投影图中的线段应根据具体的投影图分析才能得出,具体分析方法有以下三种。

(1) 可能是形体上一条轮廓线的投影。

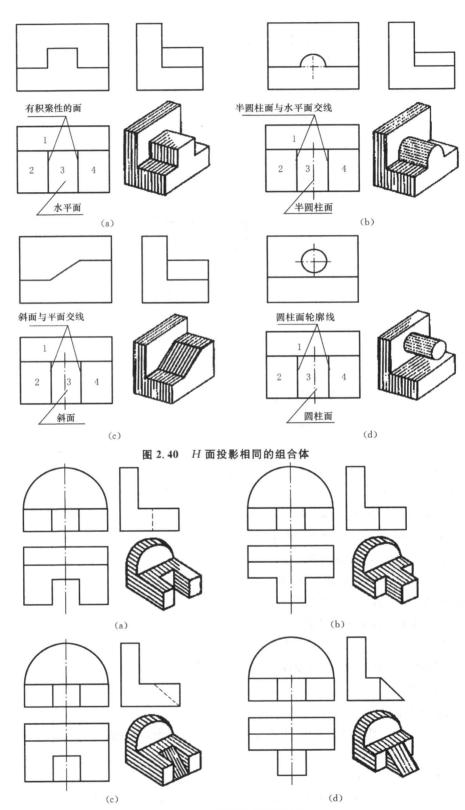

图 2.40 H 面投影相同的组合体

图 2.41 V 面投影相同的组合体

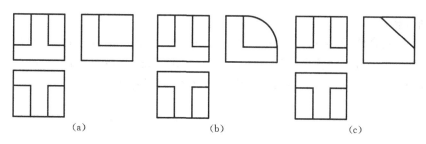

图 2.42 H 面投影和 V 面投影相同的组合体

（2）可能是形体上某表面的积聚投影。

（3）可能是曲面体一条轮廓素线的投影，但其他投影中必有一个具有曲线图形的投影与之对应。

投影图中线框的含义，具体分析方法有以下三种。

（1）可能是形体上一个平面的投影。

（2）可能是形体上一个曲面的投影，但其他投影上必有曲线形的投影与之对应。

（3）可能是形体上孔、洞、槽的投影，这类投影的其他投影上必对应有虚线的投影。

3. 读图的基本方法

1）形体分析法

形体分析法就是在组合体投影上，分析其组合方式和各组成部分的形状及相对位置，然后综合起来想象出组合体的空间形状的方法，如图 2.43 所示。

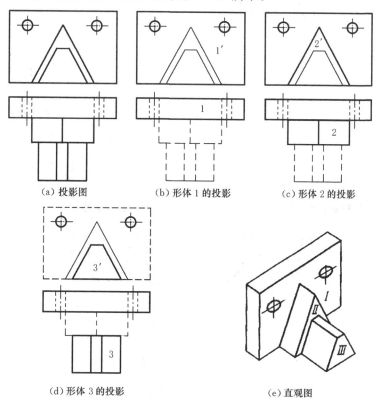

图 2.43 组合体投影图识读

2）线面分析法

对于复杂的组合体，除了进行形体分析外，有时还需对各个局部进行线、面分析，才能读懂其投影。所谓线面分析方法就是根据直线、平面的投影特征，分析组合体投影图中线段和线框的含义，从而想象其空间形状，最后联想出组合体整体形状的方法。

2.5　剖面图与断面图

形体的正投影图中，外形的可见轮廓线用粗实线画出，被遮挡的不可见轮廓线用虚线画出。而对于构造比较复杂的形体，在视图中就会出现很多虚线，使图中虚实交错，不易识读，又不便于标注尺寸如图 2.44 所示。为此，国家颁布的《房屋建筑制图统一标准》(GB/T 50001—2001)规定，这种情况可采用剖面图与断面图的表示方法表示。

假想用一个剖切平面 P 沿前后对称平面将其剖开，把位于观察者和剖切平面之间的部分移去，而将剩余部分向 P 所平行的投影面进行投影，所得的图就称为剖面图，如图 2.45 和图 2.46(a)所示。

当剖切平面剖开物体后，剖切平面与物体的截交线所围成的平面图形，就称为断面（或截面），如图 2.46(b)所示。

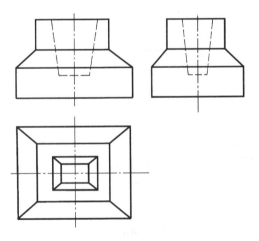

图 2.44　杯形基础的三面投影

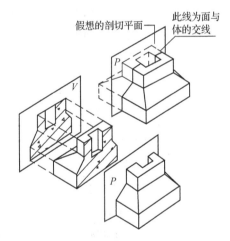

图 2.45　正投影原理在剖面图和断面图中的运用

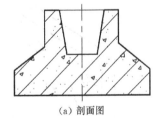

（a）剖面图

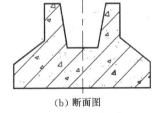

（b）断面图

图 2.46　剖切后剖面图与断面图表达的对比

断面图与剖面图的区别在于，断面图画出形体被剖切后与剖切平面相交的那部分图形，而剖面图还要画出按投影方向将可见形体的轮廓线投影。断面包含在剖面图中，如图2.47所示。

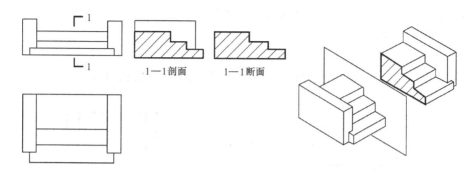

图 2.47 剖面图与断面图的区别

2.5.1 剖面图

1. 剖面图的画法

1) 剖切面

剖面图可用一个剖切面剖切,也可用两个或两个以上平行的剖切面剖切,有时也用两个或两个以上相交的剖切面剖切。

剖切平面的设置,一般平行于基本投影面,使断面的投影反映实形。同时还应将剖切平面尽量通过形体的孔、洞、槽等隐蔽形体的中心线,使剖面图能充分显示形体内部的状况。

2) 剖切符号

《房屋建筑制图统一标准》规定:剖面图一般应在视图上(或其他剖面上)标注出剖切符号(也称剖切线)。剖切符号由剖切位置线和剖视方向线及剖切编号组成,如图 2.48 所示。

另外,对通过物体对称平面的剖切位置,或习惯使用的位置,或按基本视图排列的位置,则可以不标注剖切符号及注写编号,如图 2.49 所示。

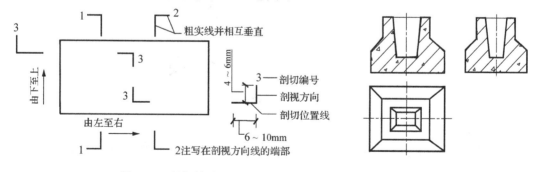

图 2.48 剖切符号

图 2.49 剖面图的三面视图

3) 剖面图线

剖切后的断面轮廓线用粗实线画出;未剖到部分的投影用中粗线画出;看不见的用虚线画出,一般省略不画。

4) 建筑材料图例符号

在剖面图中,为了突出物体中被剖切的部分,在断面上应该画出材料符号,以区分断面(剖到的)和非断面(未剖到的)部分。各种建筑材料图例符号必须遵照国标规定的画法。

当不必指明材料种类时,应在断面轮廓范围内用细实线画上 45°的剖面线,同一物体的剖面线应方向一致,间距相等。建筑材料图例符号详见表1.7。

2. 剖面图的种类

1) 全剖面图

一个剖切平面剖切后,就能把物体内部形状表示清楚,如图2.50所示。

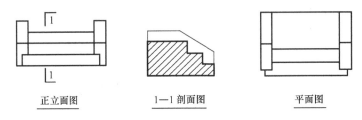

正立面图　　　　　　1—1 剖面图　　　　　　平面图

图2.50　全剖面图

2) 半剖面图

建筑形体具有对称性时,在垂直于对称平面的投影面上投影所得的图形,以对称中心线为界,一半画成剖面图,另一半画成正视图。这样画成的图形,能同时表示形体的外形和内部构造,这种剖面称为半剖面,如图2.51所示。

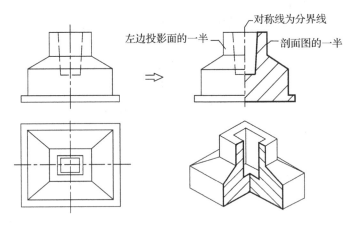

图2.51　半剖面图

3) 阶梯剖面图

两个相互平行的剖切面剖切所得的剖面图,称为阶梯剖面图,也称转折剖面图,如图2.52所示。

4) 局部剖面图

保留原视图的大部分,只将局部画成剖面图,称为局部剖面图。视图仍用原视图名称,也不标注剖切符号及编号。如图2.53所示的杯形基础,立面图是剖面图。平面图在不影响外形表达的情况下,将其一个拐角画成局部剖面。全剖面和局部剖面中,都画出钢筋的配置情况,这是钢筋混凝土构件配筋图的"透明"画法,在断面上便不再画建筑材料图例符号。

5) 分层剖面图

用分层剖切所得的剖面图,称为分层剖面图,以表示多层材料构造做法,如图2.54和图2.55所示。

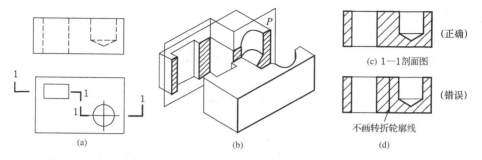

图 2.52 阶梯剖面图

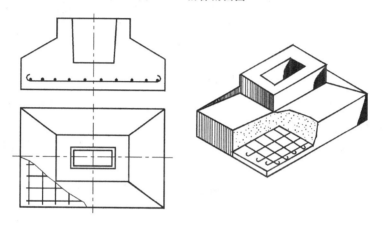

图 2.53 局部剖面图

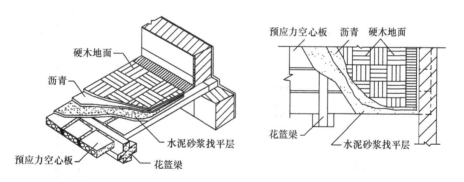

图 2.54 木地面构造分层剖面图

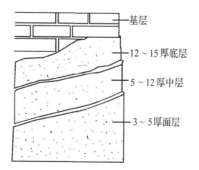

图 2.55 墙面抹灰分层剖面图

3．识读剖面图的方法、要点

识读剖面图的方法、要点如下。

（1）剖面图是根据正投影原理画出的，在三面视图和六面视图中，每个视图都可画成剖面图，仍符合正投影规律。

（2）识读剖面图时，必须先看剖切符号和编号，知道剖切位置和剖切方向，如图2.56所示。

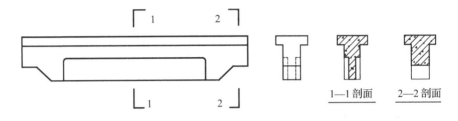

图2.56　剖视方向

（3）剖面图中，粗实线画的轮廓线表示剖切平面与形体截交部分的横断面，其余是中粗实线，表示没有被剖切到的可见部分，如图2.56所示。

【示例1】窗洞的剖面图。立面图表示窗洞和窗台的外形，周围用折断线表示被断开部分的边线，如图2.57所示。

【示例2】楼板。墙上铺设预应力空心板的局部，如图2.58所示。

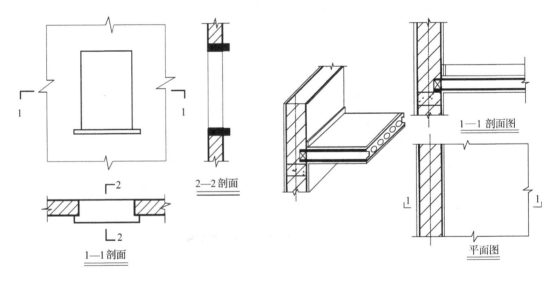

图2.57　窗洞的剖面图　　　　**图2.58　空心板和墙的搭接图**

2.5.2　断面图

只要求表达构件的断面形状及材料时，采用断面图比剖面图简便。

1．断面图的标注

剖切位置用断面符号表示，投影方向可用断面图的编号注写位置来表示，如图2.59所示。

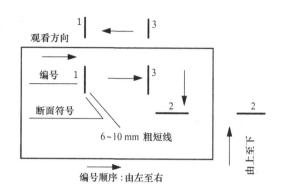

图 2.59 断面图的标注

2. 断面图的类型

1）移出断面图

断面图位于视图之外,适用于形体的截面形状变化较多的情况,如图 2.60 所示。

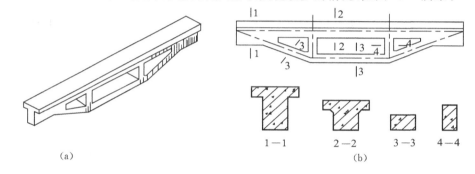

图 2.60 移出断面图

2）重合断面图

断面图直接画于投影图中,两者重合画在一起,称为重合断面图(又称折倒断面图),如图 2.61所示。一般不标注剖切符号及编号,适用于形体的截面形状变化少或单一的情况。在结构平面图中,常用重合(折倒)断面,表示楼板或屋面板的厚度等。

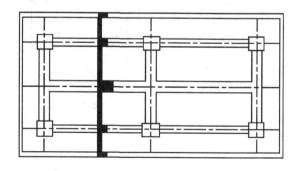

图 2.61 重合断面图

3）中断断面图

断面图位于视图的断开处,一般也不标注剖切符号及编号。这种图示形式适用于形体的形状细长而材料均匀的构件,如图 2.62 和图 2.63 所示。

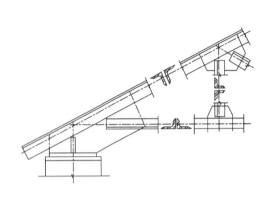

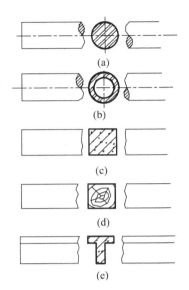

图 2.62　断面图在钢屋架中的运用

图 2.63　不同的中断断面图

1. 如图 2.64 所示，根据立体图作三面投影图（尺寸从图中量取）。

2. 如图 2.65 所示，参照立体图，补画三面投影中的漏线，标出字母，并填空。

AB 是＿＿＿＿＿线　　　　AC 是＿＿＿＿＿线　　　　BC 是＿＿＿＿＿线

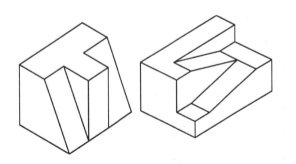

图 2.64　思考题 1

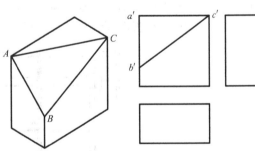

图 2.65　思考题 2

3. 如图 2.66 所示，注出直线 AB、CD 和平面 P、Q 的三面投影，并根据它们对投影面的相对位置填空。

4. 如图 2.67 所示，根据给出的立体图，完成三面投影（尺寸从立体图中量取）。

5. 如图 2.68 所示，根据给出的立体图，完成三面投影（尺寸从立体图中量取）。

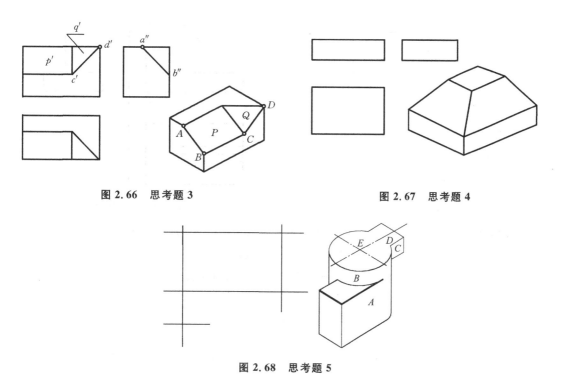

图 2.66　思考题 3

图 2.67　思考题 4

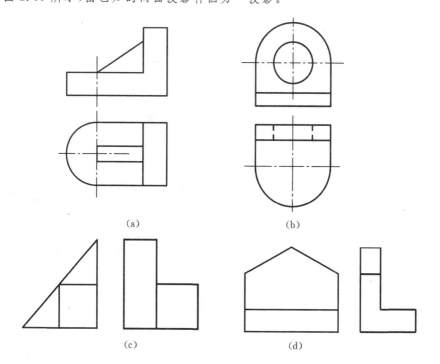

图 2.68　思考题 5

6. 如图 2.69 所示，由已知的两面投影补画另一投影。

（a）

（b）

（c）

（d）

图 2.69　思考题 6

7. 如图 2.70 所示，补画投影图中漏画的图线。

8. 如图 2.71 所示，补画 T 形块在 H、W 面投影中漏画的图线。

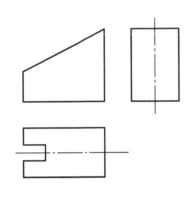

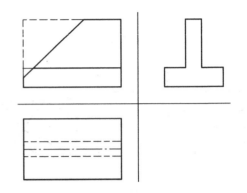

图 2.70　思考题 7　　　　　　　　　图 2.71　思考题 8

9. 如图 2.72 所示，根据给出的投影补画正面投影中的漏线，并补画 W 面投影。

10. 什么叫剖面图？什么叫断面图？它们有何区别？

11. 什么是全剖面图？什么是局部剖面图？它们各应用于何种情况？

12. 在什么情况下画半剖面图？画图时有何规定？

13. 剖面和断面的标注方法及相互区别是什么？

14. 断面图有几种？根据什么来划分？

15. 由已知的平面图（镜像）和 1—1 剖面图，如图 2.73 所示，作 2—2 剖面图和 3—3、4—4、5—5 断面图。

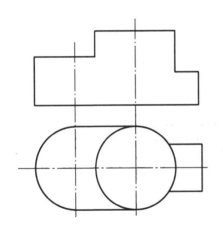

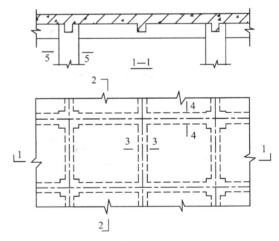

图 2.72　思考题 9　　　　　　　　　图 2.73　思考题 15

16. 根据薄腹梁的两面投影，如图 2.74 所示，画出 1—1、2—2、3—3 断面图。

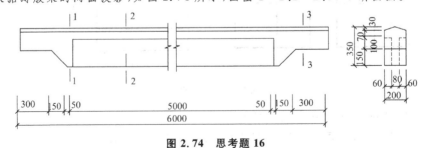

图 2.74　思考题 16

第 **3** 章

民用建筑概述

知识目标

(1) 了解影响建筑构造的因素，掌握民用建筑的构造组成。

(2) 熟悉民用建筑的等级划分。

(3) 了解建筑标准化的含义，熟悉建筑模数协调统一标准。

(4) 熟悉定位轴线的确定方法。

能力目标

(1) 能理解建筑的等级划分、构造组成。

(2) 能应用模数协调统一标准。

(3) 阅读施工图时，能准确判断定位轴线的位置。

3.1.1 民用建筑的构造组成

民用建筑通常是由基础、墙体或柱、楼板层、楼梯、屋顶、地坪、门窗等主要部分组成，还有一些附属的构件和配件，如阳台、雨篷、台阶、散水、通风道等，如图3.1所示。

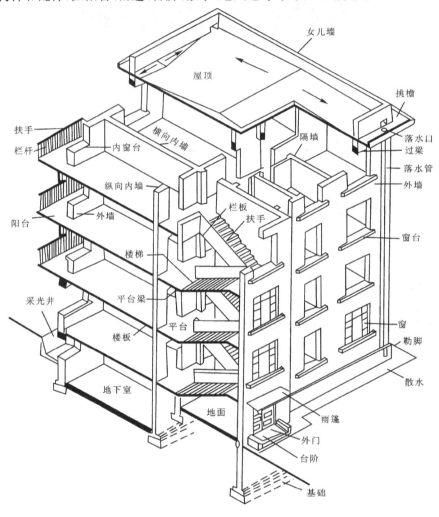

图3.1 民用建筑的构造组成

1. 基础

基础是建筑物最底部的承重构件，承担建筑的全部荷载，并将这些荷载有效地传给地基。基础属于建筑的隐蔽部分，应具有足够的强度、刚度、稳定性和耐久性。

2. 墙体或柱

墙体是建筑物的承重构件和围护构件，应具有足够的强度、稳定性，良好的热工性能以及防火、隔声、防水、耐久性能。

柱也是建筑物的承重构件,在框架或排架结构的建筑物中,柱起承重作用,墙仅起围护作用。

3．楼板和地坪

楼板是房屋建筑中水平方向的承重构件,同时按房间层高将整幢建筑物沿水平方向分为若干层。楼板层应具有足够的强度、刚度和防火、隔声性能,对有水侵蚀的房间,还应具有防潮、防水的性能。

地坪是建筑底层房间与地基土层相接触的构件,承受底层房间荷载的作用。在潮湿地区的建筑往往把地坪架空设置,此时地坪的要求与楼板差不多。

楼面和地坪面层应具有良好的耐磨、防潮、防水、保温的性能。

4．楼梯

楼梯是建筑中联系上下各层的垂直交通设施。在平时供人们交通使用,在特殊情况下供人们紧急疏散。楼梯在宽度、坡度、数量、位置、平面形式、细部构造及防火性能等诸方面均有严格的要求。如要求楼梯具有足够的通行能力,并且防滑、防火,能保证安全使用。虽然在许多建筑中垂直交通已经主要依靠电梯和自动扶梯解决,但楼梯的作用仍然不可替代。

5．屋顶

屋顶是建筑物顶部的承重和围护构件,一般由屋面、保温(隔热)层和承重结构三部分组成。另外,屋顶被称为建筑的"第五立面",是建筑外观的重要组成部分,其外观形象也应得到足够的重视。故屋顶应具有足够的强度、刚度,以及防水、保温、隔热等性能。

6．门窗

门是人及家具、设备进出建筑和房间的通道,同时还兼有分隔房间、采光、通风和围护的作用。门应有足够的宽度和高度,其数量、位置和开启方式也应符合有关规范的要求。

窗的作用主要是采光、通风、分隔和眺望,同时也是围护结构的一部分。窗又是围护结构的薄弱环节,因此在寒冷和严寒地区应合理地控制窗的面积。

门和窗是上述建筑主要构造组成当中仅有的属于非承重结构的建筑构件。

3.1.2 影响建筑构造的因素

1．自然环境的影响

建筑物的构造设计受到自然条件的限制和制约较多,包括温度、湿度、日照、雨雪、风等气候条件,以及地形、地质条件、地震烈度等的影响。建筑构造设计必须与各地的自然特点相适应,采取相应的措施,如防潮、防水、防冻、防热、保温、抗震、修建防滑坡等。同时也要充分利用自然环境的有利因素,如利用风力通风降温、降湿,利用太阳辐射改善室内热环境等。

2．人为环境的影响

人类的活动如机械振动、化学腐蚀、噪声、用火及各种辐射等都构成对建筑物的威胁,必须有针对性地采取防范措施。如隔声、隔振、防腐、防水、防火、防辐射等,以保证建筑物的正常使用。

3．外力的影响

外力的大小和作用方式决定了结构的形式、构件的用料、形状和尺寸,而构件的选材、形状

和尺寸与建筑物构造设计有着密切的关系，是构造设计的依据。

4．物质技术条件的影响

建筑材料、结构、设备和施工技术等物质技术条件是构成建筑的基本要素之一。以建筑材料对建筑构造的影响为例，主要表现在以下几个方面。

（1）材料的特性影响构造方式。

（2）材料的地域性形成一些带有地方色彩的构造方法。如鹅卵石贴面是南京地区外墙面的传统特色；云南少数民族地区常以天然竹子为建筑材料。又如在北方某些干旱地区适用的生土建筑在江南水乡则不可能存在，等等。

（3）新型建材特征及应用范围与传统材料的构造方法有很大的改变。

另外，人类环保、节能、安全等意识的普遍增强，在建筑材料的选择上，近年的发展趋势是用人工合成材料取代某些天然材料用于房屋的建造，如用水泥砌块取代传统的黏土砖。如生产和施工过程中的无公害、使用和燃烧时的无毒以及阻燃或不燃等防火性能等，都在必须考虑之列。

计算机辅助设计的应用和实验手段的完善，加强了设计的预见性，使其更为合理。

随着建筑材料技术的日新月异，建筑结构技术的不断发展与变化，建筑施工技术的不断进步，建筑构造技术也不断完善。例如，悬索、薄壳、网架等空间结构建筑，点式玻璃幕墙，彩色铝合金等新材料的吊顶，采光天窗中庭等现代建筑设施大量涌现，可以看出，建筑构造没有一成不变的固定模式。在构造设计中要综合解决好采光、通风、保温、隔热、洁净、防噪声等问题，以构造原理为基础，在利用原有的、标准的、典型的建筑构造的同时，不断发展或创造新的构造方案。

5．使用者的要求

建筑设计包括构造设计的人性化，其目的是让使用者使用时更方便、更舒适和更安全。特别是在许多构造细部的处理上应周到、合理和细致，如合适的尺度，选用材料的质感和色彩符合所在场所特定要求，连接要合理并符合人体功效学的原则等。建筑设计规范中的许多内容，就涉及满足使用者要求的构造细部做法。

以幼托建筑的设计为例，幼儿活动室的地面应做架空木地板，以缓冲儿童倒地时的撞击力；墙面最好有木护壁并以儿童喜爱的色彩作面涂；一切儿童能够触摸到的、凡有边角的地方都应尽量做成圆角以适应他们幼嫩的肌肤并减少摩擦碰撞的伤害；幼托的楼梯都要加一道低矮的扶手，踏步的高度应适宜儿童攀登，楼梯、阳台栏杆都不得设计成易于攀登的形式，而且栏杆间距必须小于儿童头部所能通过的宽度等，这些要求都是从维护儿童的身心健康出发的。

6．经济条件的影响

在确保工程质量的前提下，建筑设计应根据建筑物的等级、国家制定的经济指标及建造者本身的经济能力来进行。经济因素始终是影响建筑设计的重要因素。

因此，建筑构造设计应根据建筑物所处的环境，充分考虑各种因素对建筑物的影响，尽量利用其有利因素，采取相应的构造方案和措施，提高建筑物的抵御能力和使用的耐久性能。

3.1.3　建筑方针

"适用、安全、经济、美观"的建筑方针既是我国建筑从业人员进行工作的指导方针，又是评价建筑优劣的基本准则。

"适用"是指恰当的建筑面积，合理的设计布局，必需的技术设备，良好的设施以及保温、隔热、隔声的环境。

"安全"是指结构的安全度,建筑物耐火等级及防火设计,建筑物的耐久年限等。

"经济"主要是指经济效益。它包括降低建筑造价,降低能源消耗,缩短建设周期,降低运行、维修和管理费用等。要求我们既要注意建筑物本身的经济效益,又要注意建筑物的社会和环境的综合效益。

"美观"是指在适用、安全、经济的前提下,把建筑的构成美和存在的环境美作为设计的重要内容。要搞好室内外环境设计,对待不同建筑物、不同环境,就应有不同的美观要求。

3.2 民用建筑的等级

民用建筑等级是根据建筑物使用年限、防火性能、规模大小和重要性来划分的。

3.2.1 按建筑的耐久年限分类

根据建筑主体结构的正常使用年限可分成四级(见表 3.1)。

表 3.1 建筑物耐久等级

耐久等级	耐久年限	适 用 范 围
一级	100 年以上	重要的建筑和高层建筑,如纪念馆、博物馆、国家会堂等
二级	50~100 年	一般性建筑,如城市火车站、宾馆、大型体育馆、大剧院等
三级	25~50 年	次要的建筑,如文教、交通、居住建筑及厂房等
四级	15 年以下	简易建筑和临时性建筑

3.2.2 按建筑的重要性和规模分类

建筑按照其重要性、规模和使用要求的不同,可分成特级、一级、二级、三级、四级、五级等六个级别,具体划分如表 3.2 所示。

表 3.2 民用建筑的等级

等级	主 要 特 征	范 围 举 例
特级	① 列为国家重点项目或以国际性活动为主的特高级大型公共建筑 ② 具有全国性历史意义或技术要求特别复杂的中小型公共建筑 ③ 30 层以上建筑 ④ 高大空间,有声、光等特殊要求的建筑物	国宾馆、国家大会堂、国际会议中心、国际贸易中心、国际大型空港、国际综合俱乐部、重要历史纪念建筑、国家级图书馆、博物馆、美术馆、剧院、音乐厅,三级以上人防建筑

续表

等级	主 要 特 征	范 围 举 例
一级	① 高级大型公共建筑 ② 具有地区性历史意义或技术要求复杂的中小型公共建筑 ③ 16层以上29层以下或超过50 m高的公共建筑	高级宾馆、旅游宾馆、高级招待所、别墅、省级展览馆、博物馆、图书馆、科学实验研究楼(包括高等院校)、高级会堂、高级俱乐部。不少于300床位的医院、疗养院、医疗技术楼、大型门诊楼、大中型体育馆、室内游泳馆、室内滑冰馆、大城市火车站、航运站、候机楼、摄影棚、邮电通讯楼、综合商业大楼、高级餐厅、四级人防、五级平战结合人防建筑
二级	① 中高级、大中型公共建筑 ② 技术要求较高的中小型建筑 ③ 16层以上29层以下住宅	大专院校教学楼、档案楼、礼堂、电影院,部、省级机关办公楼,300床位以下医院、疗养院,地市级图书馆、文化馆、少年宫、俱乐部、排演厅、报告厅、风雨操场,大中城市汽车客运站,中等城市火车站、邮电局、多层综合商场、风味餐厅、高级住宅等
三级	① 中级、中型公共建筑 ② 7层以上(包括7层)15层以下有电梯住宅或框架结构的建筑	重点中学和中等专科学校教学楼、实验楼、电教楼,社会旅馆、饭馆、招待所、浴室、邮电所、门诊部、百货大楼、托儿所、幼儿园、综合服务楼、一、二层商场、多层食堂、小型车站等
四级	① 一般中小型公共建筑 ② 7层以下无电梯的住宅,宿舍及砖混结构建筑	一般办公楼、中小学教学楼、单层食堂、单层汽车库、消防车库、消防站、蔬菜门市部、粮站、杂货店、阅览室、理发室、水冲式公共厕所等
五级	一、二层单功能,一般小跨度结构建筑	书报亭、小茶室等

3.2.3　按建筑的耐火等级分类

建筑在构造上必须采取措施控制火灾的发生和蔓延,提高建筑对火灾的抵抗能力。我国《建筑设计防火规范》(GB 50016—2006)与《高层民用建筑设计防火规范》(GB 50045—1995)根据建筑材料和构件的燃烧性能及耐火极限,把多层建筑的耐火等级分为四级,高层建筑的耐火等级分为两级。

1. **燃烧性能**

建筑构件按照燃烧性能分成非燃烧体(或称不燃烧体)、难燃烧体和燃烧体。

1)非燃烧体(不燃烧体)

非燃烧体指用非燃烧材料做成的建筑构件,如天然石材、人工石材、金属材料等。

2)难燃烧体

难燃烧体指用不易燃烧的材料做成的建筑构件,或者用燃烧材料做成,但用非燃烧材料作为保护层的构件,如沥青混凝土构件、木板条抹灰等。

3)燃烧体

燃烧体指用容易燃烧的材料做成的建筑构件,如木材、纸板、胶合板等。

2. **耐火极限**

耐火极限是指任一建筑构件在规定的耐火试验条件下,从受到火的作用时起,到失去支持能力或完整性破坏或失去隔火作用时止的这段时间,用小时表示。只要以下三个条件中任一个条件出现,就可以确定其是否达到耐火极限。

1)失去支持能力

失去支持能力是指构件自身解体或垮塌。

2)完整性破坏

完整性破坏是指楼板、隔墙等具有分隔作用的构件出现穿透裂缝或较大的孔隙。

3)失去隔火作用

失去隔火作用是指具有分隔作用的构件背火面测温点测得平均温度达到140 ℃(不包括背火面的起始温度),或背火面测温点中任意一点的温度达到180 ℃,或不考虑起始温度的情况下,背火面任一测点的温度达到220 ℃。

建筑耐火等级高,构件的燃烧性能就差,耐火极限的时间就长。规范规定不同耐火等级建筑物主要构件的燃烧性能和耐火极限不应低于表3.3中的规定。

表 3.3　建筑物构件的燃烧性能和耐火极限(普通建筑)

燃烧性能和耐火极限 / h 构件名称		耐 火 等 级			
		一级	二级	三级	四级
墙	防火墙	非燃烧体 4.00	非燃烧体 4.00	非燃烧体 4.00	非燃烧体 4.00
	承重墙、楼梯间、电梯井的墙	非燃烧体 3.00	非燃烧体 2.50	非燃烧体 2.50	难燃烧体 0.50
	非承重外墙、疏散走道两侧的隔墙	非燃烧体 1.00	非燃烧体 1.00	非燃烧体 0.50	难燃烧体 0.25
	房间隔墙	非燃烧体 0.75	非燃烧体 0.50	难燃烧体 0.50	难燃烧体 0.25
柱	支承多层的柱	非燃烧体 3.00	非燃烧体 2.50	非燃烧体 2.50	难燃烧体 0.50
	支承单层的柱	非燃烧体 2.50	非燃烧体 2.00	非燃烧体 2.00	燃烧体
梁		非燃烧体 2.00	非燃烧体 1.50	非燃烧体 1.50	难燃烧体 0.50
楼板		非燃烧体 1.50	非燃烧体 1.00	非燃烧体 0.50	难燃烧体 0.25
屋顶承重构件		非燃烧体 1.50	非燃烧体 0.50	燃烧体	燃烧体
疏散楼梯		非燃烧体 1.50	非燃烧体 1.00	非燃烧体 1.00	燃烧体
吊顶(包括吊顶搁栅)		非燃烧体 0.25	难燃烧体 0.25	难燃烧体 0.15	燃烧体

有些同类建筑根据其规模和设施的不同档次进行分级。如剧场分为特级、甲级、乙级、丙级四个等级;涉外旅馆分为一星级至五星级共五个等级;社会旅馆分为一级至六级共六个等级。

建筑的分级是根据其重要性和对社会生活影响程度来划分的,应当根据建筑的实际情况,合理地确定建筑的耐久年限和防火等级。

3.3　建筑标准化和模数协调

建筑业实现建筑工业化,提高建筑的科技含量,逐步改变劳动力密集、手工作业落后的局面,最终实现建筑工业化,是我国建筑业迫切要求解决的问题。建筑工业化的内容为:设计标准化,构配件业生产工厂化,施工机械化。设计标准化是实现其余两个目标的前提,只有实现了设计标准化,才能够简化建筑构配件的规格类型,为工厂生产商品化的建筑构配件创造基础条件,为建筑产业化、机械化施工打下基础。

3.3.1 建筑标准化

建筑标准化主要包括以下两个方面。

(1)制定各种法规、规范、标准和指标,使设计有章可循。

(2)在诸如住宅等大量性建筑的设计中推行标准化设计。

标准化设计可以借助国家或地区通用的标准图集来实现。设计者根据工程的具体情况选择标准构配件,避免重复劳动。构件生产厂家和施工单位也可以根据标准构配件的应用情况,组织生产和施工,形成规模效益,提高生产效率。

实行建筑标准化,可有效地减少建筑构配件的规格,这样在不同的建筑中采用标准构配件就可提高施工效率,保证施工质量,降低造价。

3.3.2 建筑模数协调

《建筑模数统一协调标准》(GBJ 2—1986)用于约束和协调建筑的尺度关系,以达到简化类型、降低造价、保证质量、提高工效的目的。

1. 模数

建筑模数是选定的标准尺度单位,作为建筑物、建筑构配件、建筑制品以及有关设备尺寸相互协调中的增值单位。

1) 基本模数

基本模数是模数协调中选用的基本单位,其数值为 100 mm,符号为 M,即 1M＝100 mm。整个建筑物及其一部分或建筑组合构件的模数化尺寸应为基本模数的倍数。

2) 导出模数

在基本模数的基础上发展相互之间存在的内在联系的导出模数,包括扩大模数和分模数。

(1)扩大模数是基本模数的整数倍数。水平扩大模数基数为 3M、6M、12M、15M、30M、60M,其相应的尺寸分别是 300 mm、600 mm、1 200 mm、1 500 mm、3 000 mm、6 000 mm。竖向扩大模数基数为 3M、6M,其相应的尺寸分别是 300 mm、600 mm。

(2)分模数基数为 1/10M、1/5M、1/2M,其相应的尺寸分别是 10 mm、20 mm、50 mm。

3) 模数数列及应用

模数数列是以选定的模数基数为基础而展开的模数系统,它可以保证不同建筑及其组成部分之间尺寸的统一协调,有效地减少建筑尺寸的种类,并确保尺寸具有合理的灵活性。建筑物的所有尺寸除特殊情况外,均应满足模数数列的要求。表 3.4 所示为我国现行的模数数列。

2. 几种尺寸

为了保证建筑构配件的安装与有关尺寸间的相互协调,在建筑模数协调中把尺寸分为标志尺寸、构造尺寸和实际尺寸。

1) 标志尺寸

标志尺寸应符合模数数列的规定,用以标注建筑物定位轴面、定位面或定位轴线、定位线与

表 3.4　常用模数数列　　　　　　　　　　　　　单位：mm

模数名称	基本模数	扩　大　模　数						分　模　数		
模数基数	1M	3M	6M	12M	15M	30M	60M	1/10M	1/5M	1/2M
基数数值	100	300	600	1 200	1 500	3 000	6 000	10	20	50
模数数列	100	300						10		
	200	600	600					20	20	
	300	900						30		
	400	1 200	1 200	1 200				40	40	
	500	1 500			1 500			50		50
	600	1 800	1 800					60	60	
	700	2 100						70		
	800	2 400	2 400	2 400				80	80	
	900	2 700						90		
	1 000	3 000	3 000		3 000	3 000		100	100	100
	1 100	3 300						110		
	1 200	3 600	3 600	3 600				120	120	
	1 300	3 900						130		
	1 400	4 200	4 200					140	140	
	1 500	4 500			4 500			150		150
	1 600	4 800	4 800	4 800				160	160	
	1 700	5 100						170		
	1 800	5 400	5 400					180	180	
	1 900	5 700						190		
	2 000	6 000	6 000	6 000	6 000	6 000	6 000	200	200	200
	2 100	6 300							220	
	2 200	6 600	6 600						240	
	2 300	6 900								250
	2 400	7 200	7 200	7 200					260	
	2 500	7 500			7 500				280	
	2 600		7 800						300	300
	2 700			8 400					320	
	2 800		9 000		9 000	9 000			340	
	2 900			9 600						350
	3 000				10 500				360	
	3 100			10 800					380	
	3 200			12 000	12 000	12 000	12 000		400	400
	3 300					15 000				450
	3 400					18 000	18 000			500
	3 500					21 000				550
	3 600					24 000	24 000			600
应用范围	主要用于建筑物层高、门窗洞口和构配件截面	① 主要用于建筑物的开间或柱距、进深或跨度、层高、构配件截面尺寸和门窗洞口等处　② 扩大模数 30M 数列按 3 000 mm 进级,其幅度可增至 360M;60M 数列按 6 000 mm 进级,其幅度可增至 360M						① 主要用于缝隙、构造节点和构配件截面等处　② 分模数 1/2M 数列按 50 mm 进级,其幅度可增至 10M		

线之间的垂直距离(如开间或柱距、进深或跨度、层高等)，以及建筑构配件、建筑组合件、建筑制品以及有关设备界限之间的尺寸。

2) 构造尺寸

建筑构配件、建筑组合件、建筑制品等的设计尺寸。一般情况下，标志尺寸减去构件之间的缝隙即为构造尺寸。

3) 实际尺寸

建筑构配件、建筑组合件、建筑制品等生产制作后的实际尺寸。实际尺寸与构造尺寸之间的差数应符合该建筑制品有关公差的规定。

标志尺寸、构造尺寸及其与两者之间缝隙的关系如图 3.2 所示。

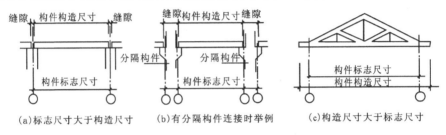

(a)标志尺寸大于构造尺寸　　(b)有分隔构件连接时举例　　(c)构造尺寸大于标志尺寸

图 3.2　三种尺寸的关系

3.4　定位轴线

定位线(有时称定位轴线)又称为轴线，是确定房屋主要结构或构件的位置及其标志尺寸的基准线，用于平面图时称平面定位线，用于立面方向时称竖向定位线。定位线的距离，如跨度(进深)、柱距(开间)、层高等应符合《建筑模数协调统一标准》的规定。

定位线是施工定位、放线的重要依据。凡承重墙、柱子、大梁或屋架等主要承重构件均应由定位线确定其位置，而对于非承重的隔墙、次要承重构件、配件的位置，可与它们附近定位线联系(设附加定位线)。

1. 墙、柱与平面定位线的关系

两条横向定位线间的标志尺寸称为开间尺寸，两条纵向定位线之间的标志尺寸称为进深尺寸。

在框架结构中，中柱和边柱与平面定位线的关系是：中柱的上柱或顶层中柱的中线，一般与纵、横向平面定位线相重合。边柱的设置有两种情况：图 3.3(a)是中边柱(顶层边柱)的纵、横向中线与纵、横向平面定位线相重合，图 3.3(b)是边柱的外缘与纵向平面定位线重合。

承重内墙顶层墙身的中心线与平面定位线相重合，当各层承重内墙厚度等于 370 mm 时，一般按平面定位轴线对称分布。承重外墙顶层墙身的内缘与平面定位线间的距离，一般为顶层承重内墙厚度的一半，半砖或半砖的倍数，如图 3.4 所示。

非承重墙与平面定位线的关系，除可按承重外墙布置外，也可使墙身内缘与平面定位线相重合，如图 3.5 所示。

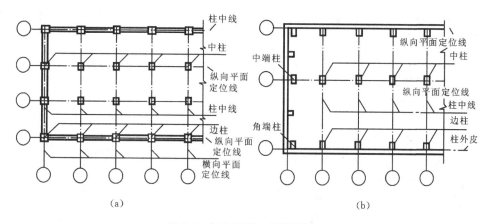

图 3.3　柱与平面定位线的关系

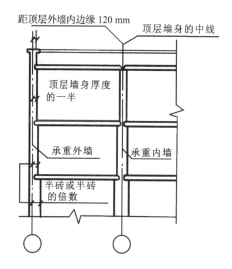

图 3.4　承重内、外墙与平面定位线的关系

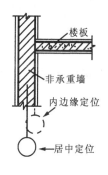

图 3.5　非承重墙两种定位方式

带壁柱外墙的墙体内缘与平面定位线相重合,如图 3.6 所示,距墙体内缘 120 mm 处与平面定位轴线相重合,如图 3.7 所示。

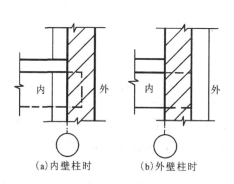

图 3.6　定位轴线与墙体内缘重合

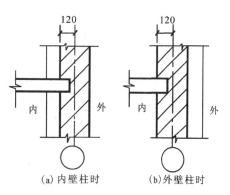

图 3.7　定位轴线距墙体内缘 120 mm

楼梯及走道的两侧承重墙与平面定位线的关系，通常是楼梯及走道两侧向内取平，墙身内缘与平面定位线的距离定为 120 mm，如图 3.8 所示。

2. 楼面、地面、平屋面和竖向定位线的关系

在多层或高层建筑中，常使建筑物各层的楼层、首层地面表面及平屋面的结构层表面与竖向定位线相重合，如图 3.9 所示。

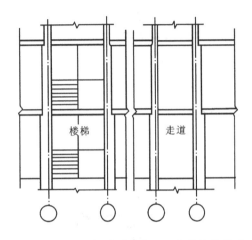

图 3.8　楼梯间墙、走道墙与平面定位线的关系

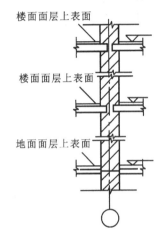

图 3.9　砖墙楼地面的竖向定位

3.5　建筑节能

3.5.1　概述

能源问题是人类十分关注的四大生存问题之一。解决我国能源短缺问题的根本途径是开源节流。能源建设总方针中规定："能源的开发和节约并重，近期要把节能放在优先地位，大力开展以节能为中心的技术改造和结构改革。"

建筑节能是指在建筑材料生产、建筑施工及使用过程中合理地使用和有效地利用能源，在满足同等需要或达到相同目的的条件下尽可能降低能耗；在保证和提高建筑舒适性的条件下，积极地节省能源，提高能源的利用率。

建筑能耗包括建造过程的能耗和使用过程的能耗两个方面。其中，建造过程的能耗包括建筑材料、建筑构配件、建筑设备的生产和运输，以及建筑施工和安装中的能耗；使用过程的能耗包括建筑使用期间采暖、通风、空调、照明、家用电器和热水供应的能耗。一般情况下，日常使用能耗与建造能耗之比为 8：2～9：1。国际上建筑节能的重点都是放在节约采暖和降温能耗上。

采暖居住建筑的耗热量由通过建筑物围护结构的传热耗热量和通过门窗缝隙的空气渗透耗热量两部分构成。外墙、窗户和屋顶是节能的重点部位。

采暖建筑的节能主要依靠提高供热系统的热效率和减少围护结构的散热两个方面的措施。前者可以合理提高锅炉的运行效率，改善锅炉运行状况，采用管网水力平衡技术，以及加强供热管道保温，提高管网的输送效率等。后者则有以下要求：建筑物选择在避风和向阳的地段，应注

重夏季在确保采光和通风条件下,尽量防止太阳热能进入室内,而冬季尽量让太阳热能进入室内;适当控制建筑体型系数,即建筑物外表面积与其所包围的体积的比值,建筑外形尽可能规整,避免不必要的凸凹变化;加强门窗、外墙、屋顶和地面的保温,外墙上使用多层门窗,窗面积不宜过大,北向、东西向和南向的窗墙面积比应分别控制在 20%、25%(单层窗)或 30%(双层窗)和 35%以内,减少门窗缝隙等;采用高效保温复合材料,使用空心砖、加气混凝土等新型墙体材料代替实心黏土砖;提高建筑物的气密性,选用密封性能好的门窗并加密封条,用密封材料填实穿墙管线连接处缝隙。

3.5.2 建筑节能的措施与构造

1. 提高围护结构热阻的措施

提高围护结构热阻的措施主要有以下两项。

(1) 增加围护结构的厚度。

(2) 选择热导率小的材料。

导热系数值小于 0.25 W/(m·K)的材料称为保温材料。保温材料按其材质构造,可分为多孔材料、板(块)状材料和松散状材料。按其化学成分划分则有无机材料和有机材料。无机材料,如膨胀矿渣、泡沫混凝土、加气混凝土、陶粒、膨胀珍珠岩、膨胀蛭石、浮石及浮石混凝土、矿棉及玻璃棉等;有机材料,如软木、木丝板、甘蔗板和稻壳等。此外,还有铝箔等反射辐射热性能良好的材料。选用热导率小的保温材料组成围护结构是行之有效的措施。

2. 围护结构的保温构造

1) 单一材料的保温结构

单一材料的保温结构是由一种热导率小的材料所构成的结构。最理想的是采用轻质、高强和耐久性高的保温材料,如陶粒混凝土、浮石混凝土、加气混凝土等。

2) 复合材料的保温结构

利用不同性能的材料进行组合,构成既能承重又可保温的复合结构。在这种结构中,让不同性质的材料发挥各自的功能:轻质材料专起保温作用,强度高的材料专起承重作用。如图 3.10(a)所示,从保温效果、减少保温材料内部产生水蒸气凝结的可能性等方面考虑,将保温材料设置在靠围护结构低温一侧(对采暖建筑来说是指室外一侧,也称外保温)较为理想。

不过目前绝大多数保温材料不能防水,耐久性差,保温材料靠室外一侧,就必须加保护层,对墙面需另加防水饰面。

3) 夹层保温结构

夹心层可以是保温材料,也可以是空气间层,如图 3.10(b)、图 3.10(c)所示。空气间层的厚度一般以 40~50 mm 为宜,要求处于密闭状态。另外,在构件的内表面粘贴或铺钉铝箔组合板可提高空气层的保温能力,如图 3.11 所示。

4) 传热异常部位的保温构造

在外围护结构中,门窗孔洞、结构转角处、钢筋混凝土框架柱、过梁、圈梁等传热异常的构件或部位是保温的薄弱环节,通常称为"热桥"(过去也称"冷桥"),如图 3.12 所示。设计中必须对这些部位采取相应的保温措施。如钢筋混凝土过梁截面做成 L 形,外侧附加保温材料,如图 3.13(a)所示。柱的外表面与外墙面平齐或突出外面时的保温处理,如图 3.13(b)所示。

3. 防止围护结构的蒸汽渗透

当围护结构两侧出现水蒸气压力差时，水蒸气从压力高的一侧通过围护结构向压力低的一侧渗透扩散的现象称为蒸汽渗透。水蒸气在渗透过程中，当温度达到露点温度时，立即凝结成水，称凝结水，又称结露。结构内部产生凝结水，称内部凝结，会使室内墙面脱皮、生霉，甚至导致衣物发霉，严重时会影响人体健康。

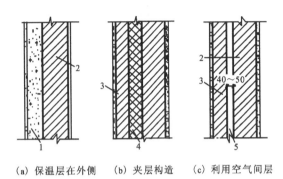

（a）保温层在外侧　（b）夹层构造　（c）利用空气间层

图 3.10　围护结构的保温构造

1—泡沫混凝土；2—砖；3—墙；
4—泡沫塑料；5—空气间层

图 3.11　铝箔保温构造

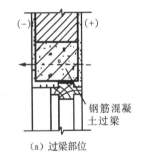

（a）过梁部位

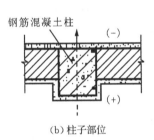

（b）柱子部位

图 3.12　热桥现象示意图

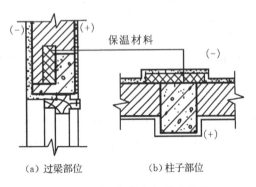

（a）过梁部位　　（b）柱子部位

图 3.13　热桥部位保温处理构造

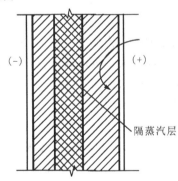

图 3.14　隔蒸汽层示意图

建筑构造设计中，常在围护结构的保温层靠高温一侧，即蒸汽渗透一侧设置一道隔蒸汽层，如图 3.14 所示。这是目前保温构造设计中应用最普遍的一种措施。隔蒸汽材料一般采用沥青、卷材、隔蒸汽涂料以及铝箔等防潮、防水材料。

3.5.3 建筑节能技术

1. 缓冲空间

在建筑南立面设置大玻璃面的"阳光室"又称"缓冲空间",如图3.15所示。它类似于中国许多地方由玻璃窗封闭阳台的做法,其作用如同温室,在冬季可有效提高室温,降低采暖能耗。适用于寒带气候,在西欧、北欧和北美国家应用较多。

2. 附加日光间

附加日光间属一种多功能的房间,除了可作为一种集热设施外,还可用来作为休息、娱乐、养花、养鱼等场所使用,是寒冬季节让人们置身于大自然中的一种室内环境,也是为其毗连的房间供热的一种有效设施。

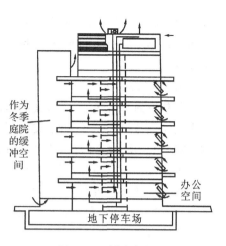

图 3.15 缓冲空间

图3.16所示为美国新墨西哥州的一幢两层楼住宅。由剖面图可见,该住宅南向阳光间(暖房)与二楼顶棚、北墙内侧设有空气循环通道,与底层地板上块石储热床相连,沿途使顶棚与北墙内侧被加热成低温辐射面向室内供暖,并将剩余热量输进砾石储热床储存起来以备夜间供

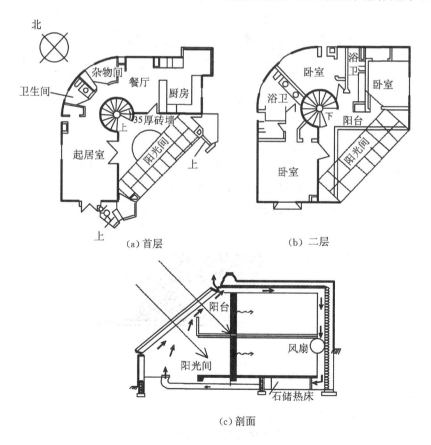

(a) 首层   (b) 二层

(c) 剖面

图 3.16 附加阳光间太阳能建筑实例

暖。分隔温室与房间的南墙做成集热墙,白天储热,夜间供暖。夏季阳光间外侧设遮阳百叶,日闭夜开。必要时夜间还可定时开动风扇,使温室冷空气循环进入通道,帮助室内阳光室降温。

3.蓄热屋面

蓄热屋面与蓄热墙类似,其原理都是储存热量并且将其传送给室内。效率较高的蓄热屋面由水袋及顶盖组成。冬季,水袋受到太阳光照射而升温,热量通过下面的金属天花板传递至室内,使房间变暖;夏季,室内热量通过金属天花板传递给水袋,在夜间,水袋中的热量以辐射、对流等方式散发至天空。水袋上有活动盖板以增强蓄热性能,夏季,白天盖上盖板,减少阳光对水袋的辐射使其可以吸纳较多的室内热量,夜晚打开盖板,使水袋中的热量迅速散发到空中;冬季,白天打开盖板使水袋尽量吸收太阳的热辐射,夜晚盖上盖板使水袋中的热量向室内散发,如图3.17所示。

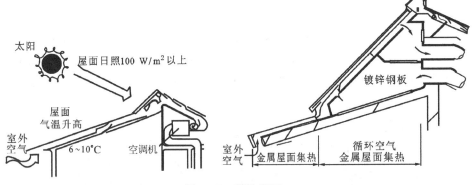

图3.17 蓄热屋面

4.橡胶阳光集热板

采用可在50~120℃的环境中工作的空心橡胶棒作为吸热体,将这种以黑色橡胶棒组成的集热板放置在屋面或地面上,可将棒内冷水加热至50℃,恰好满足洗浴方面的水温要求。这种集热板如铺设在屋面上,还可起到降温和降低热反射的作用,大面积使用可有效减少城市中的"热岛"效应。这是一种相对简易而传统的太阳能利用方式,如图3.18所示。

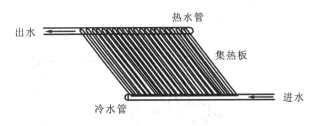

图3.18 橡胶阳光集热板

5.阳光反射装置

阳光反射装置有两个方面的作用,一是提供日照,二是提供热量。英国建筑师N.福斯特在香港汇丰银行的设计中采用了可以自动跟踪阳光的反射镜,为室内提供补充光照,这一做法成为当代在建筑中对阳光进行主动"设计"与引导的成功范例之一。1992年,由日本清水建设等单位设计的东京上智大学纪尾井场馆上的阳光反射装置,则是为了在加强日照的基础上收集热量,以提高内庭土壤温度,保证花园在冬季仍可绚丽如春。距地面38 m的屋顶上有两台直径为2.5 m的大型反射镜,其中心直射照度超过60 000 lx,地面直接光照面积为10 m²,中心区照度为13 500～18 250 lx,在转动过程中其反射光可覆盖整个内庭,如图3.19所示。

6. 太阳能集热器

太阳能集热器大多数是放在屋面上的,但也有与墙体或窗户合二为一的,如窗式集热器。它是一种将窗户与集热器结合起来的设备。

7. 植草屋面

传统植草屋面的做法是在防水层上覆土再植以茅草,随着无土栽植技术的成熟,目前多采用纤维基层栽植草皮。植草屋面具有降低屋面反射热,增强保温隔热性能,提高居住区绿化效果等优点。在西欧和北欧乡间传统住宅上应用较为广泛,目前越来越多地应用于城市低层及多层住宅建筑上。

日本的"环境共生住宅"采用了植草屋面,其基本构造为:野草生长基下为可"呼吸"的轻质滤层,其下为齿状保水槽、多重防水层和木板,如图3.20所示。

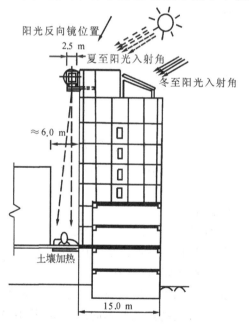

图3.19 装在屋顶上的阳光反射装置

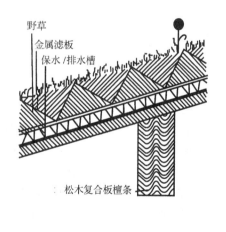

图3.20 植草屋面

8. 天然采光(日光)

设计中加强天然采光可以节约能耗。利用光的反射原理在窗户上及室内设置反光镜面或棱镜,这样不仅可以延长天然采光的时间,还可改善室内光舒适性。在一般日照情况下,普通窗户只能为距窗不超过3.0 m的范围内提供符合标准的光照,这样进深稍大的区域就必须辅以人工照明。加设反光设施后天然光可均匀地覆盖进深达7.0 m的区域,从而节约了能源。为保证建筑的天然采光、自然通风,立面上开窗面与实墙面之比应不小于50%,如图3.21所示。

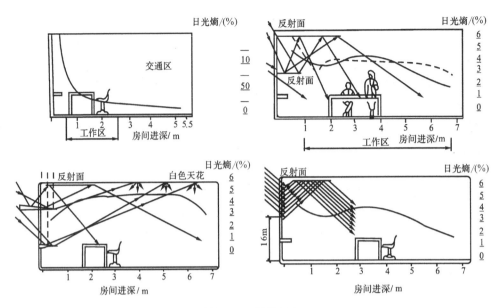

图 3.21　天然采光

*3.6　建筑防震

1. 地震与地震波

地壳内部存在极大的能量,地壳中的岩层在这些能量所产生的巨大作用力下发生变形、弯曲、褶皱,当最脆弱部分的岩层承受不了这种作用力时,岩层就开始断裂、错动,这种运动传至地面,就表现为地震。

地下岩层断裂和错动的地方称为震源,震源正上方地面称为震中。

岩层断裂错动,突然释放大量能量并以波的形式向四周传播,这种波就是地震波。地震波在传播中使岩层的每一质点发生往复运动,使地面分别发生上下颠簸和左右摇晃,造成建筑破坏、人员伤亡。由于阻尼作用,地震波作用由震中向远处逐渐减弱,直至消失。

地震时,建筑物质量越大,受到的地震力也越大。地基土的纵波使建筑物产生上下颠动,横波使建筑物产生前后或左右的水平方向的晃动。但这三个方向的运动并不同时产生,其中横波的振动往往超过风力的作用,所以地震力产生的横波是建筑物的主要侧向荷载。

2. 地震震级与地震烈度

地震的大小是用震级表示的。地震的强烈程度称为震级,一般称里氏震级,是衡量地震时释放能量大小的标准,释放的能量越多,震级也越高。地震烈度是指某一地区地面在地震过程中,地表及建筑物受到影响和破坏的程度。同一个震级的地震,由于各地区距震中远近不同,震源的深浅不同,地质情况和建筑自身情况不同等,地震的影响也不相同,因此地震的烈度也不一样。一次地震只有一个震级,但却有不同的烈度区,一般是震中区最大,离震中越远,烈度越小。

但在进行建筑的抗震设计时,并不是以震级的高低作为设计的依据,而是以震级的烈度为设计的依据。烈度分为基本烈度和设计烈度。基本烈度是指某一地区在今后的一定时期内,在一般情况下可能遭受的最大烈度。设计烈度是根据城市及建筑物的重要程度,在基本烈度的基础上调整后规定的设防标准。

我国地震烈度表中将烈度分为12度。7度时,一般建筑物多数有轻微损坏;8、9度时,大多数建筑物损坏至破坏,少数倾倒;10度时,则多数倾倒。现行建筑抗震规范规定以6度作为设防起点,6～9度地区的建筑物要进行抗震设计。

3. 建筑防震设计要点

建筑物防震设计的基本要求是减轻建筑物在地震时的破坏、避免人员伤亡、减少经济损失。其一般目标是当建筑物遭到本地区规定烈度的地震时,允许建筑物部分出现一定的损坏,经一般修复和稍加修复后能继续使用,而当遭到极少发生的高于本地区烈度的地震时,不致倒塌和发生危及生命的严重破坏,即贯彻"小震不坏、中震可修、大震不倒"的原则。在建筑设计时一般应遵循下列要点。

(1)宜选择对建筑物防震有利的建设场地。

(2)建筑体型和立面处理力求匀称,建筑体型宜规则、对称,建筑立面宜避免高低错落、突然变化。

(3)建筑平面布置力求规整,如因使用和美观要求必须将平面布置成不规则时,应用防震缝将建筑物分割成若干结构单元,使每个单元体型规则、平面规整、结构体系单一。

(4)加强结构的整体刚度,从抗震要求出发,合理选择结构类型、合理布置墙和柱、加强构件和构件连接的整体性、增设圈梁和构造柱等。

(5)处理好细部构造,楼梯、女儿墙、挑檐、阳台、雨篷、装饰贴面等细部构造应予以足够的注意,不可忽视。

*3.7　建筑防火与安全疏散

3.7.1　建筑火灾的发展蔓延

1. 火灾的发展阶段

火灾的发展往往具有一定的规律。

1)火灾初起阶段

建筑设计时应首先考虑根据建筑等级尽量少用或不用可燃材料;其次,设置必要的火灾感应和报警系统,在高层建筑中还应设置专门的消防控制室,以便火灾发生时及早发现、及时控制使火灾消灭在起火点;第三,在易于起火并有大量易燃物品部位的上空设置排烟窗,从而控制燃烧面积,限制火灾的蔓延。

2)火灾发展的第二阶段

建筑设计中应首先进行合理的防火分区和防烟分区,并在各区之间设置必要的防火分隔构件或防火措施(如防火墙、防火门、防火水幕以及耐火顶板等)。另外,建筑结构也应具有较长的耐火时间,使它在强烈的火势中保持足够的强度和稳定性,特别是建筑物的主要承重构件不应受到致命的损害。

3）火灾的熄灭阶段

此阶段对防火无意义。建筑防火主要是针对前两个阶段火灾的特点,采取限制火势或抵制火势危害的措施。

2. 火势的蔓延途径

火势的蔓延也是有一定规律的。当火灾发生时,火势是通过热的传播而蔓延的。在起火的建筑物中,由于可燃构件的直接燃烧、热的传导、热辐射和热的对流,使火势由起火房间转移、扩大到其他房间。

1）外墙窗口

由于热对流的作用,火势常常通过外墙窗口向外蔓延。建筑设计中可以利用窗过梁挑檐、外部非燃烧体的雨篷、阳台等设施使烟火偏离上层窗口,阻止火势向上蔓延,如图 3.22 所示。

2）内墙门

木板门是导致火势蔓延的重要途径之一,设计中应加强"门"这一薄弱环节。

3）隔墙

在木板隔墙、板条抹灰隔墙或墙厚度很小的非燃烧体的环境下,隔壁靠墙堆放的易燃物体等,都是火势蔓延的途径。

图 3.22 窗口上缘挑板有利于阻隔火灾蔓延

4）楼板

火势通过上层楼板、楼梯口、电梯井或吊装孔由下向上蔓延。

5）空体结构

有些空体结构有利于保温、隔热、隔声,但却不利于防火。

阻止火势的蔓延途径是建筑物中划分防火分区、设置防火分隔物的依据,也是火灾扑救工作中有效实施"堵截包围、穿插分隔"策略的需要。

3.7.2 防火、防烟分区

建筑设计中通常将建筑面积过大的建筑物,根据建筑的使用性质和规模大小,用防火墙等分隔物将之划分成若干个防火分区。

1. 一般建筑的防火分区

防火分隔物的类型有防火墙、防火卷帘、防火水幕等。

当建筑物内设有上、下层相通的走马廊、自动扶梯开口部位时,应将上、下连通层一起作为一个防火分区,其面积之和不能超过相应防火分区的要求,如果上、下开口部位设有复合卷帘或水幕分隔设施可不受此规定限制。当建筑物内或防火分区内或其局部设有自动灭火设备时,每层最大允许建筑面积可增加 1 倍或 1.5 倍(有特殊规定者除外)。表 3.5 给出了单层、多层民用建筑的防火分区与耐火等级、层数、长度和面积关系。

2. 高层建筑的防火分区

《高层民用建筑设计防火规范》(GB 50045—1995)中规定,高层建筑内应采用防火墙等分隔物划分防火分区,每个防火分区的最大允许建筑面积不超过表 3.6 中的限定。图 3.23 所示为某饭店的防火分区示意图。

表 3.5 单层、民用建筑的防火分区与耐火等级、层数、长度和面积关系

耐火等级	最多允许层数	防火分区间		备 注
		最大允许长度/m	每层最大允许建筑面积/m	
一级 二级	不大于9层 （高度不大于24 m）	150	2 500	① 体育馆、剧院等的长度和面积可以放宽 ② 托儿所、幼儿园的儿童用房不应设在四层及四层以上
三级	5层	100	1 200	① 托儿所、幼儿园的儿童用房不应设在三层及三层以上 ② 电影院、剧院、礼堂和食堂不应超过两层 ③ 医院、疗养院不应超过三层
四级	2层	60	600	学校、食堂、菜市场、托儿所、幼儿园、医院等不应超过一层

注：建筑物的长度，是指建筑物各分段中线长度的总和。如遇有不规则的平面而有各种不同量法，应采用较大值。

表 3.6 高层民用建筑防火分区最大允许建筑面积

名称	每层每个防火分区建筑面积/m²	
一类建筑	1 000	设有自动喷水灭火系统的高层商业楼、展览楼，其防火分区最大允许建筑面积为 4 000 m²
二类建筑	1 500	
地下室	500	

当高层建筑中设有自动灭火系统时，防火分区最大允许建筑面积可按表 3.6 中的面积增加 1 倍；当局部设置自动灭火系统时，可按局部面积的 1 倍增加面积。

当裙房与高层建筑之间设有防火分隔物时，裙房的防火分区面积可比高层建筑的防火分区面积增大。

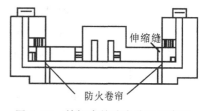

图 3.23 某饭店的防火分区示意图

高层建筑内的商业营业厅、展览厅等，当设有火灾自动报警系统和自动灭火系统，而且采用不燃烧材料装修时，地上部分防火分区最大允许建筑面积为 4 000 m²，地下部分防火分区的最大允许建筑面积为 2 000 m²。每个防火分区的防火墙如需开门时，应按要求开相同等级的防火门。防火门分甲级、乙级和丙级三种。

当高层建筑内设有开敞楼梯时，应将上、下连通空间一起作为一个防火分区，并与其他空间以防火卷帘等加以分隔，如图 3.24 所示。

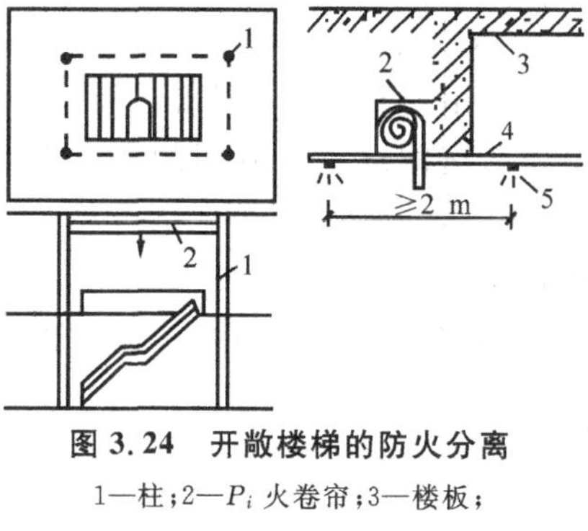

图 3.24 开敞楼梯的防火分离
1—柱；2—P_i 火卷帘；3—楼板；
4—吊顶；5—喷淋水头

高层建筑中庭的防火分区应按上、下连通的面积叠加计算。当超过一个防火分区的面积时，应符合下列要求。

（1）中庭每层回廊应设置自动喷水灭火系统、火灾自动报警系统。

（2）房间与中庭回廊相通的门、窗应设为自行关闭的乙级防火门、窗。

（3）与中庭相连的过厅、通道等相通处，应设置乙级防火门或复合防火卷帘分隔。

（4）中庭适当部位设置排烟设施。

3. 防烟分区

高层民用建筑中应布置装有排烟设备的通道。净高不超过 6 m 的房间，应设挡烟垂壁、隔墙或从顶棚下突出不小于 50 cm 的梁划分防烟分区，如图 3.25 所示，每个防烟分区的建筑面积不超过 500 m²（商场营业厅和展览厅除外），且防烟分区不应跨越防火分区。

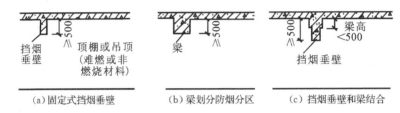

图 3.25　防烟分区方案示意图

3.7.3　安全疏散

建筑设计必须组织若干安全的疏散路线，并提供足够的疏散楼梯、安全出口和消防电梯。

1. 安全疏散路线

安全疏散路线一般分为以下几种。

（1）室内→室外。

（2）室内→走道→室外。

（3）室内→走道→楼梯（楼梯间）→室外。

安全疏散路线应尽量连续、快捷、便利、畅通无阻地通向安全出口。注意两点：一是疏散通道宽度不应变窄；二是不应有突出的障碍物或突变的台阶。

2. 安全出口

安全出口应设足数量，应分散设置，易于寻找并应设明显的标志。影剧院、礼堂、体育馆的观众厅等公共建筑以及多层通廊式居住建筑，高层民用建筑，地下室及半地下室等的每个防火分区的安全出口不应少于两个。但当建筑物层数较低（三层及三层以下），面积不超过 60 m²，且人数不超过 50 人时，可以只设一个出口。

3. 疏散门

建筑物中的疏散门是安全疏散路线中的重要关口，也是防火设计的重中之重。《建筑设计防火规范》中对疏散门的形式、宽度、开启方式与方向等都作了严格限定。

民用建筑及厂房疏散门应向疏散方向开启，不应采用侧拉门、吊门和转门。人数不超过 60 人的房间且每樘门的平均疏散人数不超过 30 人时（甲、乙类生产房间除外），其门的开启方向不限。

人员密集的公共场所观众厅的入场门、太平门，不应设置门槛，其宽度不应小于 1.4 m（见图 3.26），紧靠门口 1.4 m 内不应设置踏步（见图 3.27）。太平门应为推闩式外开门。人员密集的公共场所的室外疏散小巷，其宽度不应小于 3.0 m。

其他如"疏散楼梯"、"安全疏散距离"以及"消防电梯"，详见"楼梯"相关章节。

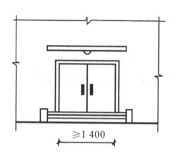

图 3.26　公共疏散门的防火要求

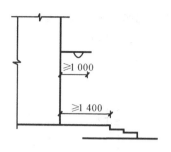

图 3.27　挑檐及台阶的防火要求

3.7.4　高层建筑的防火要求

高层建筑防火设计除了满足 3.7.3 节中的有关规定以外,还必须严格执行《高层民用建筑设计防火规范》。

1. 安全设施

当高层建筑层数较高时,除了要保证疏散楼梯的安全以外,设计时还应考虑人员自救、高空扑救等措施。

1) 避难层(间)

规范规定建筑高度超过 100 m 的公共建筑应设置避难层(间),如图 3.28 所示,并应符合下列要求。

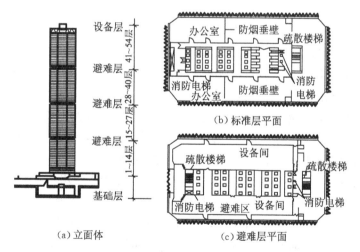

图 3.28　日本新宿中心大厦避难层的设置示意图

(1) 设置避难层的数量,自建筑物首层至第一个避难层或两个避难层之间,不宜超过 15 层。

(2) 通向避难层的防烟楼梯宜分隔或上、下层错位但均必须经避难层方能上下。

(3) 避难层的净面积宜按 5 人/m^2 计算。

(4) 避难层可兼做设备层,但管道宜集中布置。

(5) 应设置消防电梯出口。

(6) 应设置消防专用电话,并应设置消火栓或消防水喉等灭火设备。

(7) 封闭式避难层应设独立防烟设施。

（8）应急照明和广播供电时间大于 1 h,照度不低于 1 lx。

2）直升机停机坪

建筑高度超过 100 m、标准层面积超过 1 000 m² 的高层建筑,宜在屋顶平台或在旋转餐厅、设备机房、屋顶锅炉房等屋顶平台上设直升机停机坪,作为辅助救援设施,如图 3.29 所示。

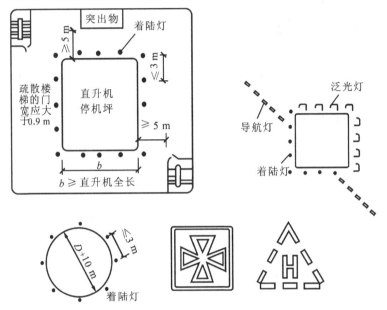

图 3.29 直升机停机坪

直升机停机坪的设置应符合下列要求。

（1）必须避开高出屋顶的设备机房、电梯间、水箱间、楼梯出口小间、共用天线、旗杆、微波天线等高出物,与这些高出物的间距不应小于 5 m。

（2）停机坪的尺寸可参考直升机的有关参数,停机坪可设为圆形或矩形,如为圆形,旋翼直径为 D,则飞机场地的尺寸应为 $D+10$;如为矩形,则其短边宽度不应小于直升机的全长。

（3）应在直升机场周围设置高 80～100 cm 的安全护栏。

（4）通向停机坪的出口不应少于 2 个,且每个出口的宽度不宜小于 0.9 m。

（5）为防止火灾蔓延妨碍救援,应在停机坪的适当部位设 1～2 个消火栓。

（6）直升机着陆区应设在停机坪中心,并应设明显标志,标志可为黄色或白色。为保证直升机夜间升降的安全,应设照明装置,圆形停机坪周边照明灯不应少于 8 个,如为矩形时每边不得少于 5 个,且灯之间的间距不应大于 3 m。

2. 火灾自动报警系统

火灾自动报警系统由探测器、火灾自动报警装置、自动控制装置和线路组成。

1）火灾探测器

火灾探测器使用最多的是感温和离子感烟探测器。

2）火灾自动报警装置

火灾自动报警装置包括火灾报警装置和数字化自动控制装置两部分。

火灾自动控制装置用于自动关闭门窗和空调设备,自动灭火,并排除其他故障,也可将火灾信号传输给其他计算机和消防队。

3）自动报警灭火控制系统

火灾自动报警灭火控制系统由各种探测器、报警控制装置、操作装置、执行装置四个部分组成。操作装置用于把控制装置发出的指令信号转换为机械动作,开启灭火装置的阀门,执行装置担负灭火任务。

3. 消防控制室和消防电源

1）消防控制室

规范规定,高层建筑内应设消防控制室。消防控制室宜设于高层建筑的首层或地下一层,并且应该采用耐火极限不低于 2.00 h 的隔墙和 1.50 h 的楼板与其他部位隔开,并应设直通室外的安全出口。

消防控制室一般应设置火灾探测系统、确认判断系统、疏散报警系统、防排烟系统、灭火系统等装置,还要布置消防水泵、固定灭火装置、电动的防火门和防火帘控制。

2）消防电源

高层建筑的消防设施,如消防水泵、消防电梯、排烟设备、报警设备、灭火装置和消防控制室等,应备有可靠的消防电源。一般多采用一个或两个变电站供电,并自备发电设备或蓄电池组供电。

根据灭火需要,一类建筑的消防电源宜自动切换;二类建筑可手动切换。消防电源线路与其他正常用电线路必须分开敷设,并在配电盘上做出明显标志,以利于紧急情况下的识别及使用。

1. 民用建筑主要由哪些部分组成?

2. 影响建筑构造的因素有哪些? 房屋设计应遵循的四点原则是什么?

3. 建筑物的耐久等级和耐火等级是按什么指标划分的? 如何划分?

4. 建筑材料按燃烧性能分为几种? 耐火极限的含义是什么?

5. 实行建筑模数协调统一标准的意义何在? 什么是基本模数、扩大模数和分模数?

6. 建筑中有哪几种尺寸? 相互关系是什么?

7. 承重内墙的定位轴线是如何划分的?

8. 建筑节能的措施和构造有哪些方面?

9. 地震震级与地震烈度有什么区别? 建筑防震应遵循哪些原则?

10. 防火分区和安全疏散有何要求?

11. 高层建筑防火有何要求?

第4章

基础与地下室

知识目标

（1）理解地基与基础的概念。
（2）掌握基础的埋置深度。
（3）掌握基础的类型与构造。
（4）掌握地下室的防潮和防水构造。
（5）熟悉基础与地下室构造中的特殊问题。

能力目标

（1）能理解基础的埋深因素及地下室的防潮、防水做法。
（2）能解决地基的处理和基础形式的选择。

4.1 地基和基础埋深

4.1.1 基础的作用及其与地基的关系

基础是位于建筑最下部与土层直接接触的部分,是上部承重结构向下的延伸和扩大,承受建筑物的全部荷载,并将它们传给地基。它是建筑的重要组成部分。

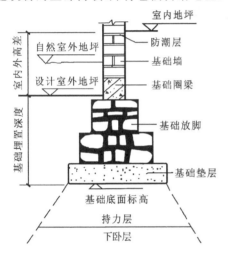

图 4.1 地基与基础、基础的埋置深度

地基是支承建筑所有重量的土层(其中,具有一定的地耐力,直接支承基础的土层称为持力层;持力层以下的土层称为下卧层)。地基不是建筑物的组成部分,但它与基础共同保证建筑物的安全和耐久,因此同样应满足强度、变形、稳定性和经济性的要求,如图 4.1所示。

地基按土层性质不同,分为天然地基和人工地基两大类。

1.天然地基

凡天然土层具有足够的承载能力,不需经人工改良或加固,可直接在上面建造房屋的称为天然地基。天然地基多为呈连续整体状的岩层,或由岩石风化破碎成松散颗粒的土层。一般分为岩石、碎石土、砂土、粉土、黏性土和人工填土等六大类。

2.人工地基

地基的承载力较差时,如淤泥、充填土、杂填土或其他高压缩性土层,需预先对土壤进行人工加工或加固处理后才能承受建筑物的荷载,这种经过人工处理的土层称为人工地基。常采用压实法、换土法、打桩法等方法加固地基,如图 4.2 所示。

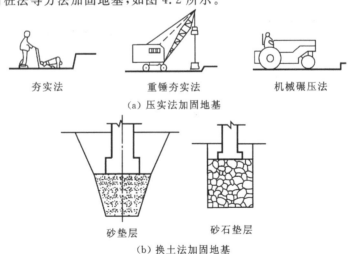

夯实法　　　　　重锤夯实法　　　　机械碾压法

(a) 压实法加固地基

砂垫层　　　　　　砂石垫层

(b)换土法加固地基

图 4.2 人工地基加固的部分方法

4.1.2 基础的埋置深度

1. 基础的埋置深度

室外设计地面至基础底面的距离为基础埋置深度(简称"埋深"),如图4.1所示。埋深的深浅,直接影响着建筑的造价、工期和施工技术措施。在满足地基稳定和变形要求的前提下,基础应尽量浅埋,一般不大于500 mm,高层建筑基础埋置深度,一般为建筑高度的1/18～1/10。

根据埋深的不同,基础可分为不埋基础、浅基础和深基础:基础埋置深度小于5 m时,称为浅基础;超过5 m时,称为深基础;基础直接做在地表面上时,称为不埋基础。

2. 基础埋深的选择与确定

1)工程地质

基础底面应尽量放在常年未经扰动而且坚实平坦的土层或岩石上,俗称"老土层"。在接近地表面的土层内,若常带有大量植物根、茎的腐殖质或垃圾等,则不宜选为地基,如图4.3所示。

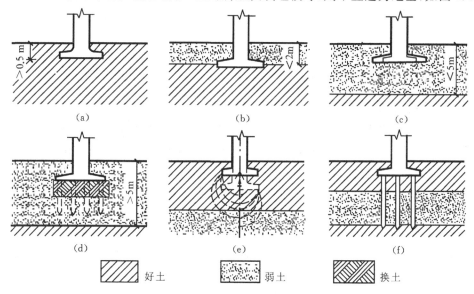

图4.3 地基土层构造与基础埋深的关系

2)水文地质

宜将基础落在地下常年水位和最高水位之上。如地下水位较高,宜将基础埋在当地的最低地下水位以下200 mm处,如图4.4所示。

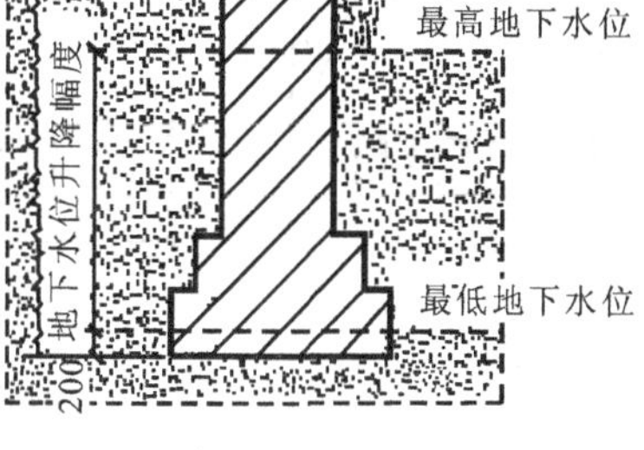

3)地基土冻胀深度

一般将基础或基础垫层埋置在冰冻线以下200 mm处,如图4.5所示。冻结土与非冻结土的分界线称为冰冻线;冻结土的厚度即冰冻线至地表的垂直距离(又称为冰冻线深度),如哈尔滨地区的为2.0 m,武汉地区无冻结土。

4)相邻建筑物基础的影响

新建建筑物的基础埋深不宜深于相邻的原有建筑物的基础,但若新建基础要深于原有基础,则应采取相应的措施,如图4.6所示。

图4.4 基础埋深与地下水的关系

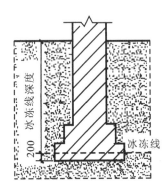

图 4.5　基础埋深与冻土深度的关系

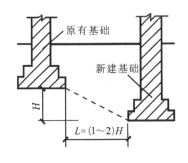

图 4.6　基础埋深与新旧基础之间的关系

4.2　基础的类型与构造

4.2.1　基础的受力特点类型

1. 无筋扩展基础

由刚性材料（一般指抗压强度高，而抗拉、抗剪强度较低的材料，如砖、石、灰土、三合土和混凝土等）制作的基础称为无筋扩展基础，又称刚性基础。基础的刚性材料在荷载作用下沿一定的角度分布（称为刚性角 α）。为了满足承载力的要求，基础底面积（基底宽度 B）要加大，就必须增加相应的高度 H，以始终使基础的断面处于刚性角范围内，如图 4.7 所示。不同的材料具有不同的刚性角，通常用基础的挑出部分的宽度 b 与高度 H 之比表示（通称宽高比）。

2. 扩展基础

不受刚性角限制的基础称为扩展基础，又称柔性基础，即钢筋混凝土基础，如图 4.8 所示。

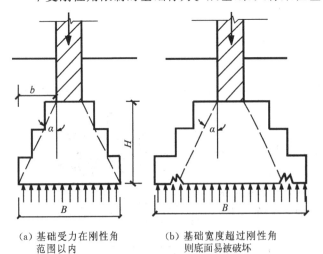

(a) 基础受力在刚性角　　　　(b) 基础宽度超过刚性角
　　范围以内　　　　　　　　　则底面易被破坏

图 4.7　无筋扩展基础的受力特点

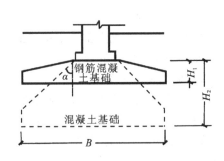

图 4.8　扩展基础与无筋扩展基础的比较

4.2.2 基础的结构形式

1. 条形基础

建筑为墙承重结构时,基础沿墙体连续设置成长条形,称为条形基础或带形基础,如图 4.9 所示。条形基础多为砖、石、混凝土基础,也可采用钢筋混凝土条形基础。

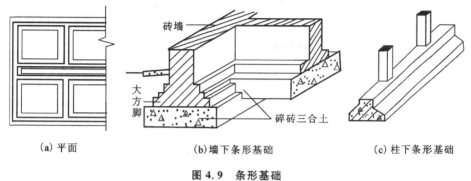

（a）平面　　　　　（b）墙下条形基础　　　　　（c）柱下条形基础

图 4.9　条形基础

2. 独立基础

建筑为骨架承重结构时,基础常采用独立块状形式,称为独立基础或柱下独立基础,如图 4.10（a）所示;建筑上部为墙承重结构,也可采用独立基础,称为墙下独立基础,如图 4.10（b）所示。当柱采用预制构件时,则基础做成杯口形,将柱子插入杯口内并嵌固,又称为杯形基础,如图 4.11 所示。

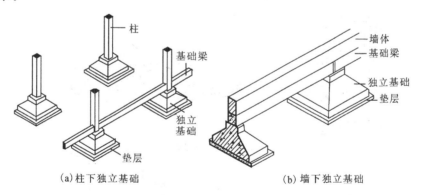

（a）柱下独立基础　　　　　　　　（b）墙下独立基础

图 4.10　独立基础

3. 井格式基础

地基条件较差或上部荷载较大时,常将独立基础在一个或两个方向用地梁连接起来,形成十字交叉的井格式基础,又称柱下交梁基础,如图 4.12 所示。

4. 片筏基础

当上部荷载较大,地基承载力又差,采用前述基础类型难以满足建筑的刚度和变形要求时,可将条形基础或柱下基础扩展成一块整板,成为片筏基础。片筏基础按结构形式,分为梁板式和平板式两种,如图 4.13 所示。

5. 箱形基础

上部建筑荷载大、对地基沉降变形要求严格的高层建筑以及软弱土层上建造的多层建筑,

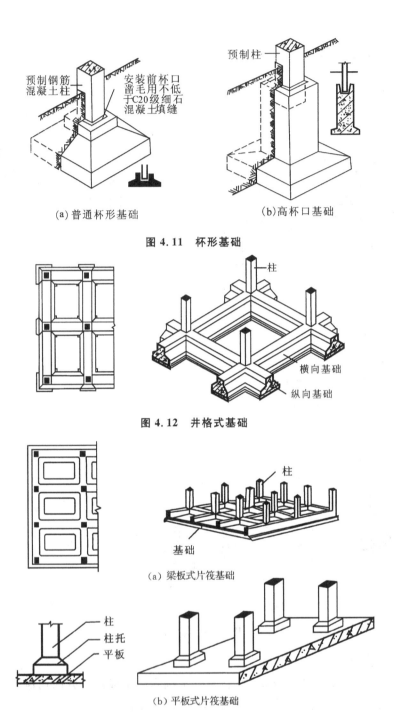

图 4.11　杯形基础

(a) 普通杯形基础　　(b)高杯口基础

图 4.12　井格式基础

图 4.13　片筏基础

(a) 梁板式片筏基础

(b) 平板式片筏基础

为增加基础刚度,常将深基础的顶板、底板和纵横墙体整体现浇成箱形基础,内部中空部分可形成地下室,如图 4.14 所示。

6. 桩基础

当建筑物荷载较大、地基的软弱土层厚度在 5.0 m 以上,基础不能埋在软弱土层内或对软弱土层进行人工处理困难或不经济时,常采用桩基础。桩基础具有承载力高、沉降小且均匀等

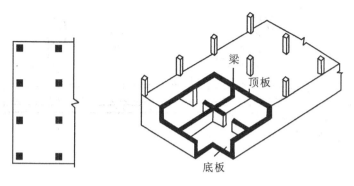

图 4.14 箱形基础

特点,一般由设置在土中的桩身和承接上部结构的承台组成,如图 4.15(a)所示。桩基础通过桩端将荷载传给持力层,或通过桩身与周围土层的摩擦来传递荷载,前者为端承桩,后者为摩擦桩,如图 4.15(b)所示。

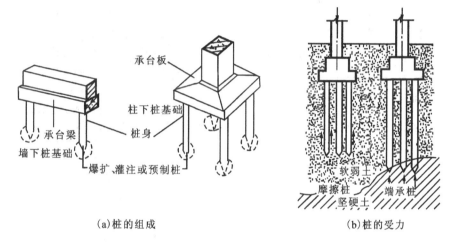

（a)桩的组成　　　　　　　　　（b)桩的受力

图 4.15 桩的组成和受力类型

此外,还有新的基础结构形式,如壳体基础(见图 4.16)、不埋板式基础(见图 4.17)等。特别适宜于 5～6 层整体刚度较好的居住建筑采用,但在冻土深度较大的地区不宜采用。

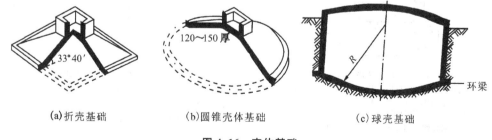

（a)折壳基础　　　　（b)圆锥壳体基础　　　　（c)球壳基础

图 4.16 壳体基础

4.2.3 基础的构造

基础的构造主要包括混凝土基础、毛石混凝土基础、砖基础、灰土基础及三合土基础等无筋扩展基础的构造(见图 4.18)和扩展基础的构造(见图 4.19)。

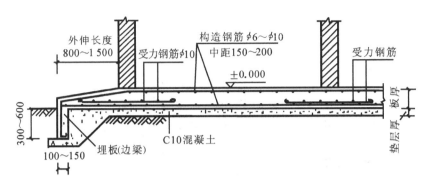

图 4.17　不埋板式基础

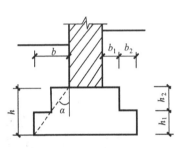

(1) 混凝土基础：$h_1, h_2 \geq 200$ mm
　　　　　　　$b_1 \geq 150$ mm
　　宽高比：1∶1　$h_1, h_2 \geq 400$ mm
(2) 毛石基础：$b_1 \geq 150$ mm
　　宽高比：1∶1.25～1∶1.50

(a) 混凝土、毛石混凝土基础

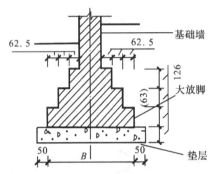

砖基础的台阶逐级向下放大，形成大放脚。
组成：垫层、大放脚、基础墙
放脚方式：(1) 两皮砖挑1/4砖长（等高型）
　　　　　(2) 两皮砖挑1/4砖长与一皮砖挑
　　　　　　　1/4砖长相间砌筑（不等高型）
砖强度不低于 MU10，砂浆强度不低于 M5

(b) 砖基础

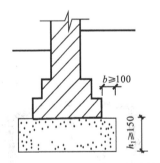

(1) $b \geq 100$ mm，h_1 应取 150 mm 的倍数
(2) 灰土基础：h_1 取 150 mm、300 mm、450 mm
　　宽高比：1∶1.25～1∶1.50
(3) 三合土基础：$h_1 \geq 300$ mm
　　宽高比：1∶1.50～1∶2.00

(c) 灰土、三合土基础

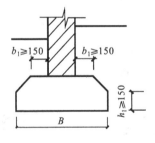

当 $B \geq 2$m 时，做成锥形，常用于混凝土基础。
毛石混凝土：粒径不超过 300 mm，
　　　　　　占总体积的 20 %～30 %
其中，$b_1 \geq 150$ mm，$h_1 \geq 150$ mm

(d) 混凝土、毛石混凝土锥形基础

图 4.18　无筋扩展基础构造

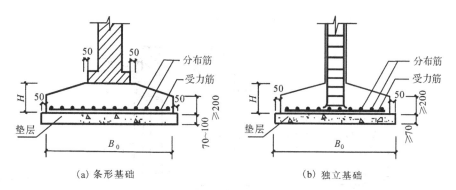

（a）条形基础　　　　　　　　　　　（b）独立基础

（1）受力筋最小直径不宜小于 10 mm，间距不宜大于 200 mm，也不宜小于 100 mm；

（2）分布筋直径不小于 8 mm，间距不大于 300 mm，每延米分布筋面积应不小于受力筋面积的 1/10；

（3）钢筋保护层厚度有垫层时不小于 40 mm，无垫层时不小于 70 mm；

（4）混凝土强度等级不应低于 C20。

图 4.19　扩展基础构造

4.3　地下室构造

建筑物在地面以下的使用空间称为地下室。地下室地面至顶板底面高度不应低于 2.2 m，梁下净高不应低于 2.0 m。

4.3.1　地下室的分类

按埋入地下深度的不同，地下室可分为全地下室和半地下室。全地下室是指地下室地面低于室外地坪的高度超过该房间净高的 1/2，如图 4.20 所示，现代高层建筑大多都设有地下室；半地下室是指地下室地面低于室外地坪的高度为该房间净高的 1/3～1/2。半地下室通常利用采光井采光，如图 4.21 所示。

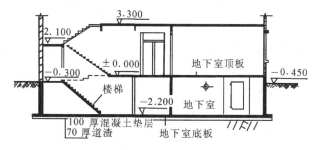

图 4.20　钢筋混凝土全地下室组成构造示意图

按使用功能不同，可分为普通地下室和人防地下室。

普通地下室一般用做高层建筑的地下停车库、设备用房。根据用途及结构需要，可做成一层或两层、多层地下室。

人防地下室是结合人防要求设置的地下空间，用于应付战时人员的隐蔽和疏散，并具备保障人身安全的各项技术措施。

按结构材料不同,可分为砖墙地下室和混凝土地下室。

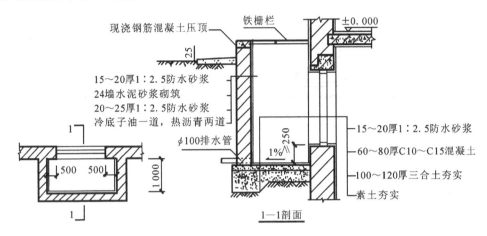

图 4.21　采光井的构造

4.3.2　地下室的组成

地下室一般由墙身、底板、顶板、门窗、楼梯等部分组成。

（1）地下室的外墙最小厚度除应满足结构要求外,还应满足抗渗厚度的要求,一般不低于 300 mm。外墙应作防潮或防水处理。如用砖墙（现在较少采用）,其厚度不小于 490 mm。墙体一般采用钢筋混凝土构筑。

（2）顶板可用预制板、现浇板,或者预制板上作现浇层（装配整体式楼板）。如为防空地下室,必须采用现浇板,并按规定确定厚度和混凝土强度等级。在无采暖的地下室顶板上,即首层地板处应设置保温层,以利首层房间的使用。

（3）底板处于最高地下水位以上,并且无压力产生作用的可能时,可按一般地面工程处理,即垫层上现浇混凝土 60～80 mm 厚,再做面层;如底板处于最高地下水位以下时,应采用钢筋混凝土底板,并双层配筋,底板下垫层上还应设置防水层,以防渗漏。

（4）普通地下室的门窗与地上房间门窗相同,地下室外窗如在室外地坪以下时,应设置采光井和防护蓖,以利室内采光、通风和室外行走安全。防空地下室一般不允许设窗。防空地下室的外门应按防空等级要求,设置相应的防护构造。

（5）楼梯可与地面上房间结合设置,层高小或用做辅助房间的地下室,可设置单跑楼梯。防空要求的地下室至少要设置两部楼梯通向地面的安全出口,并且必须有一个是独立的安全出口,其周围不得有较高建筑物,以防空袭倒塌堵塞出口,影响疏散。

（6）采光井由侧墙、底板、遮雨或铁栅栏组成,以改善地下室室内环境,节约能源,如图 4.21 所示。

*4.3.3　地下室的交通和疏散

地下室的疏散要求高于建筑物的地上部分的要求,主要有下列要求。

（1）普通地下室的每个防火分区面积不应超过 500 m²,防火分区间应采用防火墙分隔。

（2）除了面积不超过 50 m² 而且人数不超过 10 人的情况,地下室的每个防火分区至少应有两个安全出口。

（3）当地下室有两个以上的防火分区时，每个防火分区可以把通向另一个防火分区的防火门作为第二安全出口，但此时每个防火分区必须有一个直通室外的安全出口。如果地下室的面积不超过 500 m²、人数不超过 30 人时，可以用垂直金属爬梯作为第二出口。

（4）地下室的楼梯可以与地上部分的楼梯连通使用，但要用乙级防火门分隔。

（5）人防地下室也应至少设置两个安全出口，其中一个出口是独立的安全出口。独立安全出口应远离周围建筑，一般由一段水平地下通道与安全竖井相连。

4.3.4　地下室的防潮和防水构造

地下室的防潮和防水是确保地下室正常使用的关键环节，表4.1所示为判断的标准。

表 4.1　地下室防潮和防水的判断

项目	防　潮	防　水
依据（地下室地坪与地下水位的关系）	设计最高地下水位低于地下室底板300～500 mm，且地基范围内的土壤及回填土不会形成上层滞水时	地下室地面在设计最高地下水位以下或有地面水下渗形成滞水时
示意图	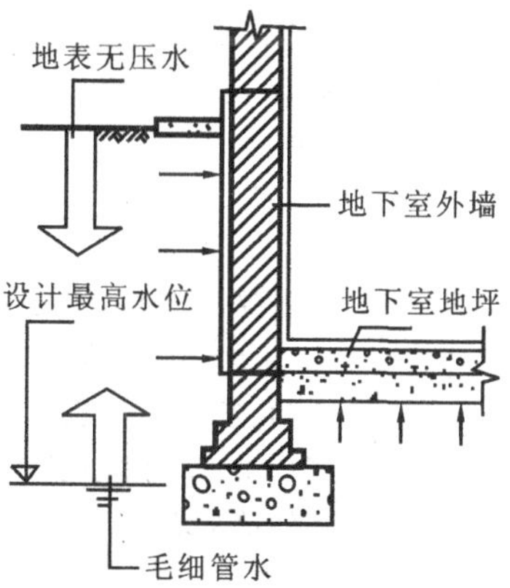	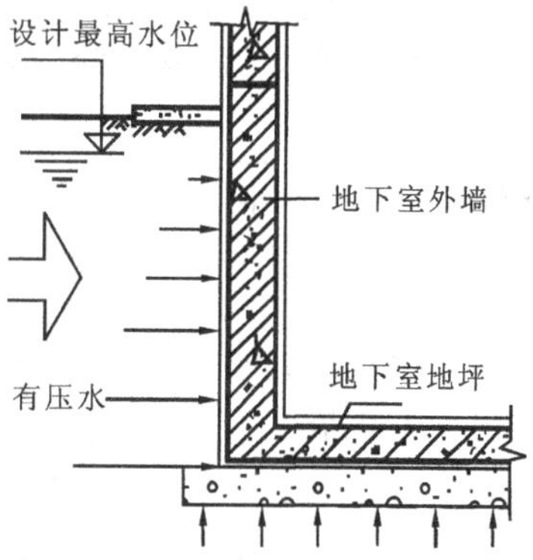
特征	受到无压水和土壤中毛细管水的影响	底板和部分外墙将浸在水中

1．地下室的防潮

1）混凝土结构墙体

本身起到自防潮作用，不必再作防潮处理，但在外墙穿管、接缝等处，均应嵌入油膏防潮。

2）砖砌体结构

（1）防潮构造要求地下室的所有墙体都必须设一道垂直防潮层、两道水平防潮层。水平防潮层一道应设在地下室地坪附近，另一道设在室外地面散水以上 150～200 mm 的位置，如图4.22所示。

（2）地面防潮一般主要借助混凝土材料的憎水性能来防潮，如地下室的防潮要求较高时，一般在垫层与地层面层之间设防潮层，且与墙身水平防潮层在同一水平地面上。

如地下室使用要求较高，可在围护结构内侧加涂防潮涂料，以消除或减少潮气渗入。

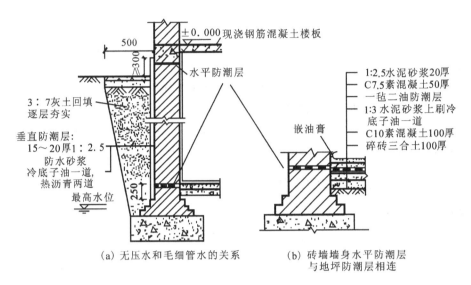

图 4.22　砖墙结构地下室防潮构造

2. 地下室的防水

1）地下防水工程的标准和等级

根据工程的重要性和使用中对防水的要求，按围护结构允许渗漏水量，可将地下防水工程等级划分为四个等级（见表 4.2）。其具体方案的确定参见表 4.3。

表 4.2　地下工程防水等级

防水等级	标　准	设 防 要 求	工 程 名 称
一级	不允许渗水，围护结构无湿渍	多道设防，其中必有一道结构自防水，并根据需要可设附加防水层或其他防水措施	医院、影剧院、商场、娱乐场、餐厅、旅馆、冷库、粮库、金库、档案库、计算机房、控制室、配电间、通信工程、防水要求较高的生产车间、指挥工程、武器弹药库、指挥人员掩蔽部、地下铁道车站、城市人行地道、铁路旅客通道
二级	不允许漏水，围护结构有少量偶见的湿渍	二道或多道设防，其中必有一道结构自防水，并根据需要可设附加防水层	车库、燃料库、空调机房、发电机房、一般生产车间、水泵房、工作人员掩蔽部、城市公路隧道、地铁运行区间隧道
三级	有少量漏水点，不得有线流和漏泥沙，每昼夜漏水量小于 0.5 L/m²	一道或二道设防，其中必有一道结构自防水，并根据需要可采用其他防水措施	电缆隧道、水下隧道、一般公路隧道
四级	有漏水点，不得有线流和漏泥沙，每昼夜漏水量小于 2 L/m²	一道设防，可采用结构自防水或其他防水措施	取水隧道、污水排放隧道、人防疏散干道、涵洞

注：地下工程的防水等级，可按工程或组成单元划分。

表4.3 防水方案和选材要求

防水等级	一 级	二 级	三 级	四 级
防水方案	混凝土自防水结构,根据需要可设附加防水层	混凝土自防水结构,根据需要可设附加防水层	混凝土自防水结构,根据需要可采取其他防水措施	混凝土自防水结构或其他措施
选材要求	优先选用补偿收缩防水混凝土、厚质高聚物改性沥青卷材,也可用合成高分子卷材、合成高分子涂料、防水砂浆	优先选用补偿收缩防水混凝土、厚质高聚物改性沥青卷材,也可用合成高分子卷材、合成高分子涂料	宜选用结构自防水、高聚物改性沥青卷材、合成高分子卷材	结构自防水、防水砂浆或高聚物改性沥青卷材

2）地下室防水方案

如表4.4所示为地下室防水设计方案。

表4.4 地下室防水设计方案

防水方案		示 意 图	方 法
隔水法			利用各种防水材料来隔绝地下室外围水及毛细管水的渗透,目前采用较多
降排水法	外排水法		① 地下水位高于地下室底板,并且采用防水设计有困难以及经济条件较为有利时采用 ② 一般在建筑四周地下设置永久性降水设施,如盲沟排水(利用带孔的陶管埋设在建筑四周地下室地坪标高以下,陶管周围填充可以滤水的卵石或粗砂等材料,使地下水渗入陶管内积聚后排入城市排水管道)
	内排水法		① 常年水位低于地下室底板,但最高水位高于地下室底板不大于500 mm时采用 ② 将渗入地下室的水,通过永久性自流排水系统,如集水沟排至集水井,再用水泵排除。为了避免在动力中断时引起水位回升,常在构造上将地下室地坪架空或设隔水间层,以保持室内墙面和地坪干燥

续表

防水方案	示 意 图	方 法
综合法	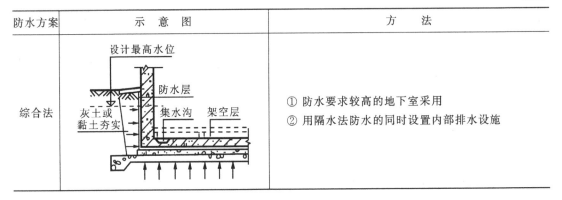	① 防水要求较高的地下室采用 ② 用隔水法防水的同时设置内部排水设施

3）地下室的主要防水方案——隔水法构造

隔水法是采用最多的一种地下室防水方法，应用防水混凝土防水（刚性防水）和卷材防水（柔性防水）的较多。此外，还有水泥砂浆防水和涂料防水等。

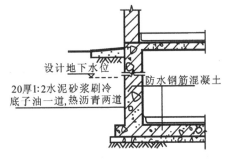

图 4.23　防水混凝土防水构造

（1）防水混凝土防水。

当建筑高度较大或地下室层数较多时，地下室采用混凝土防水结构，即依靠其材料本身的憎水性和密实性达到防水目的。墙体和底板同时具备承重、围护、防水功能，具有防水可靠、能适应任何复杂形状等优点，适用于各种地下防水工程，如图 4.23 所示。防水混凝土的配制在满足强度的同时，要重点考虑抗渗效果的要求（见表 4.5）。

表 4.5　结构最小厚度

结 构 类 别	结构配筋方式	最小厚度/mm
钢筋混凝土墙	结构单排配筋	大于 200
	结构双排配筋	大于 250
钢筋混凝土底板或无筋混凝土底板结构	—	大于 150

防水混凝土分为普通防水混凝土和外加剂防水混凝土两类。

普通防水混凝土借助不同的集料级配、水灰比（0.5～0.6）、水泥用量和砂率（坍落度：3～5 cm）以提高混凝土的密实性，抑制孔隙以达到防水目的。

掺外加剂的防水混凝土是在混凝土中掺入微量有机或无机外加剂来改善混凝土内部组织结构，具有较好的和易性、密实性、抗渗性和抗裂性。常用的外加剂有引气剂、建Ⅰ型减水剂、三乙醇胺、木质磺酸钙、氯化铁以及 U 形膨胀剂（UFA）、硫铝酸钙膨胀剂等。

防水混凝土应尽量少留施工缝。施工缝应作防水处理，常用 BW 膨胀橡胶止水条填缝。混凝土表面应附加防水砂浆抹面防水。

防水混凝土在遭受剧烈振动、冲击和侵蚀性环境中应用时，应附加柔性材料防水层或附加防蚀性好的保护层。

防水混凝土应用技术将向纤维抗裂、外加剂复合型混凝土、聚合物水泥混凝土及自密实高性能混凝土方向发展。

（2）卷材防水。

卷材防水是以沥青类防水卷材或其他卷材（如 SBS 卷材、SBC 卷材、三元乙丙橡胶防水卷材）做成的一层或多层防水层。防水卷材贴在墙体外侧迎水面的称为外防水，采用较多（见图4.24）；防水卷材粘贴在墙体内侧的称为内防水，防水效果较差（见图4.25），多用于补救或修缮工程。

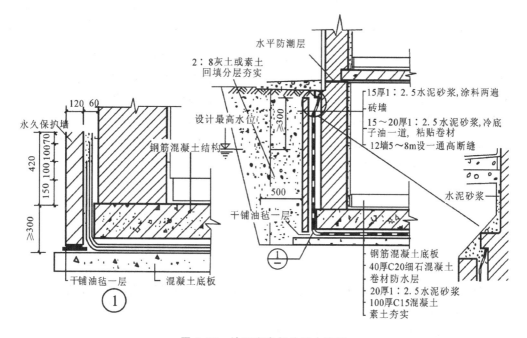

图 4.24　地下室卷材外防水构造

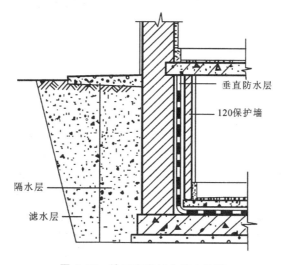

图 4.25　地下室卷材内防水构造

卷材的层数根据水压即地下水的最大计算水头大小而定（见表4.6）。最大计算水头是指最高设计地下水位高于地下室底板下皮的高度。

表 4.6　石油沥青油毡层数的确定

最大计算水头/m	卷材所承受的压力/MPa	卷材层数/层	说　明
0	—	1～2	防无压水
小于3	0.01～0.05	3	防有压水
3～6	0.05～0.1	4	防有压水
6～12	0.1～0.2	5	防有压水
大于12	0.2～0.5	6	防有压水

　　卷材防水要慎重处理水平防水层与垂直防水层的交换处和平面交角处的构造：一般应在这些部位加设卷材，转角部位的找平层应做成圆弧形；在墙面与底板的转角处，应把卷材接缝留在底面上，并距墙的根部 600 mm 以上；水平防水层包向垂直墙面，地坪防水层必须留出足够的长度以便与垂直防水层逐层搭接；做好转折处油毡的保护工作，如图 4.24 所示。

　　卷材搭接缝施工，已由传统的冷粘法向热熔法、热风焊接法、机械固定法，以及采用双面胶粘带进行密封处理的方向发展。

*4.4　基础与地下室构造中的特殊问题

1. 桩承台

在季节性冰冻地区，为了防止冻害，应在承台下铺垫炉渣或粗砂，如图 4.26 所示。

2. 局部软弱地基

基础开挖后如发现基槽局部为软弱土，可采取换土法处理；也可在两侧好土上各设独立基础，用过梁绕过软弱土；也可采取基础起拱法绕过。当采用后述两种处理方法时，增设的独立基础、过梁应由计算确定。

3. 基础不同埋深

基础埋深不同时，基础应做成踏步状逐步过渡，如图 4.27 所示。

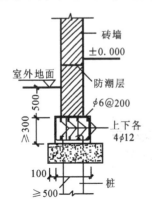

图 4.26　墙下条形承台

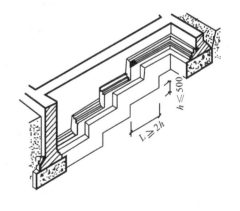

图 4.27　不同埋深基础的处理

4. 管道穿越基础

当设备管道(如给排水管、煤气管等)穿越条形基础时,如从基础墙上穿过,可在墙上留孔;如从基础大放脚穿过,则应将此段基础大放脚相应深埋。为防止建筑物下沉压断管道,管顶与预留洞上部留有不小于建筑物最大沉降量的距离,一般不小于 150 mm,如图 4.28 所示。

5. 地下室防水卷材封口

地下室防水卷材封口分为粘贴封口和木砖封口,如图 4.29 所示。

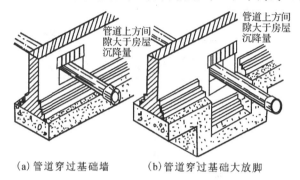

(a)管道穿过基础墙　　(b)管道穿过基础大放脚

图 4.28　管道穿越基础的构造

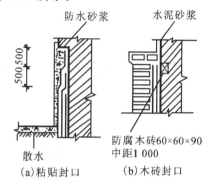

(a)粘贴封口　　(b)木砖封口

图 4.29　地下室防水卷材封口处理

6. 地下室施工缝的处理

现浇钢筋混凝土地下室,其墙板与底板、墙板与墙板在一定位置留有施工缝是不可避免的。为防止施工缝处渗水,要特别处理,如图 4.30 和图 4.31 所示。

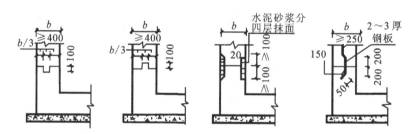

图 4.30　现浇钢筋混凝土墙板水平施工缝构造

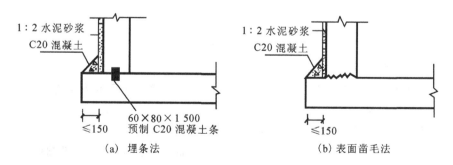

(a) 埋条法　　(b) 表面凿毛法

图 4.31　现浇墙板与底板处施工缝构造

7. 地下室变形缝处理

地下室变形缝的处理通常在变形缝内埋设止水带,如图 4.32 和图 4.33 所示。

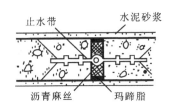

图4.32 变形缝处设置止水带

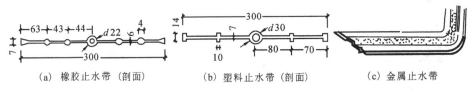

(a) 橡胶止水带(剖面)　　　(b) 塑料止水带(剖面)　　　(c) 金属止水带

图4.33 止水带式样

8. 管线穿越地下室墙体的构造

管线穿越地下室墙体的构造分为固定式和活动式两种。

(1) 固定式:把焊有法兰盘的管子在现浇时埋入墙内达到防水目的。

(2) 活动式:在墙内预埋带有法兰盘的套管,当管线穿墙后,在套管与管线之间的缝隙内填上如沥青麻丝、橡胶绳等防水材料,盖上填缝材料压紧环,使填缝材料受压起到防水功能,如图4.34所示。

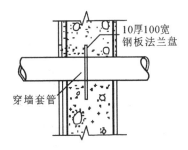

图4.34 固定式穿墙套管

1. 什么是基础和地基? 基础和地基的关系是怎样的? 天然地基和人工地基有什么不同?

2. 什么是基础埋深? 影响埋深的因素有哪些?

3. 什么是刚性角? 简述刚性基础和柔性基础的特点。

4. 基础按构造形式分为哪几类? 一般适用于什么情况? 抄绘2~3个基础断面图。

5. 地下室由哪些部分组成?

6. 常用的地下室防潮、防水措施有哪些? 外防水与内防水有何区别?

7. 基础的特殊构造处理有哪些方面?

第5章

墙 体

知识目标

（1）理解墙体的作用，熟悉墙体的类型与设计要求。

（2）掌握砖墙的构造。

（3）掌握隔墙的构造。

（4）了解砌块建筑和幕墙的构造。

能力目标

（1）能理解墙体的构造要求，能灵活运用解决实际问题。

（2）能根据环境选择适宜的墙体构造方案。

5.1 墙体的作用、分类及设计要求

5.1.1 墙体的作用

1. 承重作用

承重作用是指承受建筑物屋顶、楼层、人、设备及墙自身荷载,承受自然界风、地震荷载等。

2. 围护作用

围护作用是指抵御自然界的风、雨、雪、霜的侵袭,防止阳光辐射、声音干扰,起到保温、隔热、隔声、防风、防水、防盗的作用。

3. 分隔作用

分隔作用体现在把建筑内部划分成各种不同大小、不同功能、不同形状的房间,以适应人的使用要求。

4. 装饰作用

室内外装饰满足使用功能和美观要求。

墙体具备以上这些功能,但并不是所有的墙体都同时具备上述四项功能。

5.1.2 墙体的类型

1. 按墙体的位置

墙体分为内墙和外墙两种,如图 5.1 所示。

2. 按墙体布置的方向

墙体分为纵墙和横墙两种。两纵墙间的距离称为进深,两横墙间的距离称为开间。习惯上,外纵墙为檐墙,外横墙又称山墙。另外,窗与窗、窗与门之间的墙称为窗间墙;窗洞下部的墙称为窗下墙;屋顶上部的墙称为女儿墙等,如图 5.1 所示。

3. 按墙体的受力情况

墙体分为承重墙和非承重墙。仅承担自身重量而不承受外来荷载的墙称为非承重墙,其又分为自承重墙、隔墙和幕墙。

4. 按墙体的构成材料

墙体分为砖墙、石墙、砌块墙、混凝土墙、钢筋混凝土墙等。

5. 按墙体的构造形式

墙体分为实体墙、空体墙和复合墙三种。实体墙由单一材料组成,是由普通黏土砖或其他实体砌块砌筑而成的墙;空体墙也是由单一材料组成,如空斗墙(内部为空腔)、空心砌块墙、空心板墙等;复合墙由两种以上材料组合而成,如加气混凝土复合板材墙,其中混凝土起承重作用,加气混凝土起保温隔热作用。复合墙常用的材料有充气石膏板、水泥聚苯板、水泥珍珠岩、石膏聚苯板、纸面石膏岩棉板、石膏玻璃丝复合板等,有质轻、热阻大的特点,如图 5.2 所示。

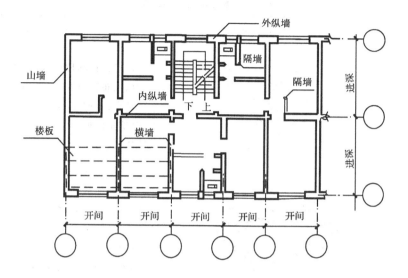

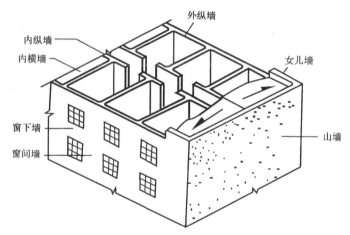

图 5.1　墙体的方向和位置名称

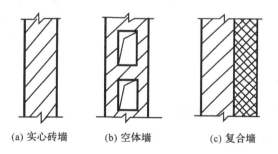

(a) 实心砖墙　　(b) 空体墙　　(c) 复合墙

图 5.2　墙的构造形式分类

6. 按墙体承重结构方案

墙体承重结构方案如表 5.1 所示。

表 5.1　墙体承重结构方案

承重方案	示意图及适用范围	特　点
横墙承重	横向承重墙 适用于宿舍、住宅等建筑	优点：横墙间距小，建筑刚性良好，外檐墙上布置门窗洞口灵活 缺点：开间不够灵活，房屋的平面系数（使用面积与建筑面积的比值）较小，墙体耗料多
纵墙承重	纵向承重墙 适用于开间较大的建筑如教室、会议室等	优点：横墙间距布置灵活，能获得较大开间的房间，墙体耗用材料少，房屋的平面系数较大 缺点：楼板等水平构件跨度大，自重大，外檐墙开设门窗洞口受到限制，整体刚性较差
纵横墙承重	横向承重墙　纵向承重墙 适用于开间、进深大、房屋类型平面复杂的建筑，如教学楼、医院等	优点：基础应力较均匀，有利于充分发挥纵横墙下地基的承载力；平面布置较灵活，房屋的刚性较好 缺点：构件类型多，圈梁多为变截面（如 L 形等），房屋平面系数较小，墙体耗料也较多
外墙内柱承重	梁　柱 适用于内部有较大空间的商住楼的底层建筑	外墙内柱承重又称为半框架承重 优点：内部可获得较大空间，不受墙体布置的限制；外墙有良好的热工性能、在造价上比全框架要经济 缺点：内部的框架与外围的墙体刚度不同，在水平荷载作用下，变形量不同，振幅也不同，不利于抗震

5.1.3　墙体的设计和使用要求

1. 具有足够的强度和稳定性

强度与所采用的材料以及采用同一材料而强度等级不同有关。墙体的稳定性与墙的高度、长度和厚度有关。当设计的墙厚不能满足要求时，常采取提高材料强度等级、增设墙垛、壁柱或圈梁等措施，以增加其稳定性。

在抗震设防地区，墙段长度应符合现行《建筑抗震设计规范》，具体尺寸参见表 5.2。

表 5.2　抗震设计规范的最小墙段长度　　　　单位：mm

构造类别	设计裂度			备　注
	6、7 度	8 度	9 度	
承重窗间墙	1 000	1 200	1 500	在墙角设钢筋混凝土构造柱时，不受此限制
承重外墙尽端墙段	1 000	2 000	3 000	
内墙阳角至门洞边	1 000	1 500	2 000	

2．热工要求

南方地区、长江流域属于夏热冬冷的湿热气候，必须对外墙的构造进行隔热处理。处理的重点是外墙的东西向，东南和西南次之。此外隔热措施还有以下几种。

（1）外墙采用浅色而平滑的外饰面，如白色外墙涂料、玻璃马赛克、浅色墙地砖、金属外墙板等，以反射太阳光，减少墙体对太阳辐射的吸收。

（2）外墙内部设通风间层，利用空气的流动带走热量，降低外墙内表面温度。

（3）窗口外侧设置遮阳设施，以遮挡太阳光直射室内。

（4）外墙外表面种植攀缘植物，利用植物的遮挡、蒸发和光合作用来吸收太阳辐射热，从而起到隔热作用。

3．建筑节能要求

要求建筑材料在生产、房屋建筑和构筑物施工及使用过程中，满足同等需要或达到相同目的的条件下，尽可能降低能耗。

4．隔声要求

隔声措施主要有加强墙体缝隙的填密处理、增加墙厚和墙体的密实性、采用有空气间层或多孔性材料的夹层墙。

5．材料及施工要求

合理选用墙体材料，除了考虑适宜的强度、导热系数外，要注意其吸水率和抗冻性，设法采用轻质高强的材料，如硅酸盐砌块。

此外，墙体还要注意防火、防水、防潮、模数要求、经济性要求等。

5.2　砖墙的构造

5.2.1　砖墙的组砌

1．砖墙材料

砌块墙体是由砌块如砖和砂浆组合而成的。

1）砖

（1）砖的类型。砌筑用砖分普通实心砖（标准砖）、多孔砖和空心砖三种。

普通实心砖是指没有孔洞或孔洞率小于 15% 的砖，常见的有黏土砖、炉渣砖、烧结粉煤灰砖、水泥砖、高压水泥石碴砖等。

多孔砖是指孔洞率不小于 15%，孔的直径小、数量多的砖，可以用于承重部位。

空心砖是指孔洞率不小于 15%，孔的直径大、数量少的砖，只用于非承重部位。

（2）砖的强度。由其抗压强度及抗折强度等因素确定，分 MU30、MU25、MU20、MU15、MU10 五个等级。砖墙的抗压强度主要取决于砖的抗压强度。规范规定六层及六层以上房屋外墙、潮湿房间及受震动或层高大于 6.0 m 的墙体所用砖的标号不得低于 MU10。

（3）普通砖的尺寸。尺寸为 240 mm×115 mm×53 mm，如包括灰缝（一般在 8～12 mm，通常按 10 mm 计，砖缝又称为灰缝），其长、宽、厚之比为 4:2:1，即一个砖长等于两个砖宽加灰缝（115×2＋10），或等于四个砖厚加灰缝（53×4＋9.3×3），如图 5.3 所示。

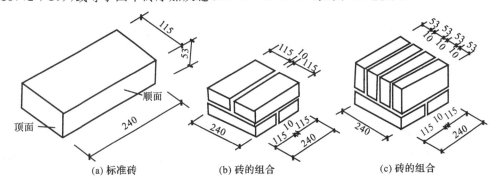

图 5.3　标准砖的尺寸和组合尺寸

2）砌筑砂浆

常用的砌筑砂浆有水泥砂浆、水泥石灰砂浆（混合砂浆）、石灰砂浆、黏土砂浆。水泥砂浆常用于砌筑有水位置的墙体（如基础）；水泥石灰砂浆由于其和易性好而被广泛用于砌筑主体墙体；石灰砂浆及黏土砂浆由于其强度小而多用砌筑荷载不大的墙体或临时性建筑墙体。

砌筑砂浆强度是由其抗压强度确定的，分 M15、M10、M7.5、M5、M2.5 五个等级。

2. 砖墙的厚度和高度

1）砖墙的厚度

砖的规格与模数协调存在矛盾，在工程实际中常以一个砖宽加一个灰缝（115 mm＋10 mm＝125 mm）为砌体的组合模数（见表 5.3）。

表 5.3　砖墙的厚度尺寸表　　　　　　　　　　　　　　　　　　单位：mm

墙厚名称	1/4 砖	1/2 砖	3/4 砖	1 砖	$1\frac{1}{2}$砖	2 砖
标志尺寸	60	120	180	240	370	490
构造尺寸	53	115	178	240	365	490
示意图						
习惯称呼	60墙	12墙	18墙	24墙	37墙	49墙

2) 砖墙的高度

按砖模数要求,砖墙的高度应为 63 mm(53＋10) 的整倍数。但现行统一模数协调系列多为 3M,如 2 700 mm、3 000 mm、3 300 mm 等,住宅建筑中层高尺寸则按 1M 递增,如 2 700 mm、2 800 mm、2 900 mm 等,均无法与砖墙皮数相适应。为此,砌筑前必须事先按设计尺寸反复推敲砌筑皮数,适当调整灰缝厚度,并制作若干根皮数杆以作为砌筑的依据。

3. 砖墙的组砌原则

砌筑时,砖缝砂浆饱满,厚薄均匀,以满足保温、隔声等要求;并且保证砖横平竖直、上下错缝(不小于 60 mm)、内外搭接、避免形成垂直通缝,以保证砖砌体的强度和稳定性,如图 5.4 所示。如清水墙,墙面应图案美观。

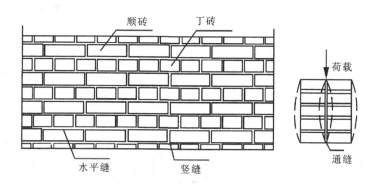

图 5.4　砖墙组砌名称及错缝

4. 砖墙的组砌方式

砖墙的组砌方式是指砖的排列方式。

砌筑中,每排列一层砖则称"一皮";垂直于墙面砌筑的砖称为"丁砖";砖的长度沿墙面砌筑的砖称为"顺砖"。

1) 实砌砖墙

常见的砌式有全顺式(走砌式)、一顺一丁,每皮顺丁相间(梅花丁)以及两平一侧(18 墙)等,如图 5.5(a)、(b)、(c)所示。

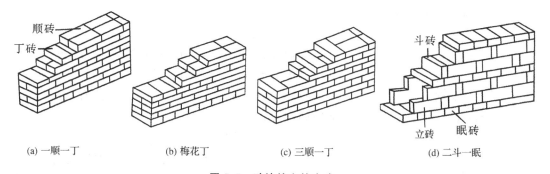

(a) 一顺一丁　　　　(b) 梅花丁　　　　(c) 三顺一丁　　　　(d) 二斗一眠

图 5.5　砖墙的砌筑方式

2) 空斗砖墙

用普通黏土砖组砌成空体墙,墙厚为一砖。砌筑方式常用一斗一眠、二斗一眠或多斗一眠(眠砖是指垂直于墙面的平砌砖,斗砖是平行于墙面的侧砌砖,立砖是垂直于墙面的侧砌砖),如

图 5.5(d)所示。

空斗墙适用于三层以下民用建筑的承重墙,但以下情况不宜采用。

(1) 土质软弱,且有可能引起不均匀沉降时。

(2) 门窗洞口面积超过墙面积的 50% 以上时。

5.2.2 墙体的细部构造

墙体的细部构造有墙脚(包括勒脚、水平防潮层、散水、明暗沟)、门窗过梁、窗台、变形缝、壁柱、门垛、圈梁和防火墙等。

1. 墙脚

底层室内地面以下基础以上的墙体常称为墙脚,包括墙身防潮层、勒脚、散水和明沟等。

1) 勒脚

外墙的墙脚又称勒脚。其高度一般指室内首层地坪与室外设计地面之间的高差部分,也有将底层窗台至室外地面的高度视为勒脚的。勒脚的做法、色彩等应结合建筑造型,选用耐久性、防水性好的饰面材料,以保护墙身、增强美观。一般采用以下构造做法,如图 5.6 所示。

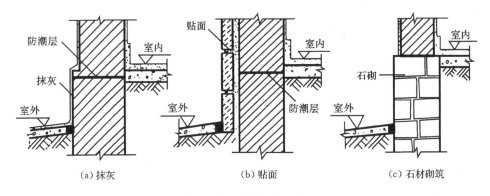

（a）抹灰　　　　　（b）贴面　　　　　（c）石材砌筑

图 5.6　勒脚构造做法

(1) 抹灰:采用 20 厚 1:3 水泥砂浆抹面、1:2 水泥石子浆水刷石或斩假石抹面。

(2) 贴面:采用天然石材或人工石材,如花岗石、水磨石板等。

(3) 石材砌筑:如采用条石等。

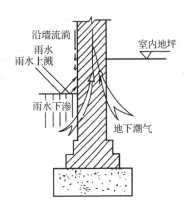

图 5.7　墙身受潮示意图

2) 墙身防潮层

在内外墙的墙脚部位连续设置防潮层,目的是为了防止土壤中的水分沿基础墙上升和位于勒脚处地面水渗入墙内,使墙身受潮,如图 5.7 所示。构造形式有水平防潮层和垂直防潮层。

(1) 防潮层的位置。

当室内地面垫层为混凝土等密实材料时,防潮层的位置应设在垫层范围内,低于室内地坪 60 mm(即 −0.060 m 标高)处设置,同时还应至少高于室外地面 150 mm,如图 5.8(a)所示;当内墙两侧地面出现高差或室内地坪低于室外地面时,应在墙身设高低两道水平防潮层,并在土壤一侧设垂直防潮层,如图 5.8(b)、(c)所示。

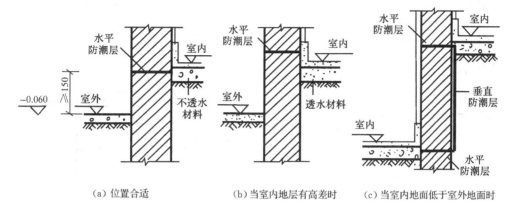

（a）位置合适　　　　（b）当室内地层有高差时　　　（c）当室内地面低于室外地面时

图 5.8　墙身防潮层的位置

（2）墙身水平防潮层的构造。

油毡防潮层:油毡的使用年限一般只有 20 年左右,且削弱了砖墙的整体性。不应在刚度要求高或地震区采用,如图 5.9(a)所示。

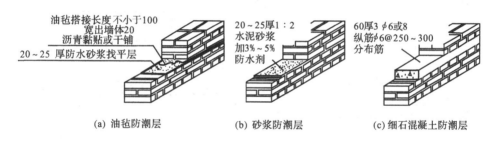

（a）油毡防潮层　　　　（b）砂浆防潮层　　　　（c）细石混凝土防潮层

图 5.9　墙身水平防潮层

防水砂浆防潮层:采用 20～25 mm 厚防水砂浆(水泥砂浆中加入 3％～5％防水剂)或防水砂浆砌三皮砖。不宜用于地基会产生不均匀变形的建筑中,如图 5.9(b)所示。

细石混凝土防潮层:这种防潮层多用于地下水位偏高、地基土较弱而整体刚度要求较高的建筑中,如图 5.9(c)所示。

如果墙脚采用不透水的材料(如条石或混凝土等),或在防潮层位置处设有钢筋混凝土地圈梁时,可以不设防潮层。

3）散水与明沟

外墙四周将地面做成向外倾斜的坡面,以便将雨水挑至远处,这一坡面称为散水。屋面为有组织排水时一般设明沟或暗沟,也可设散水;屋面为无组织排水时一般设散水,但应加滴水砖（石）带。

散水的做法:素土夯实上铺三合土、混凝土等材料,厚度 60～100 mm;散水排水坡度 3％～5％,宽度一般为 600～1 000 mm。明沟用砖砌、石砌、混凝土现浇,沟底纵坡坡度 0.5％～1％,坡向排污口;散水与外墙交接处、散水整体面层纵向距离每隔 5～8 m 应设分格缝,缝宽为 20～30 mm,并用弹性防水材料(如沥青砂浆)嵌缝,以防渗水,如图 5.10 和图 5.11 所示。

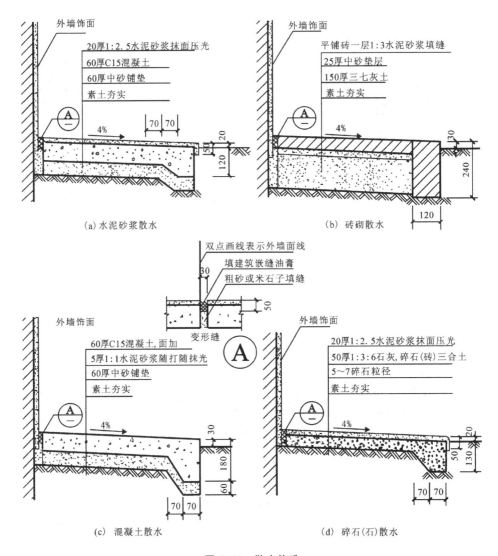

图 5.10　散水构造

2. 窗台

为避免窗洞下部积水,防止水渗入墙体和沿窗缝隙渗入室内而污染墙面等而设,如图5.12所示。设于窗外的称为外窗台,设于室内的称为内窗台;还有悬挑窗台与不悬挑窗台,以及砖砌窗台与钢筋混凝土窗台,如图5.13所示。

窗台的构造要点如下。

(1)外墙面为面砖贴面时,墙面会因雨水冲刷干净而可不必设挑出窗台。窗台面砖贴成斜面。

(2)悬挑窗台可丁砌一皮砖或侧砌一砖并悬挑 60 mm,表面作抹灰或贴面处理,台下做滴水槽(槽中心离外墙外边缘 30 ～50 mm)或抹成斜面。预制混凝土窗台构造同砖窗台。侧砌窗台可做水泥砂浆勾缝的清水窗台。

(3)窗台长度每边最少应超过窗宽 120 mm。

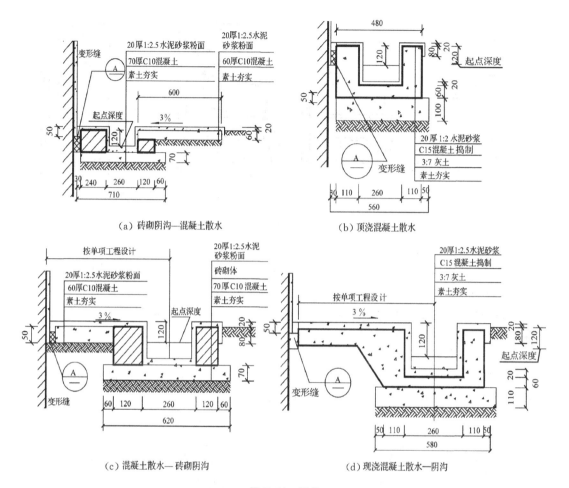

（a）砖砌阴沟—混凝土散水　　　　　　　（b）顶浇混凝土散水

（c）混凝土散水—砖砌阴沟　　　　　　　（d）现浇混凝土散水—阴沟

图 5.11　明沟

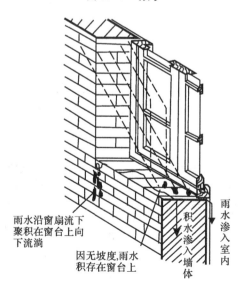

图 5.12　窗台泄水示意图

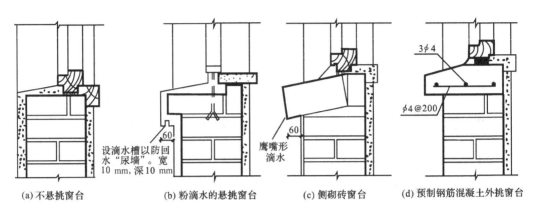

(a) 不悬挑窗台   (b) 粉滴水的悬挑窗台   (c) 侧砌砖窗台   (d) 预制钢筋混凝土外挑窗台

图 5.13　窗台形式

（4）窗台表面做一定排水坡度，嵌缝要密实。

（5）窗台高度离楼地面一般为 900～1 050 mm，如低于 800 mm 时，应采用防护措施。

3．门窗过梁

在门窗洞口上设置横梁（承受上部分荷载，以防门窗受力变形），即门窗过梁。常见的有砖拱过梁、钢筋砖过梁和钢筋混凝土过梁三种形式。

1）砖砌平拱/弧拱过梁

砖砌平拱过梁和砖砌弧拱过梁分别如图 5.14 和图 5.15 所示。有集中荷载或建筑受震动荷载，洞口宽度大于1 200 mm时不宜采用这种过梁形式。

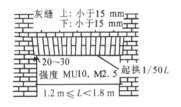

图 5.14　砖砌平拱过梁

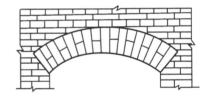

图 5.15　砖砌弧拱过梁

2）钢筋砖过梁

钢筋砖过梁适用于跨度不宜大于 2.0 m、上部无集中荷载及抗震设防要求的建筑，其构造示意如图 5.16 所示。遇见清水墙时，可将钢筋砖过梁沿内外墙连通砌筑，形成钢筋砖圈梁。

其构造要点具体如下。

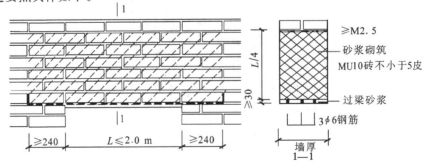

图 5.16　钢筋砖过梁构造示意图

（1）一般在洞口上方先支木模，起拱 1/100～1/50，第一皮砖丁砌。

（2）2～3 根 $\phi6$ 或 $\phi8$ 钢筋（两端各伸入墙内不少于 240 mm，向上 90°直弯 60 mm 高）放在第一皮砖和第二皮砖之间，也可放在第一皮砖下面的砂浆层内。

（3）水泥砂浆 M5 砌 5～7 皮 MU10 砖或不小于 $L/4$。

3）钢筋混凝土过梁

钢筋混凝土过梁有现浇和预制两种。梁高及配筋由计算确定。

其构造要点具体如下。

（1）断面形式为矩形时多用于内墙和混水墙，L 形多用于外墙、清水墙和寒冷地区。

（2）梁高与砖的皮数相适应，即 60 mm 的整倍数，断面梁宽一般同墙厚，梁长为洞口尺寸 +240×2（两端支承在墙上的长度不少于 240 mm），如图 5.17 所示。

（3）过梁与圈梁、悬挑雨篷、窗楣板或遮阳板等可一起构造，如图 5.18 所示。

图 5.17　钢筋混凝土过梁截面形式和尺寸

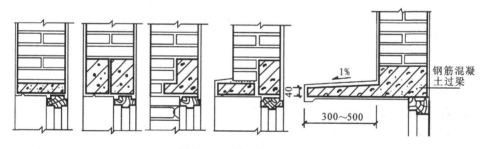

图 5.18　过梁的几种形式

4. 墙身的加固

承重砖墙结构中，墙身因集中荷载、门窗洞口、长度和高度超过一定限度以及地震作用等因素，稳定性受到影响，故必须采取增设壁柱和门垛、圈梁、构造柱等加固措施。

1）壁柱和门垛

壁柱和门垛如图 5.19 所示。

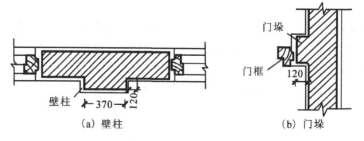

图 5.19　壁柱和门垛

（1）壁柱。墙身局部适当位置增设凸出墙面的壁柱以提高墙体刚度。突出墙面的尺寸一般为 120 mm×370 mm、240 mm×370 mm、240 mm×490 mm，或根据结构计算确定。

（2）门垛。在较薄的墙体上开设门洞时，为便于门框的安置和保证墙体的稳定，在门靠墙转角处或丁字接头墙体的一边设置。凸出墙面不少于 120 mm，宽度同墙厚。

2）圈梁

圈梁是指沿外墙四周及部分内墙设置在同一水平面上的连续闭合交圈的梁，起着墙体配筋的作用。圈梁和构造柱共同作用可提高建筑物的空间刚度及整体性，增加墙体的稳定性，减少由于地基不均匀沉降而引起的墙身开裂。对于抗震设防地区，利用圈梁加固墙身更加必要（见表 5.4）。

表 5.4　钢筋混凝土圈梁的设置原则

圈梁设置及配筋		抗 震 烈 度		
		7 度	8 度	9 度
圈梁设置	沿外墙及内纵墙	屋盖处必须设置、楼层处每层设置	屋盖处及每层楼盖处设置	同左
	沿内横墙	同上，屋盖处间距不大于 7 m，楼盖处间距不大于 15 m，构造柱对应部位	同上，屋盖处沿所有横墙且间距不大于 7 m，楼盖处间距不大于 7 m，构造柱对应部位	同上各层所有横墙

注：①凡承重墙房屋，应在屋盖及每层楼盖处沿所有内外墙设置圈梁。
　　②纵墙承重房屋，每层均应设置圈梁，此时，抗震横墙上的圈梁还应比上表适当加密。

（1）圈梁的数量设置。"天一道"即位于屋面檐口下面设之；"地一道"即基础顶面或水平防潮层处设之；"中间隔层一道"即四层以下房屋或地质情况好的多层非地震设防地区的建筑物设之；"必要时层层设之"即高层建筑、重要建筑和地震设防地区的多层建筑物及软弱土或不均匀地基处设之。

（2）圈梁常设于基础内（常埋于室外地坪以下 300 mm）、楼盖处、屋顶檐口处。外墙圈梁一般与楼板相平，内墙圈梁一般在板下。

（3）圈梁的构造。钢筋砖圈梁是在砌体灰缝中加入钢筋，原则：梁高 4～6 皮砖，钢筋不宜少于 6φ6，钢筋水平间距不宜大于 120 mm，砂浆强度等级不宜低于 M5，钢筋应分上、下两层布置，如图 5.20 (a) 所示。

还有一种圈梁是现浇钢筋混凝土圈梁。地震区钢筋混凝土圈梁的配筋要求参见表 5.4。在非地震区，圈梁内纵筋不少于 4φ8，箍筋间距不大于 300 mm；高度应为砖厚的整倍数，并不小于 120 mm，宽度与墙厚相同，如图 5.20 (b)、(c) 所示。

（4）圈梁的搭接补强。当圈梁被门窗洞口截断时，圈梁应搭接补强即设置附加圈梁，其截面、配筋和混凝土强度等级均不变，如图 5.21 所示。抗震烈度不小于 8 度时，圈梁必须贯通封闭。

（5）圈梁与过梁的关系。当圈梁的高度位置符合要求时，也可用圈梁兼做过梁，俗称"以圈

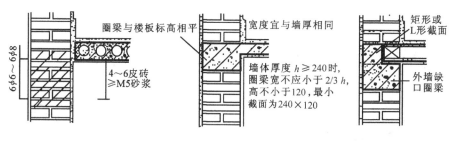

(a) 钢筋砖圈梁　　　　(b) 圈梁与楼板一起现浇　　　(c) 现浇或预制钢筋混凝土圈梁

图 5.20　圈梁的构造

代过",实践中运用较多但兼做过梁段圈梁内的配筋应进行验算,以满足强度要求。

　　3)构造柱

　　从构造角度考虑,一般设置在多层砖混建筑外墙四角、错层部位横墙与外纵墙交接处、较大洞口两侧、大房间内外墙交接处、楼梯间、电梯间以及某些较长墙体中部,以加强墙体的整体性。构造柱必须与圈梁及墙体紧密相连,从而加强建筑物的整体刚度,提高墙体抗变形的能力,保证墙体裂而不倒。其构造要点具体如下。

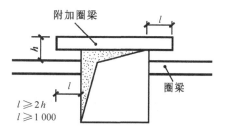

图 5.21　圈梁补强措施——附加圈梁

　　(1)设置要求。构造柱不单设基础,还应伸入室外地坪以下 500 mm 的基础内,或锚固在浅于室外地坪以下 500 mm 的地圈梁或基础梁内,构造柱的上部应伸入顶层圈梁或女儿墙压顶内,以形成封闭的骨架。

　　(2)断面要求为 240 mm×240 mm、240 mm×360 mm 等,最小断面为 240 mm×180 mm。

　　(3)配筋要求。竖向钢筋一般用 $4\phi12$,箍筋 $\phi6$ 间距不大于 200 mm,每层楼的上、下各 500 mm 处为箍筋加密区,其间距加密至 100 mm。

　　抗震烈度为 7 度超过 6 层,抗震烈度为 8 度超过 5 层及抗震烈度为 9 度时,构造柱纵筋宜采用 $4\phi14$,箍筋直径不小于 $\phi8$,间距不大于 200 mm,并且一般情况下房屋四角的构造柱钢筋直径均较其他构造柱钢筋直径大一个等级,如图 5.22(a)所示。

　　(4)砌筑要求。"先墙后柱"是指先砌墙体,后浇钢筋混凝土柱(混凝土等级不低于 C15),构造柱两侧的墙体应"五进五出",即沿柱高度方向每 300 mm(5 皮砖)高伸出 60 mm,每 300 mm 高再收回 60 mm,形成"马牙槎",如图 5.22(c)所示;拉接钢筋是指柱内沿墙高每 500 mm 伸出 $2\phi6$ 锚拉筋和墙体连接,每边伸入墙内不少于 1.0 m,若遇到门窗洞口,压长不足 1.0 m 时,则应有多长压多长,使墙柱形成整体,如图 5.22 (b)所示。

　　5. 防火墙

　　为减少火灾的发生或防止其继续扩大,除设计时要考虑防火分区的分隔、选用难燃或不燃烧材料制作构件(耐火极限应不小于 4.0 h)、增加消防设施等之外,在墙体构造上,还需考虑防火墙的设置问题,如图 5.23 所示。

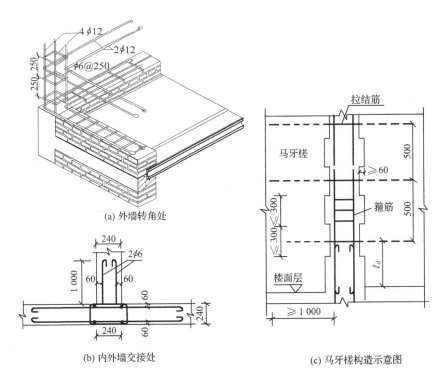

(a) 外墙转角处

(b) 内外墙交接处

(c) 马牙槎构造示意图

图 5.22　构造柱与马牙槎的构造

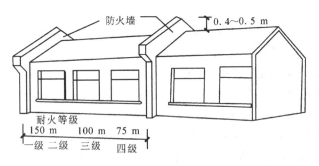

图 5.23　防火墙的设置

*5.3　砌块建筑

砌块建筑是指用尺寸大于普通黏土砖的预制块材作为墙体材料，其他承重构件，如楼板、屋面板、楼梯等，则与砖混结构基本相同的一种建筑，如图 5.24 所示。与砖混建筑相比，砌块建筑具有设备简单、施工方便、节省人工、便于就地取材、能大量利用工业废料和地方材料的优点。但砌块建筑的工业化程度不高，现场湿作业较多，砌块强度较低。砌块墙虽作为墙体改革的途径之一，但目前仅限于 6 层及以下的建筑，如住宅、学校、办公楼以及单层工业厂房等。

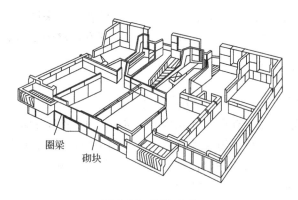

图 5.24　砌块建筑

5.3.1　砌块的材料与类型

砌块的类型很多。按材料分有普通混凝土砌块、轻骨料混凝土砌块、加气混凝土砌块以及利用各种工业废料(如炉渣、粉煤灰等)制成的砌块。按砌块构造可分为空心砌块和实心砌块，空心砌块有单排方孔、单排圆孔和多排扁孔等形式，其中多排扁孔对保温较为有利，如图5.25所示。按砌块在组砌中的作用和位置，可分为主砌块和辅砌块。按砌块的质量和尺寸，可分为小型砌块、中型砌块和大型砌块，如图 5.26 所示。

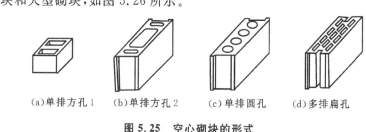

(a)单排方孔1　(b)单排方孔2　(c)单排圆孔　(d)多排扁孔

图 5.25　空心砌块的形式

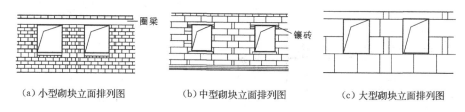

(a) 小型砌块立面排列图　　　(b) 中型砌块立面排列图　　　(c) 大型砌块立面排列图

图 5.26　砌块排列组合示意图

5.3.2　砌块墙的排列

为满足砌筑的需要，必须在多种规格间进行砌块的排列设计，即在建筑平面图和立面图上进行砌块的排列设计，并注明每一砌块的型号，以便施工时按排列图进料和砌筑。

砌块排列设计应满足以下要求。

(1) 上、下皮砌块应错缝搭接，尽量减少通缝。

(2) 内外墙和转角处砌块应彼此搭接，以加强其整体性。

(3) 优先采用大规格的砌块，即主砌块的总数量在 70% 以上，以利加快施工进度。

（4）尽量减少砌块规格，在砌块体中允许用极少量的普通砖来镶砌填缝，以便施工。

（5）空心砌块上、下皮之间应孔对孔、肋对肋，以保证有足够的受压面积。

5.3.3 砌块墙构造要点

1. 每层楼设置圈梁，加强砌块墙的整体性

圈梁通常与过梁统一考虑，有现浇和预制钢筋混凝土圈梁两种做法。现浇圈梁整体性强，对加固墙身有利，但施工较麻烦。为减少现场支模板的工序，可采用U形预制构件，在槽内配置钢筋，现浇混凝土形成圈梁。采用预制圈梁砌块时，预制构件端部伸出钢筋，拼装时将梁端钢筋绑扎在一起，然后局部现浇成为整体，如图5.27所示。

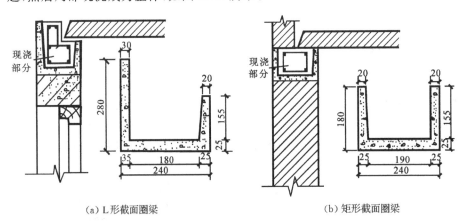

（a）L形截面圈梁   （b）矩形截面圈梁

图5.27 砌块现浇圈梁

2. 拼缝

砌块拼缝要求见表5.5。

表5.5 砌块拼缝要求表

垂直缝	水平缝	缝宽及砂浆强度
（a）平口缝 （b）高低缝 （c）单槽缝 （d）企口缝	（a）平口缝 （b）双槽缝	① 小型或加气混凝土砌块缝宽 10～15 mm，中型砌块缝宽15～20 mm ② 砂浆强度由计算确定。混凝土空心砌块砂浆强度不小于 M5

3. 通缝处理

上、下皮砌块出现通缝或错缝而距离不足150 mm时，应在水平缝通缝处加钢筋网片，如图5.28所示。

4. 设置芯柱和拉接筋

在混凝土空心砌块建筑的四角、外墙转角、楼梯间四角等处设置芯柱。芯柱配置2ϕ12钢筋从基础到屋顶通长，强度不低于C15的细石混凝土填入砌块孔中，如图5.29所示。

拉接筋的设置要求如下。

（1）设计烈度为7度，层高超出3.6 m或长度超过7.2 m的大房间，以及设计烈度为8度、9

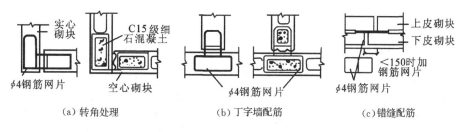

（a）转角处理　　　　　　（b）丁字墙配筋　　　　　　（c）错缝配筋

图 5.28　通缝处理

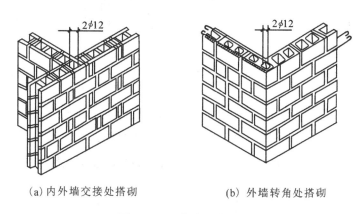

（a）内外墙交接处搭砌　　　　　　　（b）外墙转角处搭砌

图 5.29　砌块墙构造柱

度的房间,如内外墙交接处及外墙转角处未设构造柱,则应沿墙高度方向每隔 500 mm 设 $2\phi6$ 拉接钢筋,其在墙内的压长不宜小于 1 000 mm。

（2）后砌的非承重墙和与之连接的墙之间应配置 $2\phi6$ 拉接筋,其竖向间距为 500 mm,钢筋在墙内的压长不宜小于 500 mm。对设计烈度为 8 度及 9 度,长度大于 5.1 m 的非承重墙,墙顶还应与楼板及大梁拉接,以保证非承重墙与相关结构之间的有效连接。

5. 门窗框与砌体墙的连接

除采用在砌块体内预埋木砖的做法外,还可利用膨胀木楔、膨胀螺栓、铁件锚固以及利用砌块凹槽固定等做法。

*5.4　幕墙

5.4.1　幕墙主要组成材料

1. 框架材料

幕墙的框架材料可分两大类,一类是构成骨架的各种型材,另一种是各种用于连接与固定型材的连接件和紧固件,如图 5.30 所示。

1）型材

常用型材有型钢、铝型材、不锈钢型材三大类。

（1）常用型钢材质以普通碳素钢 A3 为主,断面形式有角钢、槽钢、空腹方钢等。型钢按设计要求组成钢骨架,再通过配件与饰面板(如玻璃、铝板、搪瓷板等)相连接。

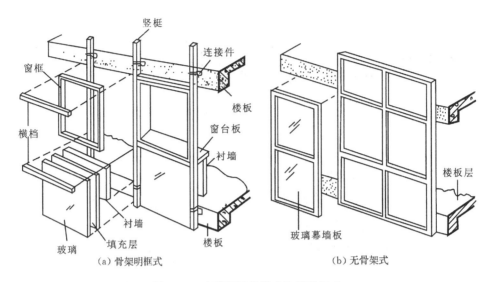

图 5.30　玻璃幕墙的形式和材料组成

（2）铝型材主要有竖梃（立柱）、横档（横杆）及副框料等，如图 5.31 所示。

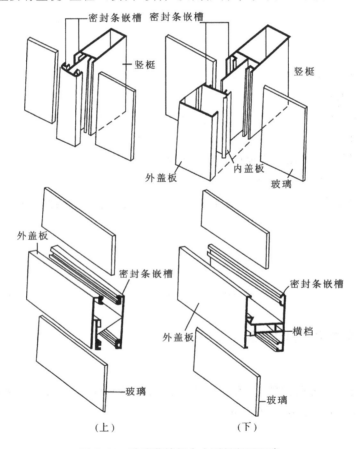

图 5.31　玻璃幕墙铝合金型材断面示意

（3）不锈钢型材一般采用不锈钢薄板压弯或冷轧制造成钢框格或竖框。

2）紧固件

紧固件主要有膨胀螺杆、普通螺栓、铝拉钉、射针等。膨胀螺栓和射钉一般通过连接件将骨架固定于主体结构上。螺栓一般用于骨架型材之间及骨架与连接件之间的连接。铝拉钉一般用于骨架型材之间的连接。

3）连接件

常用连接件多以角钢、槽钢及钢板加工而成和特制的连接件。常见形式如图 5.32 所示。

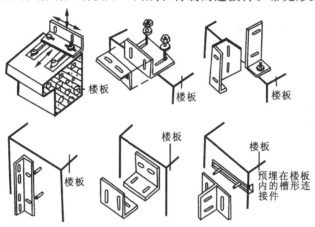

图 5.32　玻璃幕墙连接件的形式

2. 饰面板

1）玻璃

玻璃主要有热反射玻璃、吸热玻璃、双层中空玻璃、夹层玻璃、夹丝玻璃及钢化玻璃等。前三种为节能玻璃，后一种为安全玻璃。

2）铝板

常用的铝板有单层铝板、复合铝板（见图 5.33）、蜂窝复合铝板（见图 5.34）三种。

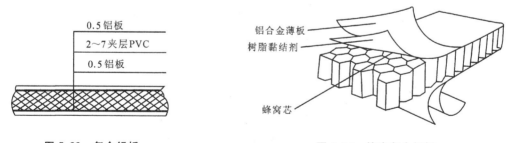

图 5.33　复合铝板　　　　　　图 5.34　蜂窝复合铝板

3）不锈钢板

一般为 0.2～2 mm 厚不锈钢薄板冲压成槽形镜板。

4）石板

常用天然石材有大理石和花岗石。与玻璃等饰面板组合应用，可以产生虚虚实实的装饰效果。干挂石板与玻璃、铝合金一道成为 20 世纪八九十年代幕墙材料的三大主流。

此外，还有搪瓷钢板、彩色钢板等。

3．封缝材料

封缝材料通常是以下三种材料的总称：填充材料、密封固定材料和防水密封材料。

（1）填充材料主要有聚乙烯泡沫胶、聚苯乙烯泡沫胶及氯丁二烯胶等，有片状、板状、圆柱状等多种规格。

（2）密封固定材料有橡胶密封条等。

（3）应用较多的防水密封材料是聚硫橡胶封缝料和硅酮封缝料。

5.4.2 幕墙的基本结构类型

（1）根据用途不同，幕墙可分为外幕墙和内幕墙。外幕墙用作外墙立面主要起围护作用，内幕墙用于室内可起到分隔和围护作用。

（2）根据饰面所用材料不同，幕墙可分为玻璃幕墙、铝板幕墙、不锈钢幕墙、石材幕墙。

（3）根据结构构造组成不同，幕墙划分为型钢框架结构体系、铝合金明框结构体系、铝合金隐框结构体系、无框架结构体系等。

5.4.3 部分节点构造

幕墙的部分节点构造如图 5.35 和图 5.36 所示。

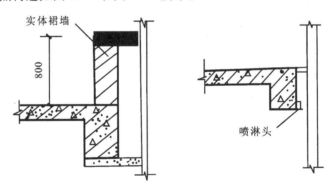

（a）楼板边缘设墙裙　　（b）幕墙内侧设自动喷水保护

图 5.35　玻璃幕墙楼层隔火措施

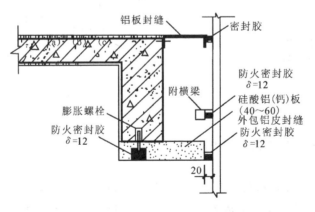

图 5.36　玻璃幕墙与楼板、隔墙缝隙的处理

5.5　隔墙和隔断

隔墙是分隔建筑物内部空间的非承重构件,本身重量由楼板或梁来承担。设计要求隔墙自重轻、厚度薄、有隔声和防火性能、便于拆卸,浴室、厕所的隔墙能防潮、防水。常用隔墙有块材隔墙、轻骨架隔墙和板材隔墙三大类。

5.5.1　块材隔墙

块材隔墙是用普通黏土砖、空心砖、加气混凝土等块材砌筑而成。

1. 普通砖隔墙

普通砖隔墙一般采用 1/2 砖(120 mm)隔墙,如图 5.37 所示,构造要点如下。

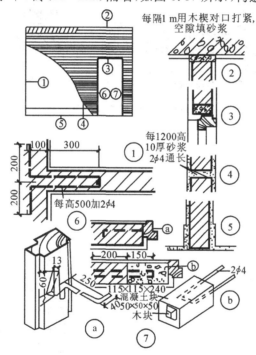

图 5.37　1/2 砖隔墙构造

（1）普通黏土砖全顺式砌筑,砌筑砂浆强度等级不低于 M5。

（2）每 500 mm 高设 2ϕ4 拉接钢筋,长 300～1 000 mm。

（3）砌到楼板底或梁底时,立砖斜砌一皮,或每隔 1.0 m 用木楔对口打紧,空隙用砂浆填缝。

（4）墙体面积较大时,长度超过 5.0 m 应设砖壁柱或构造柱,高度超过 3.0 m 时应在门过梁处设通长钢筋混凝土带。

2. 砌块隔墙

砌块隔墙有加气混凝土砌块、粉煤灰砌块、水泥炉渣空心砌块等轻质隔墙,墙厚一般为90～120 mm。构造同 1/2 砖隔墙。但应注意:在墙下部实砌 3～5 皮实心黏土砖再砌砌块或加强踢脚处的防水、防潮处理;砌块不够整块时宜用普通黏土砖填补,如图 5.38 所示。

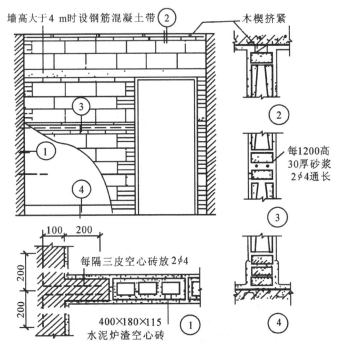

图 5.38　砌块隔墙构造

3. 玻璃砖隔墙

玻璃砖隔墙不仅仅用于空间分隔,因为具有半透明的性质,还可以兼做采光,在室内做玻璃砖隔墙具有较强的装饰效果。

玻璃砖隔墙砖缝宽 10～15 mm,白水泥加 107 胶黏结砌筑,硅胶嵌缝。上、下、左、右每三块或四块设置补强钢筋,如图 5.39 所示。

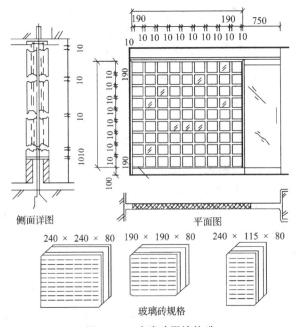

图 5.39　玻璃砖隔墙构造

5.5.2　轻骨架隔墙(立筋式隔墙)

轻骨架隔墙由骨架和面板两部分组成。骨架有木骨架和金属骨架之分,面板有板条抹灰、钢丝网板条抹灰、胶合板、纤维板、石膏板等。

1. 板条抹灰隔墙

由上槛、下槛、斜撑或横档组成木骨架,其上钉以板条再抹灰而成,如图 5.40 所示。为提高板条抹灰隔墙的防潮、防火性能,可在板条外增钉钢丝网,表面用水泥砂浆抹灰,也可直接将钢丝网钉在骨架上而省去板条,这种隔墙称为钢丝网(板条)抹灰隔墙。

此类隔墙的做法同样可用于顶棚和室内楼梯栏板。

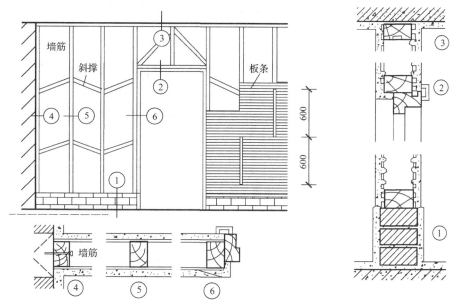

图 5.40　板条抹灰隔墙

2. 立筋面板隔墙

立筋面板隔墙是指面板用人造胶合板、纤维板或其他轻质薄板,骨架为木质或金属组合而成的隔墙,如图 5.41 所示。

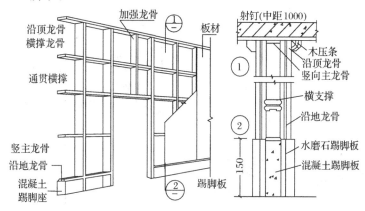

图 5.41　骨架构造示意图

1）骨架

木质骨架做法同板条抹灰隔墙，但墙筋间距视面板规格而定。金属骨架一般采用薄型钢板、铝合金薄板或拉眼钢板网加工而成。先钻孔，用螺栓固定，或采用膨胀螺钉将板材固定在墙筋上，并保证板与板的接缝在墙筋和横档上。留出宽度为 5 mm 左右的缝隙供伸缩，采用木条或铝压条盖缝，或在面板上刮腻子后裱糊墙纸或喷涂油漆等。

2）饰面板

饰面板包括胶合板、硬质纤维板、石膏板等，如图 5.42 所示。

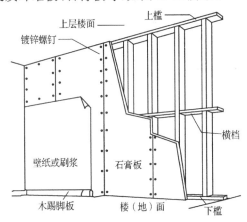

图 5.42　木质立筋式石膏板隔墙构造

5.5.3　板材隔墙

各种轻质板材的高度相当于房间净高，不依赖骨架（必要时可设置一些龙骨，以提高其稳定性），可直接装配而成。目前多采用条板，如碳化石灰板、加气混凝土条板、石膏珍珠岩板、泰柏板以及各种复合板如纸蜂窝板、水泥刨花板、夹心板等。

碳化石灰板的构造：在楼板上采用木楔将条板在板顶楔紧，条板之间的缝隙用水玻璃黏结剂（水玻璃∶细矿渣∶细砂∶泡沫剂＝1∶1∶1.5∶0.01）或 107 聚合水泥砂浆（1∶3 水泥砂浆加入适量 107 胶）进行黏结，待安装完毕，再在表面进行装修，如图 5.43 所示。

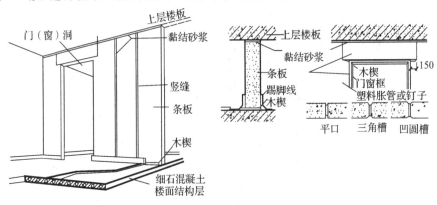

图 5.43　条板隔墙构造示意图

泰柏板是由阻燃性泡沫板条和焊接网状钢丝笼组成的轻质板材,具有良好的保温、隔热和隔声性能。空间网格状的钢丝笼有较高的强度和刚度,是一种很好的隔墙板材。泰柏板是板状坯材,可在其表面先用水泥砂浆打底形成坚固的基层,再进行表面装饰。泰柏板拼接缝处需采用角形连接网覆盖补强,与其他墙体、楼地面及顶棚连接时,需加压板、U 形码,并用膨胀螺栓牢固连接,以加强整体性,如图 5.44 所示。

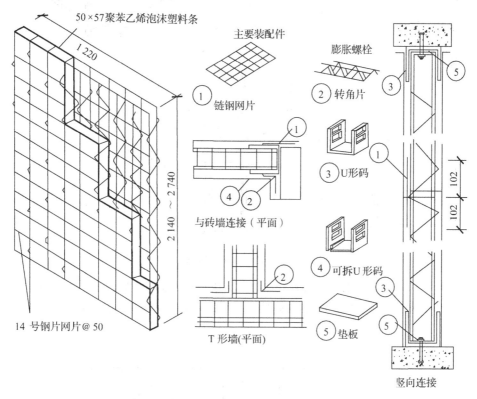

图 5.44 泰柏板隔墙构造示意图

5.5.4 隔断的类型和构造

隔断是指分隔室内空间的装饰构件。其特点是不隔到顶、空透性强,它既能分隔空间、遮挡视线,又能变化空间、丰富意境,是当今居住及公共建筑,如住宅、办公室、旅馆、餐厅、展览馆等在设计中常用的装饰手法。

1. 屏风式隔断

屏风式隔断一般高为 1 050 mm、1 350 mm、1 500 mm、1 800 mm 等,分固定式和活动式两类,固定式又可分为预制板式和立筋骨架式两种。预制板式隔断靠其预埋件与墙体、地面固定;立筋骨架式隔断的固定与隔墙类似,其骨架两面铺钉面板,也可嵌各种玻璃,如图 5.45 所示。

2. 镂空式隔断

镂空式隔断由竹、木制、混凝土预制构件材料制作,隔断的固定随材料的不同而采用钉、焊等方式。

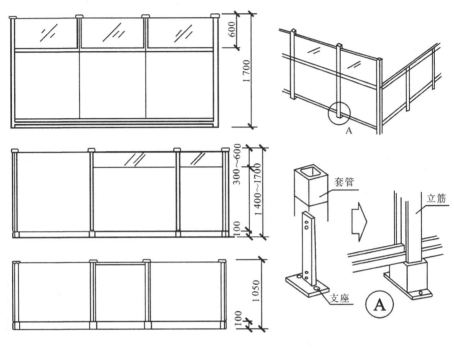

图 5.45　屏风式隔断

　　玻璃隔断可采用普通平板玻璃、刻花玻璃、压花玻璃、彩色玻璃或各种色彩的有机玻璃等嵌入木制或金属框的骨架中形成透空玻璃隔断，其具有一定的透光性和装饰性，如图 5.46 所示。

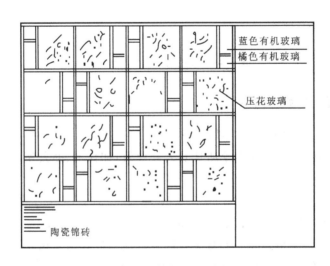

图 5.46　玻璃隔断示意图

　　玻璃砖砌筑而成的玻璃砖隔断，其构造同玻璃砖隔墙，如图 5.47 所示。

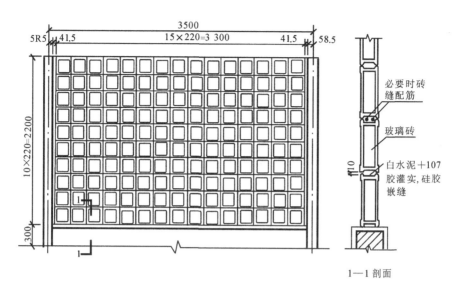

图 5.47　玻璃砖隔断构造

1. 墙体依据所处位置不同、受力不同、材料不同、构造不同、施工方法不同可分为哪几种类型？什么是开间和进深？

2. 墙体的作用是什么？在设计上有哪些要求？

3. 标准砖自身尺度之间有何关系？砖墙的厚度尺寸有哪些？

4. 常见的砖墙砌筑形式有哪些？什么是顺、丁、斗、眠？

5. 勒脚的处理方法有几种？试说出各自的构造特点。

6. 墙身防潮层的作用、位置及常见做法是什么？

7. 在什么情况下设垂直防潮层？其构造做法如何？

8. 常见的过梁有几种？它们的适用范围和构造特点是什么？

9. 窗台构造中应考虑哪些问题？

10. 墙体的加固措施有哪些？有何设计要求？

11. 什么是圈梁和构造柱？其构造要点是什么？

12. 防火墙的作用及其设置要求如何？

13. 什么是砌块建筑？砌块建筑组砌要求是什么？构造上有哪些要求？

14. 常见隔墙有哪些？简述各种隔墙的特点及构造做法。

15. 隔断有几种形式？

第6章

楼　板

知识目标

(1) 了解楼板的构造要求、组成及其类型。

(2) 掌握各种现浇钢筋混凝土楼板的结构特点及基本构造，并了解其应用。

(3) 了解预制板的类型，熟悉预制楼板的结构布置，熟悉预制构件之间的连接。

(4) 熟悉装配整体式楼板的特点。

(5) 熟悉阳台的分类及其结构特点，掌握阳台和雨篷的基本构造。

能力目标

(1) 能根据实际情况，恰当选择楼板的形式及构造层次。

(2) 对于装配式楼板，能灵活采取构造措施解决构件之间的连接及板缝等问题。

(3) 能正确理解各类阳台、雨篷的受力特点，能处理阳台、雨篷的细部构造问题。

6.1 概述

6.1.1 楼板层的作用

楼板层是多层建筑中沿水平方向分隔上下空间的结构构件。它除了承受并传递垂直荷载和水平荷载,应具有足够的强度和刚度,保证安全正常使用外,还应具有一定程度的隔声、防火、防水等能力。同时必须仔细考虑各种设备管线的走向。

6.1.2 楼板层的基本组成和类型

楼板层主要由面层、楼板结构层、顶棚三部分组成,根据功能及构造要求还可增加防水层、隔声层等附加构造层,如图 6.1 所示。

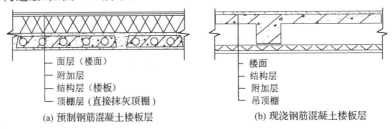

— 面层（楼面）
— 附加层
— 结构层（楼板）
— 顶棚层（直接抹灰顶棚）

(a) 预制钢筋混凝土楼板层

— 楼面
— 结构层
— 附加层
— 吊顶层

(b) 现浇钢筋混凝土楼板层

图 6.1 楼板层的基本组成

面层(又称为楼面)起着保护楼板、承受并传递荷载的作用,同时对室内有很重要的清洁及装饰作用。

结构层(即楼板)是楼层的承重部分。按所用材料不同,分为木楼板、砖拱楼板、钢筋混凝土楼板以及压型钢板组合楼板等多种形式,如图 6.2 所示。其中钢筋混凝土楼板按施工方式不

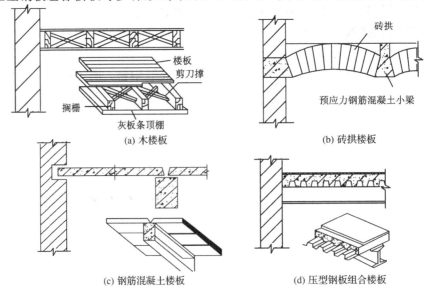

楼板
剪刀撑
搁栅
灰板条顶棚

(a) 木楼板

砖拱
预应力钢筋混凝土小梁

(b) 砖拱楼板

(c) 钢筋混凝土楼板

(d) 压型钢板组合楼板

图 6.2 楼板结构层的类型

同,又分为现浇整体式钢筋混凝土楼板、预制装配式钢筋混凝土楼板和装配整体式钢筋混凝土楼板,如图6.3所示。现代建筑主要采用此类材料和施工方式。本章的结构层以钢筋混凝土楼板为例讲述。

附加层(又称为功能层)根据楼板层的具体要求而设置。其主要作用是隔声、隔热、保温、防水、防潮、防腐蚀、防静电等。根据需要,有时和面层合二为一,有时又和吊顶合为一体。

顶棚层(又称为天花板或天棚)位于楼板层最下层,主要作用是保护楼板、安装灯具、装饰室内、敷设管线等。

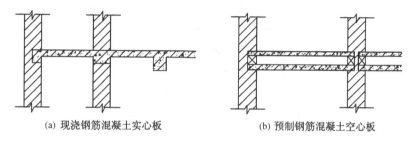

(a) 现浇钢筋混凝土实心板　　　　　　(b) 预制钢筋混凝土空心板

图6.3　钢筋混凝土施工方式类型

6.2　钢筋混凝土楼板

6.2.1　现浇整体式钢筋混凝土楼板

现浇钢筋混凝土楼板是在施工现场支模、绑扎钢筋、浇灌振捣混凝土板(梁)、养护等施工程序而成形的楼板结构,特别适合于整体性要求较高、平面位置不规整、尺寸不符合模数或管道穿越较多的楼面。

现浇钢筋混凝土楼板按其受力和传力情况,分为板式楼板、梁板式楼板、无梁楼板,此外还有压型钢板组合楼板。

1. 板式楼板

板式楼板是将楼板现浇成一块平板(不设置梁),并直接支承在墙上的楼板。它是最简单的一种形式,适用于平面尺寸较小的房间(如混合结构住宅中的厨房和卫生间等)以及公共建筑的走廊。

板式楼板按周边支承情况及板平面长短边边长的比值,分为单向板、双向板、悬挑板等,如图6.4所示。

1) 单向板

单向板四边支承(长短边比值大于3),但基本上短边受力。该方向所布钢筋为受力筋,另一方向所配钢筋(一般在受力筋上方)为分布筋。板的厚度一般为板跨度的1/30~1/40,且不小于60 mm。单向板的代号如$\frac{B}{80}$,其中B代表板,80代表板厚为80 mm。

2) 双向板

双向板四边支承双向受力(长短边比值小于或等于2),平行于短边方向所配钢筋为主要受

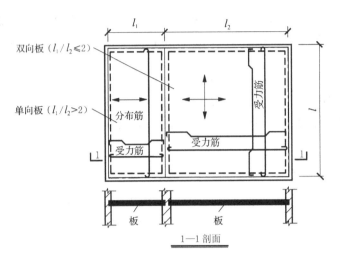

图 6.4　板式楼板的受力、传力方式

力钢筋，布置在板的下部；平行于长边方向所配钢筋也是受力筋，一般放在主要受力筋的上表面。板的厚度一般为板跨度的 $1/30\sim1/35$，且不小于 80 mm。双向板的代号如 $\dfrac{B}{100}$，其中 B 代表板，100 代表板厚为 100 mm。

3）悬挑板

悬挑板一边支承，因而其主要受力钢筋布置在板的上方，分布筋放在主要受力筋的下表面，板厚应按挑出尺寸的 1/12 取值，且根部厚度不小于 70 mm，如雨篷、遮阳板等构件。

2. 梁板式楼板

当使用空间尺度较大时，为使楼板结构的受力与传力较为合理，常在楼板下设梁以增加板的支点，从而减小板的跨度，使楼板上的荷载先由板传给梁，再由梁传给墙或柱。这种楼板结构称为梁板式结构。

根据梁的构造情况，梁板式楼板又可分为单梁式楼板、复梁式楼板和井格式楼板。

1）单梁式楼板

当房间空间尺度不大时，可以仅在一个方向设梁，梁直接支承在墙上，这种楼板称为单梁式楼板，适用于教学楼、办公楼等建筑，如图 6.5 所示。

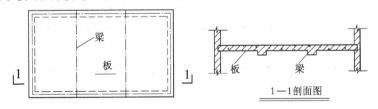

图 6.5　单梁式楼板示意图

2）复梁式楼板

复梁式楼板由主梁、次梁（肋）、板组成（又称肋形楼板）。当房间平面尺寸（开间、进深）任何一个方向均大于 6 m 时，则应在两个方向设梁，有时还应设柱子。梁有主梁、次梁之分，一般垂直相交，如图 6.6 所示。

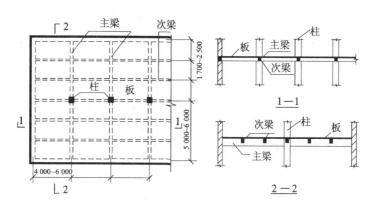

图 6.6　复梁式楼板(单向板)示意图

其构造要点如下。

(1)主梁沿房屋的短跨方向布置,其一般跨度为 5～9 m,经济跨度为 5～8 m,最大可达 12 m,梁高为跨度的 1/15～1/8,梁宽为梁高的 1/3～1/2。

(2)次梁与主梁垂直,并把荷载传递给主梁。主梁间距即为次梁的跨度。次梁的跨度比主梁的跨度要小,一般为 4～6 m,次梁高为跨度的 1/18～1/12,梁宽为梁高的 1/3～1/2,常采用 250 mm。

(3)板支承在次梁上,并把荷载传递给次梁(如为双向板不宜超过 5 m×5 m)。其短边跨度即为次梁的间距,一般为 1.5～2.7 m,板厚一般为板跨的 1/40～1/35,单向板厚度为 70～100 mm;双向板厚度为 80～160 mm。同时,主、次梁的高与宽以及板的厚度均应符合有关模数的规定。

3)井格式楼板

当空间较大且近似方形、跨度≥10 m 时,常沿两个方向等尺寸布置梁,形成井格形式,称为井格式楼板(又称井字形密肋楼板),是复梁式楼板结构中的一种特例。与复梁式楼板所不同的是,井格式楼板没有主梁,都是次梁(肋),且肋与肋间的距离较小,通常只有 1.5～3 m(也就是肋的跨度),一般在 2.5 m 之内,肋高 180～250 mm,肋宽 120～200 mm,板厚为 70～80 mm,如图 6.7 所示。

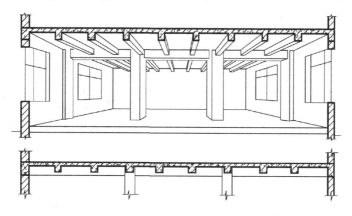

图 6.7　井格式楼板示意图

井格式楼板有正井式和斜井式两种。梁与墙之间成正交梁系的为正井式,长方形房间梁与墙之间常作斜向布置形成斜井式。此种楼板布置美观,在井格梁下面加以艺术装饰处理,抹上线腰或绘上彩画,则可使顶棚更加美观。其跨度可达 30～40 m,故常用于建筑物大厅。

3. 无梁楼板

无梁楼板是将楼板直接支承在柱上,无主、次梁的楼板,适用于活荷载较大(楼面荷载一般不小于 5 kN/m²),且对空间高度(楼层净空较大,顶棚平整)、采光、通风又有一定要求的建筑,如商场、书库、多层车库、仓库和展览馆等。柱网一般布置为正方形或接近正方形,柱距以6.0 m较为经济。板厚一般大于 120 mm,一般为 160～200 mm。为减少板跨、加大支撑面积,一般在柱的顶部设柱帽或托板,如图 6.8 所示。

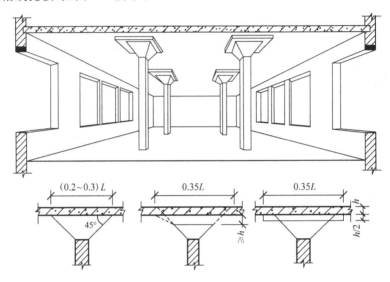

图 6.8　无梁楼板示意图

4. 压型钢板混凝土组合楼板

在型钢梁上铺设压型钢板,以此作衬板再现浇混凝土,使压型钢板和混凝土一起作用,如图 6.9 所示。压型钢板用来承受楼板下部的拉应力(负弯矩处另加铺钢筋),同时也是浇注混凝土的永久性模板,如图 6.10 所示,此外,还可以利用压型钢板的空隙敷设管线,如图 6.11 所示。

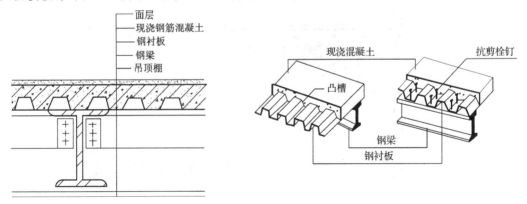

图 6.9　压型钢板混凝土组合楼板构造层次示意图　　**图 6.10　单层压型钢板混凝土组合楼板构造**

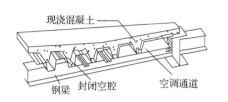

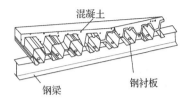

图 6.11 双层压型钢板混凝土组合楼板构造

6.2.2 预制装配式钢筋混凝土楼板

装配式钢筋混凝土楼板是将楼板在预制厂或施工现场预制,然后装配而成的。预制钢筋混凝土构件有非预应力和预应力两种,预应力构件可推迟裂缝的出现和限制裂缝的开展,刚度高,抗震性强,可采用高强钢丝和高等级混凝土,能减轻自重、节省造价。目前应优先选用预应力构件。

1. 预制钢筋混凝土楼板的类型

根据其截面形式,可分为实心平板、槽形板、空心板和 T 形板四种类型。

1) 实心平板

实心平板板面平整,隔声差。多用于走道和楼梯平台等处,也可用做搁板、沟盖板、阳台栏板等。

板的两端支承在墙或梁上,跨度一般在 2.4 m 以内(预应力混凝土实心平板跨度可达 2.7 m),板厚不小于跨度的 1/30,一般为 60~100 mm,板宽为 500~900 mm,如图 6.12 所示。

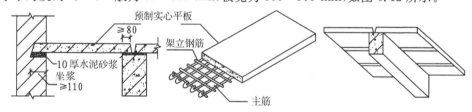

图 6.12 实心平板的构造和支承示意图

2) 槽形板

槽形板是梁板结合的构件,即在实心板长边两侧设纵肋,构成槽形截面。为便于搁置和提高板的刚度,常将板的两端以端肋封闭,当板跨达 6.0 m 时,在板的中部每隔 500~700 mm 处增设横肋,如图 6.13 所示。

槽形板的板跨为 3~7.2 m,板宽为 600~1 500 mm,板厚为 25~30 mm,肋高为 150~300 mm。

搁置方式有正置(指肋向下)与倒置(指肋向上)两种。正置板由于板底不平,有碍观瞻,多做吊顶,如图 6.14 所示。倒置板可保证板底平整,但需另做面板,有时为考虑楼板的隔声或保温,亦可在槽内填充轻质多孔材料,如图 6.15 所示。

3) 空心板

空心板是平板沿纵向抽孔而成的。预应力空心板具有

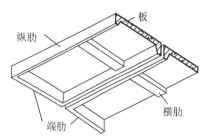

图 6.13 槽形板的组成名称

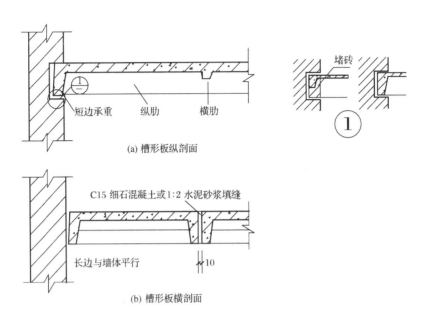

(a) 槽形板纵剖面

图 6.14　正置槽形板的布置

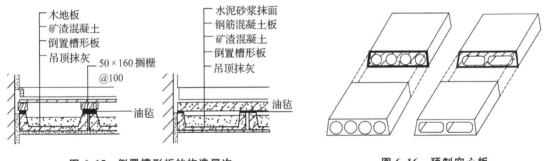

图 6.15　倒置槽形板的构造层次　　图 6.16　预制空心板

自重轻、强度高、表面平整、隔声效果较实心板和槽形板好等优点,因而被广泛采用,如图 6.16 所示。但空心板不宜任意开洞,如需开孔洞,应在板制作时就预先留孔洞位置,否则不能用于管道穿越较多的房间。

空心板的跨度为 2.4～7.2 m,其中 2.4～4.2 m较为经济,宽度为 500～1 500 mm,厚度尺寸视板的跨度而定,一般多为 120 mm(孔径 83 mm)或 180 mm(孔径 140 mm)。

4) T 形板

T 形板也是一种梁板结合的构件,分单 T 板和双 T 板两种。T 形板跨度可达 7.2 m,如图 6.17 所示。

2. 预制钢筋混凝土楼板的细部构造

1) 结构布置方案

（1）原则要求。承重构件如柱、梁、墙等,应有规律地布置,做到上下对齐,有利于结构直接传力,受力合理;空间尺寸超出构件经济尺寸时,应在空间内增设柱子作为梁的支点,使梁跨度在经济尺寸

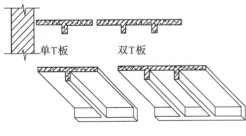

图 6.17　预制 T 形板

范围内;板的规格、类型越少越好,通常一个房间的预制板宽度尺寸的规格不超过两种;主梁应沿支点的短跨方向布置,次梁与主梁正交,如图6.18和图6.19所示。

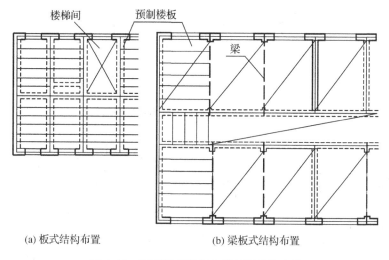

(a) 板式结构布置　　　　　(b) 梁板式结构布置

图6.18　预制钢筋混凝土楼板的结构布置

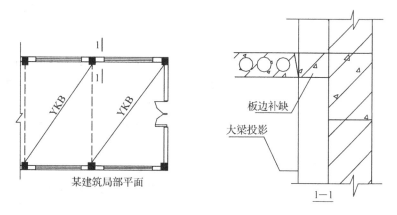

图6.19　预制板靠柱时板的布置

(2) 板的搁置方式,视结构布置方案而定。

板直接搁置在墙上,形成板式结构,必须具有足够的搁置长度,一般外墙上不小于120 mm,内墙上不小于100 mm。同时,板的纵向长边应靠墙布置,否则会形成三边支承的板,易导致板的开裂,如图6.20所示。

板搁置在梁上,梁支承在墙或柱子上,形成梁板式结构,搁置长度一般不小于80 mm。

板在梁上的搁置方式有两种:一是搁置在梁的顶面,如矩形梁,如图6.21(a)所示;二是搁置在梁出挑的翼缘上,如花篮梁,如图6.21(b)所示。后一种搁置方式中板的上表面与梁的顶面平齐,若梁高不变,楼板结构所占的高度就比前一种搁置方式小一个板厚,这样室内的净空高度就增加了一个板厚。此时应特别注意,板的跨度尺寸已不是梁的中心距,而应是减去梁顶面宽度之后的尺寸。

此外,梁在墙上的搁置长度也要满足要求。一般与梁高有关:梁高小于或等于500 mm时,搁置长度不小于180 mm;梁高大于500 mm时,搁置长度不小于240 mm。通常,次梁搁置长度

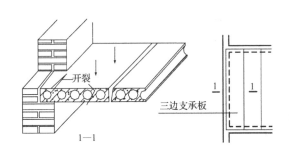

图 6.20　三边支承时板的受力情况和后果

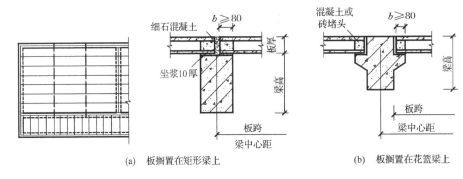

(a)　板搁置在矩形梁上　　　　　　　　(b)　板搁置在花篮梁上

图 6.21　板搁置在梁上

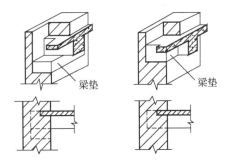

图 6.22　梁垫

为 240 mm，主梁的搁置长度为 370 mm。值得注意的是，当梁上的荷载较大，梁在墙上的支承面积不足时，为了防止梁下墙体因局部抗压强度不足而破坏，需设置梁垫（预制或现浇），以扩散由梁传来的过大集中荷载，如图 6.22 所示。

2）搁置构造要求

（1）空心板安装前的构造处理：板端凸出的受力钢筋向上压弯，不得剪断；圆孔端头用预制混凝土块或砖块砂浆堵严（安装后要穿导线的孔以及上部无墙体的板除外），以提高板端抗压能力及避免传声、传热和灌缝材料的流入，如图 6.23 所示。

（2）坐浆。板安装前，先在墙（梁）上铺设水泥砂浆，厚度不小于 10 mm。使板与墙（梁）有可

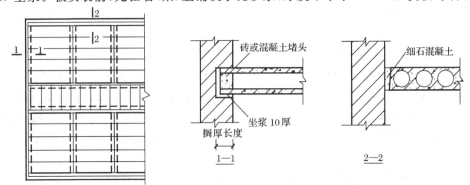

图 6.23　空心板的搁置构造要求

靠的连接。

3）板缝的构造

（1）板缝的形式和宽度。板的侧缝有 V 形缝、U 形缝、凹槽缝三种形式，如图 6.24 所示。其中 V 形缝和 U 形缝便于灌缝，多在楼板较薄时采用，凹槽缝连接牢固，楼板整体性好，相邻的板之间共同工作效果较好。一般板缝宽在 10 mm 左右。

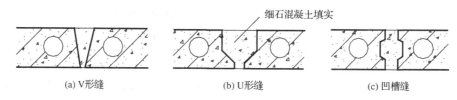

图 6.24　板的侧缝形式及处理

（2）板缝的调整。在房间的楼板布置时，板宽方向的尺寸（板的宽度之和）与房间的平面尺寸之间可能会产生差额，即出现不足以排开一块板的缝隙。这时，应根据剩余缝隙大小不同，分别采取相应的措施补缝。当缝差在 60 mm 以内时，调整板缝宽度（扩大到 20～30 mm）；当缝差在 60～200 mm 时，或者因竖向管道沿墙边通过时，则用局部现浇板带的办法解决；当缝差超过 200 mm 时，则需重新选择板的规格，如图 6.25 所示。

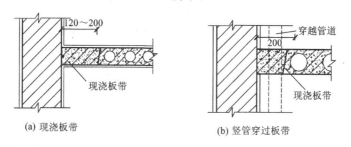

图 6.25　板缝的调整措施

（3）板缝的处理。板与板、板边与墙、板端之间的缝隙用细石混凝土或水泥砂浆灌实。

4）增加整体刚度的构造措施

板与墙、板与板之间用钢筋进行拉接。拉接钢筋的配置视建筑物对整体刚度的要求及抗震情况而定，如图 6.26 所示。

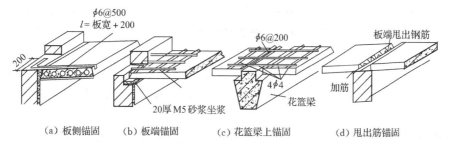

图 6.26　锚固钢筋的配置

整体性要求较高时可在板缝内配筋，或用短钢筋与预制板的吊钩焊接在一起，如图 6.27 所示。

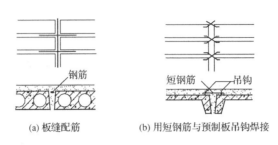

(a) 板缝配筋　　　　　(b) 用短钢筋与预制板吊钩焊接

图 6.27　整体性要求较高时的板缝处理

5）设置隔墙时的构造措施

房间设置隔墙，且隔墙的重量由楼板承受时，必须从结构上予以考虑。首先应考虑采用轻质隔墙；其次，隔墙的位置应进行调整，尽量避免隔墙的重量完全由一块板负担，如图 6.28 所示。

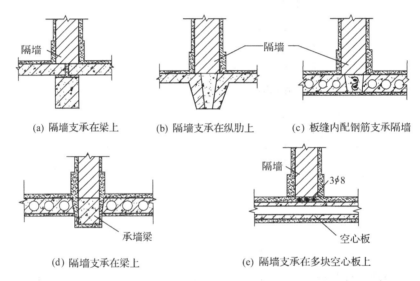

(a) 隔墙支承在梁上　　　(b) 隔墙支承在纵肋上　　　(c) 板缝内配钢筋支承隔墙

(d) 隔墙支承在梁上　　　(e) 隔墙支承在多块空心板上

图 6.28　隔墙在楼板上的搁置

6.2.3　预制装配整体式钢筋混凝土楼板

预制装配整体式钢筋混凝土楼板是将楼板中的部分构件预制，然后到现场安装，再以整体浇注其余部分的办法连接而成的楼板，它兼有现浇和预制的双重优越性，即整体性较好，又可节省模板。

叠合楼板是由预制板和现浇钢筋混凝土层叠合而成的装配整体式楼板。预制板既是楼板结构的组成部分，又是现浇钢筋混凝土叠合层的永久性模板，现浇叠合层内应设置负弯钢筋，并可在其中敷设水平设备管线。

叠合楼板的预制部分，可采用预应力和非预应力实心薄板，板的跨度一般为 4～6 m，预应力薄板的跨度最大可达 9 m，板的宽度一般为 1.1～1.8 m，板厚通常不小于 50 mm。叠合楼板的总厚度视板的跨度而定，以大于或等于预制板的 2 倍为宜，通常为 150～250 mm，如图 6.29(b) 所示。为使预制薄板与现浇叠合层结合牢固，薄板的板面应做适当处理，如板面刻槽或设置三角形结合钢筋等，如图 6.29(a) 所示。

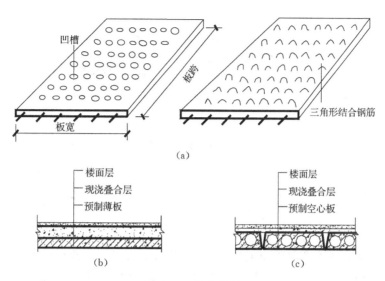

图 6.29 叠合楼板

叠合楼板的预制板,也可采用钢筋混凝土空心板,此时现浇叠合层的厚度较薄,一般为30~50 mm,如图 6.29(c)所示。

6.3 阳台、雨篷的构造

阳台、雨篷和遮阳板都属于建筑物上的水平悬挑构件。

6.3.1 阳台的构造

阳台是与楼房各房间相连并设有栏杆的室外小平台,是居住建筑中用于联系室内外空间和改善居住条件的重要组成部分。阳台主要由阳台板和栏杆扶手组成,阳台板是承重结构,栏杆扶手是围护、安全的构件。

1. 阳台的类型

(1) 按其与外墙的相对位置分为凸阳台、凹阳台、半凸半凹阳台、转角阳台,如图 6.30 所示。

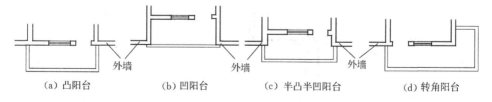

图 6.30 阳台与外墙位置关系分类

(2) 按使用功能不同分生活阳台(靠近卧室或客厅)和服务阳台(靠近厨房)。

(3) 钢筋混凝土材料制作的按结构布置方式分为墙承式、悬挑式、压梁式等。

① 墙承式。将阳台板直接搁置在阳台墙上,其板型和跨度通常与房间楼板一致,多用于凹阳台,如图 6.31 所示。

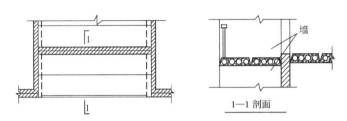

图 6.31　墙承式阳台

② 悬挑式。将阳台板悬挑出外墙,适用于凸阳台或半凸半凹阳台。从结构合理、安全和使用要求考虑,阳台一般悬挑长度为 1.0～1.5 m,以 1.2 m 左右最常见。

按悬挑方式不同,悬挑式分为挑梁式和挑板式两种。

挑梁式是从横墙上伸出挑梁,阳台板搁置在挑梁上。挑梁压入墙内的长度一般为悬挑长度的 1.5 倍左右,为防止挑梁端部外露而影响美观,可增设边梁。阳台板的类型和跨度通常与房间楼板一致。挑梁式的阳台悬挑长度可适当大些,而阳台宽度应与横墙间距(即房间开间)一致。挑梁式阳台应用较广泛,如图 6.32 所示。

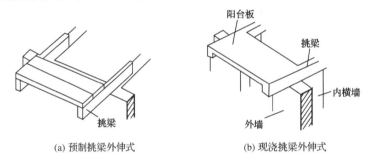

(a) 预制挑梁外伸式　　　　　　　(b) 现浇挑梁外伸式

图 6.32　挑梁式阳台

挑板式即从楼板外延挑出平板,板底平整,外形轻巧美观,而且阳台平面形式可做成半圆形、弧形、梯形、斜三角形等各种形状。挑板厚度不小于挑出长度的 1/12,如图 6.33 所示。当楼板为现浇楼板时,可选择挑板式。

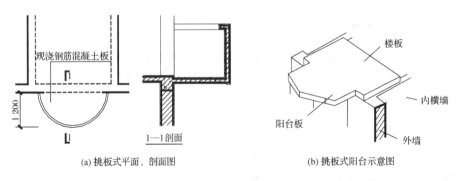

(a) 挑板式平面、剖面图　　　　　　　(b) 挑板式阳台示意图

图 6.33　挑板式阳台

③ 压梁式。阳台板与墙梁现浇在一起,利用梁上部的墙体或楼板来平衡阳台板,以保证阳台的稳定。且阳台悬挑不宜过长,一般为 1.2 m 左右。阳台底部平整,外形轻巧,如图 6.34 所示。

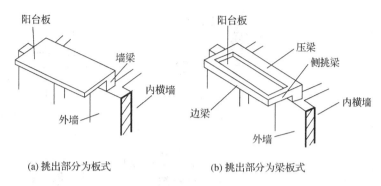

(a) 挑出部分为板式　　　　　　　(b) 挑出部分为梁板式

图 6.34　压梁式阳台

2. 阳台细部构造

1) 阳台栏杆与扶手

作为阳台的围护构件,应具有足够的强度和适当的高度,做到坚固安全。栏杆扶手的高度应不低于 1.05 m,高层建筑应不低于 1.1 m。另外,栏杆扶手还兼起装饰作用,应考虑美观。阳台栏杆形式应防坠落(垂直栏杆间净距不应大于 110 mm),防攀爬(不设水平栏杆)。放置花盆处,也应采取防坠落措施。

(1) 栏杆形式。栏杆形式主要有空花栏杆、实体栏板及由空花栏杆和实体栏板组合而成的组合式栏杆三种,如图 6.35 所示。南方地区宜采用有助于空气流通的空花栏杆,而北方寒冷地区和中高层住宅应采用实体栏板。

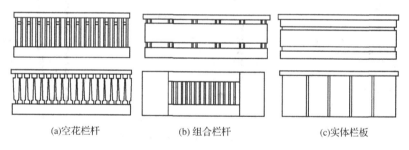

(a)空花栏杆　　　　　　　(b)组合栏杆　　　　　　　(c)实体栏板

图 6.35　栏杆的形式

空花栏杆按材料分类有金属栏杆和预制混凝土栏杆两种。金属栏杆一般采用圆钢、方钢、扁钢或钢管等制成。栏杆与阳台板(或边梁)应有可靠的连接,通常在阳台板顶面预埋通长扁钢与金属栏杆焊接,如图 6.36(a)所示,也可采用预留孔洞插接等方法。组合式栏杆中的金属栏杆有时须与混凝土栏板连接,其连接方法一般为预埋铁件焊接,如图 6.36(b)所示。预制混凝土栏杆与阳台板的连接,通常是将预制混凝土栏杆端部的预留钢筋与阳台板顶面的后浇混凝土挡水边坎现浇在一起,如图 6.36(c)所示,也可采用预埋铁件焊接或预留孔插接等方法。

栏板按材料分为混凝土栏板、砖砌栏板等。混凝土栏板有现浇和预制两种。现浇混凝土栏板通常与阳台板(或边梁)整浇在一起,如图 6.36(d)所示,预制混凝土栏板可预留钢筋与阳台板的后浇混凝土挡水边坎浇注在一起,如图 6.36(e)所示,或预埋铁件焊接。砖砌栏板的厚度一般为120 mm,为加强其整体性,应在栏板顶部设现浇钢筋混凝土扶手,或在栏板中配置通长钢筋加固,如图 6.36(f)所示。

栏板和组合式栏杆顶部的扶手多为现浇或预制钢筋混凝土扶手。

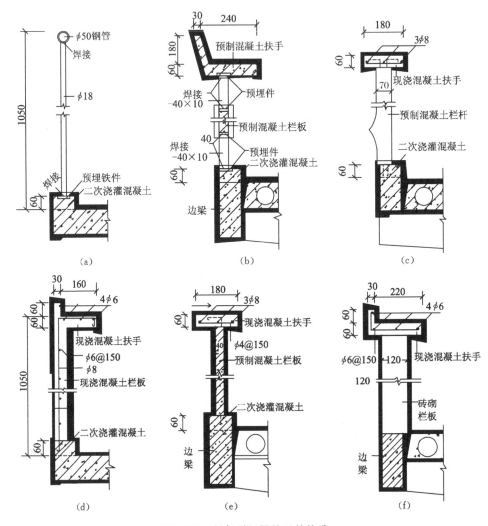

图 6.36　栏杆(板)及扶手的构造

(2) 连接。栏板或栏杆与钢筋混凝土扶手的连接方法和它与阳台板的连接方法基本相同。空花栏杆顶部的扶手除采用钢筋混凝土扶手外,金属栏杆还可采用木扶手或钢管扶手,如图6.37和图6.38所示。

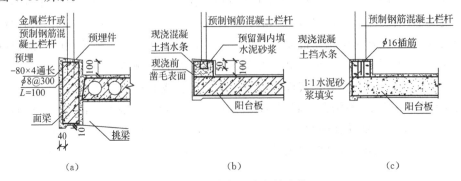

图 6.37　栏杆与阳台板的连接

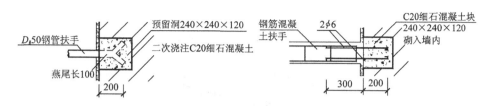

图 6.38　栏杆扶手与墙体的连接

2) 阳台排水处理

为避免阳台的雨水泛入室内,阳台地面应低于室内地面 30～50 mm,并应做排水坡,阳台板的外缘设挡水边坎,在阳台的一端或两端埋设泄水管直接将雨水排出。泄水管可采用镀锌钢管或塑料管,管口外伸至少 80 mm,如图 6.39(a)所示。高层建筑应将水导入雨水管排出,如图 6.39(b)所示。

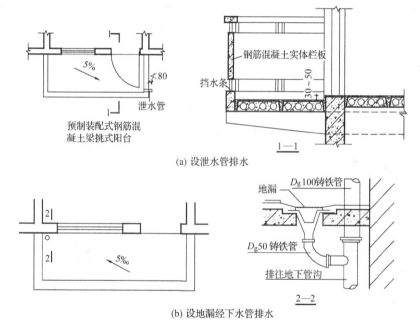

图 6.39　阳台的排水处理

3) 阳台隔板

阳台隔板有砖砌和钢筋混凝土隔板两种,砖砌隔板一般采用 60 mm 和 120 mm 厚两种,现多采用钢筋混凝土隔板。钢筋混凝土隔板采用 C20 细石混凝土预制 60 mm 厚,下部预埋铁件与阳台预埋铁件焊接,其余各边伸出 φ6 钢筋与墙体、挑梁和阳台栏杆、扶手相连,如图 6.40所示。

6.3.2　雨篷

雨篷是设置在建筑物外墙出入口的上方用于挡雨并有一定装饰作用的水平构件。

雨篷的支承方式多为悬挑式,其悬挑长度一般为 0.9～1.5 m,宽度比门洞每边宽 250 mm。按结构形式不同,雨篷分为板式和梁板式两种。板式雨篷用于次要出入口,多做成变截面形式,一般板根部厚度不小于 70 mm,板端部厚度不小于 50 mm。梁板式雨篷为使其底面平整,常采

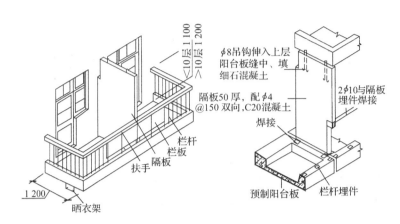

图 6.40　阳台隔板的构造

用翻梁形式,多用在宽度较大的出入口处,如影剧院、商场等主要出入口。当雨篷外伸尺寸较大时,其支承方式可采用立柱式,即在出入口两侧设柱支承雨篷,形成门廊,立柱式雨篷的结构形式多为梁板式。

　　雨篷顶面应做好防水和排水处理。通常采用 1∶2 水泥砂浆内掺 5% 防水剂的防水砂浆15 mm 厚抹面,并应上翻至墙面形成泛水,其高度不小于 250 mm,同时,还应沿排水方向做出1% 的排水坡。为了集中排水和立面需要,可沿雨篷外缘用砖砌或现浇混凝土做上翻的挡水边坎,并在一端或两端设泄水管将雨水集中排出,如图 6.41 所示。

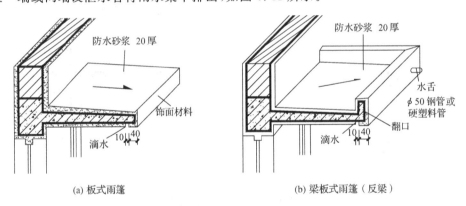

(a) 板式雨篷　　　　　　　　　　　　　　(b) 梁板式雨篷（反梁）

图 6.41　雨篷的构造

　　现大量采用的是轻型悬挂式雨篷,如图 6.42 所示。

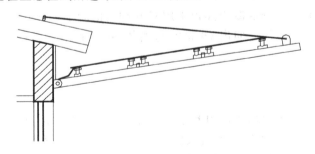

图 6.42　轻型悬挂式雨篷

1. 楼板层由哪些部分组成？有哪些类型？

2. 现浇钢筋混凝土有哪些类型？各有哪些特点？

3. 简述井式楼板和无梁楼板的特点及适用范围。

4. 装配式钢筋混凝土楼板有哪几种？布置和构造上有何要求？

5. 预制板的接缝形式有几种？如何调整和处理板缝？

6. 叠合楼板的特点是什么？

7. 阳台有几种类型？组成和各部分基本构造是怎样的？

8. 简述雨篷的类型和构造要点。

第7章

楼 梯

知识目标

(1) 了解楼梯的分类及应用,熟悉楼梯的组成、尺度。

(2) 掌握现浇钢筋混凝土楼梯的结构特点、基本构造,熟悉装配式楼梯的构造。

(3) 掌握楼梯细部构造。

(4) 了解室外台阶与坡道的构造。

能力目标

(1) 能写出楼梯各部位的一般尺度要求。

(2) 能理解现浇钢筋混凝土板式、梁式楼梯的特点,并能加以运用。

(3) 能正确处理预制装配式楼梯各构件之间的连接问题。

(4) 能详细识读钢筋混凝土楼梯施工图及细部节点详图。

楼梯、电梯、自动扶梯、爬梯及坡道是建筑物联系各个不同楼层的交通设施。垂直升降电梯用于七层以上的多层建筑和高层建筑以及标准较高的建筑（如宾馆等）或有特种需要的低层建筑物中；自动扶梯用于人流量大且使用要求高的公共建筑，如商场、候车楼等。即使设有电梯或自动扶梯的建筑物，也必须同时设置楼梯。楼梯设计必须具有足够的强度、刚度，上下通行方便，能搬运必要的家具物品，有足够的通行宽度和疏散能力，防火、防烟和防滑，还有一定的美观要求。

台阶在建筑物入口处，因室内外地面的高差而设置。坡道则用于建筑中有无障碍和交通要求的高差之间的联系，也用于多层车库中通行汽车和医疗建筑中等；爬梯专用于检修等。

7.1 楼梯的组成和类型

7.1.1 楼梯的组成

楼梯由楼梯梯段、楼梯平台和栏杆扶手三部分组成，如图7.1所示。

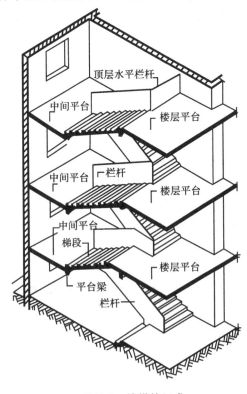

图 7.1 楼梯的组成

1. 楼梯梯段

连续的踏步组成一个梯段，数量上称"一跑"。踏步分踏面（供行走时踏脚的水平部分）和踢面（形成踏步高差的垂直部分）。一个踏步称为"一级"。每跑最多不超过18级，最少不少于3级。

2. 楼梯平台

楼梯平台是用来帮助楼梯转折、连通某个楼层或供使用者在攀登到一定的高度后稍事休息的水平部分。平台的标高与某个楼层相一致的称楼层平台,介于两个楼层之间的称中间平台。

3. 栏杆扶手

栏杆是布置在楼梯梯段和平台边缘处有一定安全保障的围护构件。扶手一般附设于栏杆顶部,作依扶用,也可附设于墙上,称为靠墙扶手。

7.1.2 楼梯的类型

(1) 按楼梯的位置分类,可分为室内楼梯与室外楼梯。

(2) 按使用性质分类,室内有主要楼梯、辅助楼梯,室外有安全楼梯、防火楼梯。

(3) 按所用材料分类,可分为木质楼梯、钢筋混凝土楼梯、金属楼梯以及多种材料制成的混合式楼梯。

(4) 按楼梯间的平面形式分类,可分为开敞式楼梯间、封闭式楼梯间和防烟楼梯间。

(5) 按楼梯的形式分类,可分为单跑直楼梯、双跑直楼梯、平行双跑楼梯、三跑楼梯、双分平行楼梯、双合平行楼梯、转角双跑楼梯、双分转角楼梯、交叉楼梯、剪刀楼梯、螺旋楼梯、弧形楼梯。各种楼梯的形式如图 7.2 所示。

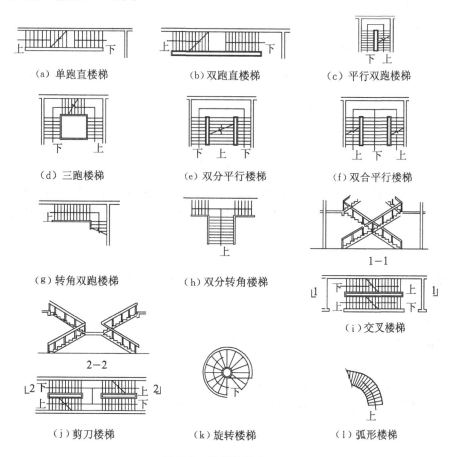

(a) 单跑直楼梯　　　　(b) 双跑直楼梯　　　　(c) 平行双跑楼梯

(d) 三跑楼梯　　　　(e) 双分平行楼梯　　　　(f) 双合平行楼梯

(g) 转角双跑楼梯　　　　(h) 双分转角楼梯　　　　(i) 交叉楼梯

(j) 剪刀楼梯　　　　(k) 旋转楼梯　　　　(l) 弧形楼梯

图 7.2 楼梯的形式

7.2 钢筋混凝土楼梯

钢筋混凝土因耐火、耐久、易于成形加工而被大量采用。钢筋混凝土楼梯按施工方法不同，主要有现浇整体式楼梯和预制装配式楼梯两类。

7.2.1 现浇整体式钢筋混凝土楼梯

现浇钢筋混凝土楼梯的刚度大、整体性能好，适用于抗震设防、楼梯形式和尺寸变化多的建筑物。按梯段的结构形式不同，现浇钢筋混凝土楼梯又分为板式楼梯和梁式楼梯两种。

1. 板式楼梯

梯段是一块斜放的板，它通常由梯段板、平台梁和平台板组成。梯段板承受着梯段的全部荷载，然后通过平台梁将荷载传给墙体或柱子，如图 7.3(a)所示。必要时，也可取消梯段板一端或两端的平台梁，使平台板与梯段板连为一体，形成折线形板直接支承于墙或梁上，如图 7.3(b)所示。

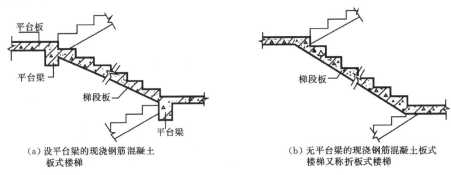

平台板
平台梁
梯段板
平台梁

梯段板

(a) 设平台梁的现浇钢筋混凝土
板式楼梯

(b) 无平台梁的现浇钢筋混凝土板式
楼梯又称折板式楼梯

图 7.3 现浇钢筋混凝土板式楼梯

板式楼梯的梯段底面平整，便于支模施工，常在梯段荷载较小、跨度不大时（一般不超过3.0 m）被采用，如住宅、办公等建筑中。当梯段跨度较大时，梯段板厚度增加，这时常采用梁式楼梯替代之。

2. 梁式楼梯

楼梯段是由踏步板和梯段斜梁（简称梯梁）组成。梯段的荷载由踏步板传递给梯梁，然后由梯梁再传给平台梁。

1）双梁布置

梯梁通常设两根，分别布置在踏步板的两端，板跨小，对受力有利。梯梁与踏步板在竖向的相对位置有两种。

（1）梯梁在踏步板之下，踏步外露，称正梁式梯段（又称明步），如图 7.4(a)所示。

（2）梯梁在踏步板之上，形成反梁，踏步包在里面，称反梁式梯段（又称暗步），如图 7.4(b)所示。

2）单梁布置

楼梯也可以只设一根，通常有两种形式：一种是踏步板的一端设梯梁，另一端搁置在墙上，

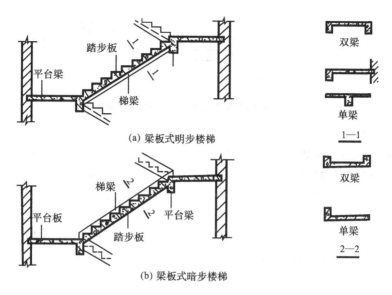

图 7.4　现浇钢筋混凝土梁板式楼梯

施工不便;另一种是用单梁悬挑踏步板,即梯梁布置在踏步板中部或一端,踏步板悬挑,外形独特、轻巧,一般适用于通行量小、梯段尺度与荷载都不大的楼梯。

此外,还有悬臂板式(梁板式)楼梯,其特点是梯段和平台均无支承,完全靠上下楼梯段与平台组成的空间板式(或梁板式)结构和上下层楼板结构共同来受力,如图 7.5 和图 7.6 所示。其造型新颖、空间感好,常用于公共建筑和庭园建筑中。

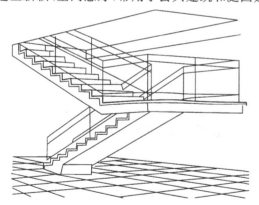

图 7.5　现浇钢筋混凝土悬臂板式楼梯

图 7.6　现浇钢筋混凝土悬臂梁板式楼梯

*7.2.2　预制装配式钢筋混凝土楼梯

装配式楼梯根据构件大小差别分为:小型构件装配式、中型构件装配式和大型构件装配式。在抗震设防地区需按规范要求选择合适的楼梯形式和构造措施。

1. 小型构件装配式楼梯

小型构件装配式楼梯是将梯段、平台分割成若干部分,分别预制成小构件装配而成。

1)踏步

踏步形式如图 7.7 所示。

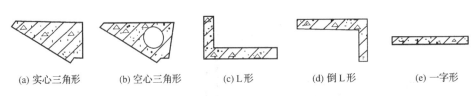

(a) 实心三角形　　(b) 空心三角形　　(c) L形　　(d) 倒L形　　(e) 一字形

图 7.7　预制装配式钢筋混凝土楼梯踏步形式

2）踏步构件的支承方式

踏步构件的支承方式主要有梁承式、墙承式、悬挑式和悬挂式四种支承方式。

（1）梁承式楼梯是预制踏步支承在梯梁上，形成梁式梯段，梯梁支承在平台梁上。

梯梁的断面形式，视踏步构件的形式而定。三角形踏步一般采用矩形梯梁，楼梯为明步；也可采用L形梯梁，楼梯为暗步；而L形和一字形踏步则应采用锯齿形梯梁，如图7.8所示。

预制踏步在安装时，踏步之间以及踏步与梯梁之间用1∶2水泥砂浆坐浆。

平台梁一般为L形断面，将梯梁搁置在L形平台梁的翼缘上或在矩形断面平台梁的两端局

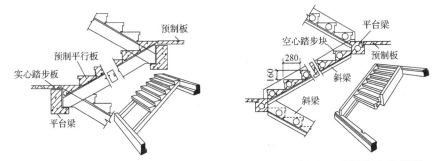

(a) 三角形踏步板与矩形梯梁组合形成梯段（明步）　　(b) 空心三角形踏步板与L形梯梁组合形成梯段（暗步）

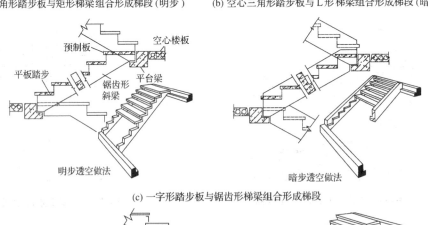

(c) 一字形踏步板与锯齿形梯梁组合形成梯段

(d) L形踏步板与锯齿形梯梁组合形成梯段

图 7.8　预制装配式钢筋混凝土梁承式楼梯构造

部做成 L 形断面,形成缺口,将梯梁插入缺口内,如图 7.9(a)所示。梯梁与平台梁的连接,一般采用预埋铁件焊接,如图 7.9(b)所示,或预留孔洞和插铁套接,如图 7.9(c)所示。

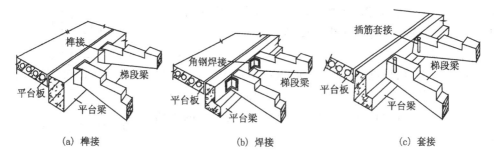

(a) 榫接   (b) 焊接   (c) 套接

图 7.9 平台梁与梯梁的连接构造

(2)墙承式楼梯不需要设梯梁和平台梁,将预制踏步板(L 形或一字形踏步板)的两端直接支承在墙上。它主要适用于直跑楼梯,若为双跑楼梯,则需要在楼梯间中部砌墙,用以支承踏步。在墙上开设观察孔以改善因空间狭窄、视线受阻对人流通行和家具设备搬运带来的不便,如图 7.10 所示。

(3)悬挑式楼梯同样不设梯梁和平台梁,将踏步板的一端悬空,另一端固定在墙上并承受梯段全部荷载。预制踏步板挑出部分为 L 形(或倒 L 形),压在墙内的部分为矩形断面。从结构安全考虑,梯间两侧的墙体厚度一般不应小于 240 mm,踏步悬挑长度即楼梯宽度一般不超过 1.2 m,如图 7.11 所示。悬挑式楼梯通常用于非地震区、楼梯宽度不大的建筑,安装时,在预制踏步板临空一侧设临时支撑。

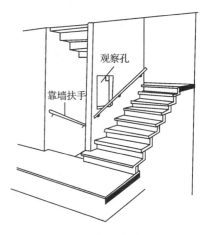

图 7.10 墙承式楼梯

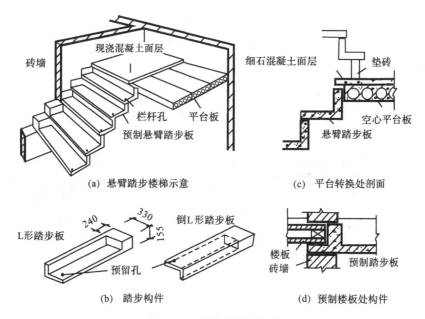

(a) 悬臂踏步楼梯示意   (c) 平台转换处剖面

(b) 踏步构件   (d) 预制楼板处构件

图 7.11 悬挑式楼梯构造

（4）悬挂式楼梯是将悬挑式楼梯踏步悬空的一端用金属拉杆悬挂在上部结构上即可。一般适用于单跑或双跑直楼梯中。踏步板可用木质和金属制作，外观轻巧、美观，在小型建筑和住宅户内楼梯中采用较为理想，如图7.12所示。

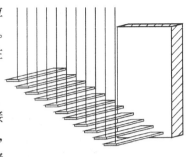

图7.12　悬挂式楼梯示意图

3）平台板搁置方式

平台板宜采用预制钢筋混凝土空心板或槽形板，两端直接支承在楼梯间的横墙上，如图7.13（a）所示。如为梁承式楼梯，平台板还可采用小型预制平板，支承在平台梁和楼梯间的纵墙上，如图7.13（b）所示。

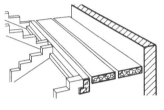

预制空心板平台板

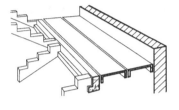

预制槽形板平台板

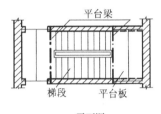

平面图

(a) 平台板搁置在横墙上（空心板或槽形板）

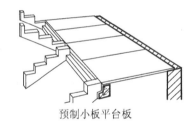

预制小板平台板

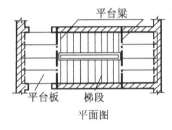

平面图

(b) 平台板搁置在纵墙和平台梁上（实心平板）

图7.13　平台板的搁置方式

2. 中型构件装配式楼梯

中型构件装配式楼梯由带平台梁的平台板（有时平台梁单独制作）（见图7.14）和梯段板组成。与小型构件相比，构件的种类减少，可简化施工，加快建设速度，但要求有一定的吊装能力。

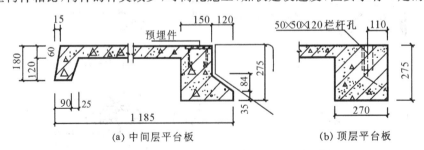

图7.14　带平台梁的平台板构造

1）梯段的形式

整个楼梯段是一个构件，按其结构形式不同，有板式梯段和梁板式梯段两种。

（1）板式梯段两端搁置在平台梁出挑的翼缘上，将梯段荷载直接传递给平台梁。

板式梯段按构造方式不同，有实心和空心两种类型。实心梯段板（见图7.15(a)）自重较大，在吊装能力不足时，可沿宽度方向分块预制，安装时拼成整体（见图7.16）。为减轻自重，可将板内抽孔，形成空心梯段板。空心梯段板（见图7.15(b)）有横向抽孔和纵向抽孔两种，其中，横向抽孔制作方便，应用广泛；当梯段板厚度较大时，可以纵向抽孔。

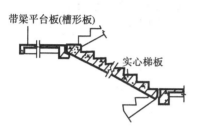

(a) 实心梯段板与带梁平台板组合

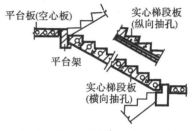

(b) 空心梯段板与平台梁、平台板组合

图 7.15　中型预制装配式钢筋混凝土板式楼梯构件组合（明步）

（2）梁式梯段由踏步板和梯梁共同组成一个构件，采用暗步，形成槽板式梯段，如图7.17所示。将踏步根部的踏面与踢面相交处做成斜面，使其平行于踏步底板，这样，在梯板厚度不变的情况下，可将整个梯段底面上升，从而减少混凝土用量，减轻梯段自重。梯段有空心、实心和折板三种形式，如图7.18所示。

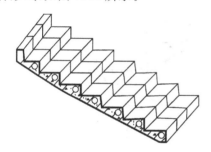

图 7.16　梯段板横向拼接示意图

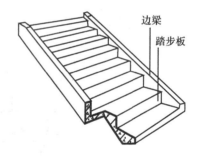

**图 7.17　中型预制装配式钢筋混凝土
梁式梯段板（槽板式）**

2）梯段的搁置与连接

梯段两端搁置在L形的平台梁上。平台梁挑出的翼缘顶面有平面和斜面两种，其中斜面翼缘简化了梯段搁置构造，便于制作、安装，如图7.19(a)、(b)所示。

梯段搁置处，除有可靠的支承面外，还应将梯段与平台连接在一起，以加强整体性。梯段安装前应先在平台梁上坐浆（铺设水泥砂浆）。安装后，用预埋铁件焊接，如图7.19(c)所示，或将梯段预留孔套接在平台梁的预埋插铁上，孔内用水泥砂浆填实。

底层第一跑楼梯段的下端应设基础（常用材料有毛石、砖、钢筋混凝土）（见图7.20(a)）或基础梁以支承梯段（见图7.20(b)）。

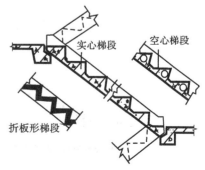

**图 7.18　中型预制装配式钢筋混凝土
梁式梯段板形式**

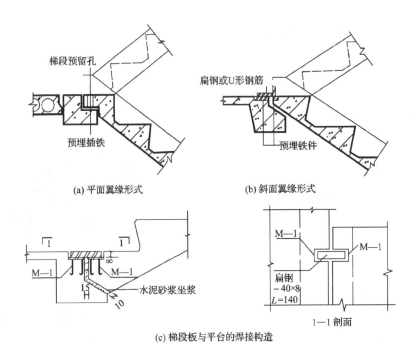

(a) 平面翼缘形式　　　　　　　　(b) 斜面翼缘形式

(c) 梯段板与平台的焊接构造

图 7.19　梯段板与平台梁、带梁平台板的连接构造

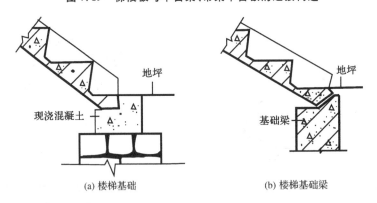

(a) 楼梯基础　　　　　　　　　(b) 楼梯基础梁

图 7.20　楼梯的基础形式

3．大型构件装配式楼梯

大型构件装配式楼梯是把整个梯段和平台板预制成一个构件。按结构形式不同,有板式楼梯和梁式楼梯两种,如图 7.21 所示。虽然其装配化程度高,但需要大型运输、起重设备,故主要用于大型装配式建筑中。

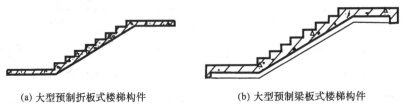

(a) 大型预制折板式楼梯构件　　　　　　(b) 大型预制梁板式楼梯构件

图 7.21　大型预制装配式钢筋混凝土楼梯构件形式

7.3 楼梯的设计要求、尺度与设计

*7.3.1 楼梯的设计要求

楼梯是建筑中重要的垂直交通设施,对建筑的正常使用和安全性负有不可替代的责任。《建筑设计防火规范》(GB 50016—2006)、《高层民用建筑设计防火规范》(GB 50045—1995)、《民用建筑设计通则》(GB 50352—2005)及其他一些单项建筑的设计规范对楼梯设计问题作出了严格的、明确的规定。

1. **基本要求**

(1)楼梯在建筑中位置应当标志明显、交通便利、方便使用。

(2)楼梯应与建筑的出口关系紧密、连接方便,楼梯间的底层一般均应设置直接对外出口。

(3)当建筑中设置数部楼梯时,其分布应符合建筑内部人流的通行要求。

2. **楼梯的数量和总宽度**

(1)除个别的高层住宅之外,高层建筑中至少要设两个或两个以上的楼梯。

(2)普通公共建筑一般至少要设两个或两个以上的楼梯。如果符合表7.1中的规定,也可以只设一个楼梯。

表 7.1 设置一个疏散楼梯的条件

耐火等级	层数	每层最大建筑面积/m²	人 数
一、二级	二、三层	500	第二、三层人数之和不超过100人
三级	二、三层	200	第二、三层人数之和不超过50人
四级	二层	200	第二层人数之和不超过30人

注:本表不适用于医院、疗养院、托儿所、幼儿园。

(3)设有不少于两个疏散楼梯的一、二级耐火等级的公共建筑,如顶层局部升高时,其高出部分的层数不超过两层,每层建筑面积不超过200 m²,人数之和不超过50人时,可设一个楼梯,但应另设一个直通平屋面的安全出口。

(4)人流集中的公共建筑中,楼梯的总宽度按照每100人应占有的楼梯宽度计算(又称百人指标)。百人指标与建筑的功能及使用人数有关。如剧院、电影院、礼堂建筑应满足:坐席数不大于1 200个时,楼梯的总宽度不小于1.00 m/100人;坐席数不大于2 500个时,楼梯的总宽度不小于0.75 m/100人。体育馆建筑应满足:3 000～5 000个坐席时,楼梯的总宽度不小于0.50 m/100人;5 001～10 000个坐席时,楼梯的总宽度不小于0.43 m/100人;10 001～20 000个坐席时,楼梯的总宽度不小于0.37 m/100人。

3. **楼梯间的设置**

楼梯间一般分开敞、封闭和防烟三种形式,如图7.22所示。民用建筑的室内疏散楼梯应设成封闭楼梯间或防烟楼梯间。

1)开敞楼梯间的设置

开敞楼梯间是建筑中较常见的楼梯间形式。但这种楼梯间与楼层是连通的,对人流的疏散

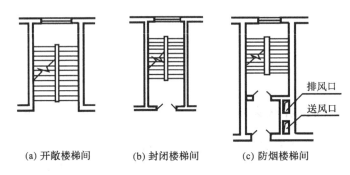

(a) 开敞楼梯间　　　　(b) 封闭楼梯间　　　　(c) 防烟楼梯间

图 7.22　楼梯的平面形式

及阻隔火灾蔓延不利。因此,当建筑的层数较多或对防火要求较高时,就应当采用封闭楼梯间或防烟楼梯间。

2) 封闭楼梯间的设置

封闭楼梯间的设置见表7.2。

表 7.2　封闭楼梯间的设置

应设封闭楼梯间的建筑		封闭楼梯间的要求
高层	①建筑高度不超过 32 m 的二类建筑(单元式住宅除外) ②与高层建筑直接相连裙房的疏散楼梯 ③12～28 层的单元式住宅 ④不超过 11 层的通廊式住宅	①楼梯间应靠外墙,并能直接天然采光和自然通风 ②楼梯间应设乙级防火门,并应向疏散方向开启 ③楼梯间的首层紧临主要出口时,可将走道和门厅等包括在楼梯间,形成扩大的封闭楼梯间,但应设置乙级防火门、防火墙等,以与其他走道和房间隔开
多层	①甲、乙、丙类建筑 ②6 层以上的塔式住宅 ③带有空调系统的多层旅馆 ④5 层以上的公共建筑、医院、疗养院的病楼	①楼梯间应靠外墙,并能直接天然采光和自然通风 ②设可自由启闭的门

注:如户门采用乙级防火门时,可不设封闭楼梯间。

3) 防烟楼梯间的设置

防烟楼梯间的设置见表7.3。

表 7.3　防烟楼梯间的设置

应设防烟楼梯间的高层建筑	防烟楼梯间及其前室的要求
①一类建筑 ②建筑高度超过 32 m 的二类建筑(单元式和通廊式住宅除外) ③塔式住宅 ④19 层及 19 层以上的单元式住宅 ⑤建筑高度超过 32 m 且楼梯间不能自然通风和天然采光的二类建筑 ⑥超过 11 层的通廊式住宅 ⑦高度超过 32 m 且每层人数超过 10 人的高层厂房	①楼梯间入口应设阳台、凹廊或前室 ②前室面积:高层公共建筑不应小于 6 m²;高层居住建筑不应小于 4.5 m² ③楼梯间及其前室(不靠外墙)应设防排烟设施 ④前室和楼梯间的门均应为乙级防火门,应向疏散方向开启 ⑤防烟楼梯间前室的形式如图 7.23 所示

注:① 利用阳台或凹廊进行自然排烟时,不应设置外窗。如必须设置时,应符合规范中自然排烟的有关规定。

② 宜采用防烟楼梯间或室外楼梯。

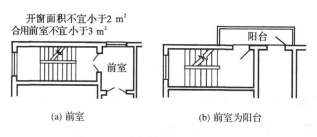

(a) 前室　　　　　　　　(b) 前室为阳台

图 7.23　防烟楼梯间前室的形式　　　　**图 7.24　螺旋楼梯踏步**

4）其他要求

（1）封闭楼梯间和防烟楼梯间一般均应通至房顶。

（2）超过 6 层的组合式单元住宅和宿舍，各单元的楼梯间均应通至平屋顶。

（3）疏散楼梯和疏散通道上的阶梯不应采用螺旋楼梯和扇形踏步，但踏步上下两级所形成的平面角度不超过 10°，且每级离扶手 250 mm 处的踏步深度不超过 220 mm 时，可不受此限。螺旋楼梯踏步如图 7.24 所示。适合于疏散楼梯踏步的高、宽关系如图 7.25 所示。

（4）单层、多层民用建筑疏散楼梯的最小宽度为 1.1 m。高层建筑疏散楼梯和医院楼梯的最小宽度应大于 1.3 m，住宅应大于 1.1 m，其他建筑应大于 1.2 m。

（5）疏散楼梯间应有天然采光，不得已时应设置事故照明。为了保证疏散安全，在封闭楼梯间内，除楼梯间入口的门以外，不要把其他房间的门再开向楼梯间，如图 7.26 所示。

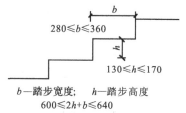

b—踏步宽度；h—踏步高度

$600 \leqslant 2h+b \leqslant 640$

图 7.25　疏散楼梯踏步的高宽关系

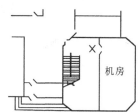

图 7.26　楼梯间内不应附设其他设施（图中打×处）

4．安全疏散距离

（1）直接通向公共走道的房间门至最近的外部出口或封闭式楼梯间的距离，应符合表 7.4 中的要求。

表 7.4　安全疏散距离

名　称	房间门至外部出口或封闭楼梯间的最大距离/m					
	位于两个外部出口或封闭楼梯间之间的房间/l_1，如图 7.27 所示			位于袋形走廊两侧或尽端的房间/l_2，如图 7.28 所示		
	耐火等级			耐火等级		
	一、二级	三级	四级	一、二级	三级	四级
托儿所、幼儿园	25	20	—	20	15	—
医院、疗养院	35	30	—	20	15	—
学校	35	30	—	22	20	—
其他民用建筑	40	35	25	22	20	15

注：①非封闭楼梯间时，按本表减 5 m。

　　②非封闭楼梯间时，按本表减 2 m。

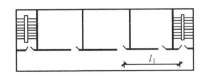

图7.27　两个楼梯之间的房间门至楼梯间的距离

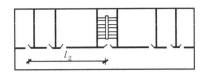

图7.28　袋形走廊两侧房间门至楼梯间的距离

（2）高层建筑楼梯间的安全疏散距离应符合表7.5中的规定。

表7.5　安全疏散距离

高层建筑		房间门或住宅户门至最近的外部出口或楼梯间的最大距离/m	
		位于两个安全出口之间的房间	位于袋形走廊两侧或尽端的房间
医院	病房部分	24	12
	其他部分	30	15
旅馆、展览馆、教学楼		30	15
其他		40	20

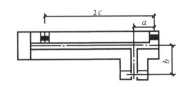

图7.29　位于两座疏散楼梯之间的
袋形走道两侧或尽端的房
间安全疏散距离

建筑物内的观众厅、展览厅、多功能厅、餐厅和商场营业厅等，由厅内任何一点至最近的疏散出口的直线距离，不宜超过30 m；其他房间内最远一点至房门不宜超过15 m。跃廊式住宅的安全疏散距离应从户门算起，小楼梯的一段距离按其1.5倍水平投影计算。

位于两座疏散楼梯之间的袋形走道两侧或尽端的房间，如图7.29所示，其安全疏散距离应按下式计算，即

$$a+2b \leqslant c$$

式中：a——一般直道与位于两座楼梯之间的袋形走道的中心线交叉点至较近的楼梯间门的距离，单位为 m；

b——两座楼梯之间的袋形走道端部的房间门或住宅户门至一般走道中心线交叉点的距离，单位为 m；

c——两座楼梯间或两个外部出口之间最大允许距离的一半，即表7.5规定的位于两个安全出口之间房间的安全疏散距离，单位为 m。

7.3.2　楼梯的尺度

1. 楼梯的坡度和踏步尺寸

1）楼梯的坡度

楼梯的坡度即梯段的斜率，一般用斜面与水平面的夹角表示，也用斜面在垂直面上的投影高和在水平面上的投影宽之比来表示。楼梯的坡度大小应适中，范围在23°～45°之间，最大坡度不宜超过38°，最适宜的坡度为30°左右。公共建筑的楼梯，人流较多，坡度较平缓，常在26°34′左右。坡度较小时（小于10°）可设坡道，坡度大于45°为爬梯，如图7.30所示。

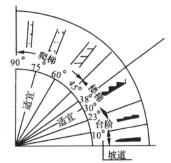

图7.30　坡道、楼梯及爬梯与
坡度的关系

164

在实际工程中,常用踏步的尺寸来表述楼梯的坡度。

2) 踏步的尺寸

踏步是由踏面(b)和踢面(h)组成(见图7.31(a)),在通常情况下可根据经验公式来取值,常用公式为

$$b+h=450 \quad 或 \quad b+2h=600\sim620 \text{ mm}$$

式中:b——踏步宽度(踏面);

h——踏步高度(踢面);

600 mm——妇女的平均步距。

踏步的尺寸应根据建筑的功能、楼梯的通行量及使用者的情况进行选择(见表7.6)。

表7.6　常用适宜踏步尺寸　　　　　　　　单位:mm

名称	住宅	学校、办公楼	剧院、食堂	医院(病人用)	幼儿园
踏步高	155～175	150～160	120～160	150～170	120～150
踏步宽	260～300	280～300	280～350	260～300	260～300

为了适应人们上下楼时脚的活动情况,踏面宜适当宽一些。在不改变梯段长度的情况下,为加宽踏面,可将踏步的前缘挑出,形成突缘,突缘挑出长度一般为20～25 mm,也可将踢面做成倾斜,如图7.31(b)、(c)所示。

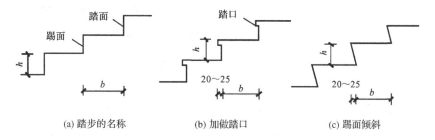

(a) 踏步的名称　　　　(b) 加做踏口　　　　(c) 踢面倾斜

图7.31　踏步的名称和加大踏面的措施

2. 楼梯梯段和平台的宽度

楼梯梯段和平台的宽度还包括平台的净深、扶手中心线至梯段边缘的宽度以及楼梯井的宽度。

1) 梯段的净宽

梯段的净宽指扶手中心线至楼梯间墙面的水平距离。

梯段的宽度是根据通行人数的多少(设计人流股数)和建筑的防火要求确定的。规范规定,在计算通行量时每股人流按 0.55 m＋(0～0.15) m 计算,其中 0～0.15 m 为人在行进中的摆幅。

通常情况下,作为主要通行用的楼梯,其梯段宽度应至少满足两个人相对通行(即不小于两股人流),楼梯段的净宽不应小于1.1 m(范围1.1～1.4,如商店、客运站、电影院等建筑的宽度取1.4 m);三人通行的宽度为1.65～2.10 m;层数不超过6层的单元式住宅中一边设有栏杆的疏散楼梯,其梯段的最小净宽可以不小于1.0 m;非主要通行的楼梯,应满足单人携带物品通过的需要,一般不应小于0.9 m。住宅套内楼梯的梯段净宽应满足:当梯段一边临空时,不应小于

0.75 m；当梯段两侧有墙时，不应小于 0.9 m。

2）平台的净深

平台净深不应小于楼梯段净宽，且不小于 1.2 m。双跑直楼梯的中间平台的深度也应满足要求，如图 7.32 所示。

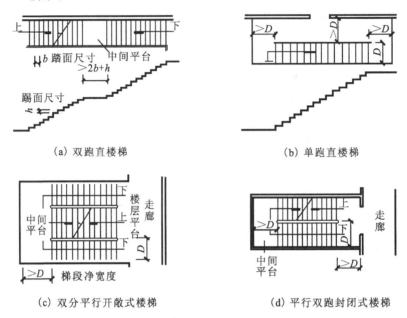

（a）双跑直楼梯   （b）单跑直楼梯

（c）双分平行开敞式楼梯   （d）平行双跑封闭式楼梯

图 7.32　平台深度与梯段宽度的关系

必须说明的是，有些建筑为满足特定的需要，在上述要求的基础上，对楼梯及平台的尺寸另行作出了具体的规定，在实际工程中应当加以遵守。如《综合医院建筑设计规范》(JGJ 49—1988)规定：医院建筑主楼梯的梯段宽度不应小于 1.65 m，主楼梯和疏散楼梯的平台深度不应小于 2.0 m。

3）楼梯井的宽度

两段楼梯之间的空隙，称为楼梯井（为楼梯施工方便和安置栏杆扶手而设）。其宽度一般在 100 mm 左右，但公共建筑楼梯井的净宽一般不应小于 150 mm。有儿童经常使用的楼梯，当楼梯井净宽大于 200 mm 时，必须采取安全措施，防止儿童坠落。

4）扶手中心线至梯段边缘的宽度

扶手中心线至梯段边缘的宽度一般为 60～120 mm。

3. 楼梯的净空高度

楼梯的净空高度包括楼梯段之间的净高和平台过道处的净高。规定其净高分别不小于 2.2 m 和 2.0 m，起止踏步前缘与顶部凸出物内边缘线的水平距离不应小于 0.3 m，如图 7.33 所示。

有些建筑如单元式住宅，楼梯间有出入口，此时应考虑平台梁下通行高度必须不小于 2.0 m 的规定。常见的处理方式：将平行等跑楼梯梯段设计成第一跑踏步级数大于第二跑（一般相差 2 或 4 级），以此提高中间平台的高度（增加 1 级或 2 级踏步高度）；剩余差额部分由抬高 ±0.000 的高度（即增加室内外高度差）来弥补，如图 7.34 所示。具体设计见 7.3.3 节"楼梯的设计"。

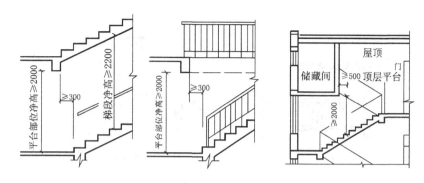

图 7.33 楼梯的净高要求

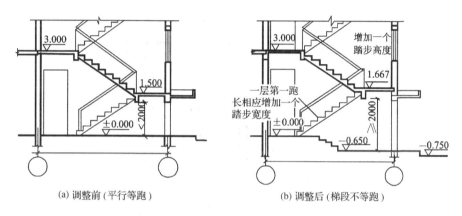

(a) 调整前(平行等跑)　　　　　　(b) 调整后(梯段不等跑)

图 7.34 楼梯间为出入口时满足净高要求的措施

4. 楼梯扶手的高度和数量

扶手的高度是指踏面前缘至扶手顶面的垂直距离。与楼梯的坡度、楼梯的使用要求有关。在 30°左右的坡度下,一般室内楼梯栏杆高度应不小于 0.9 m,儿童使用的楼梯一般为 0.6 m,如图 7.35 所示;室外楼梯栏杆高度应不小于 1.05 m;高层建筑室外楼梯栏杆高度应不小于1.1 m。如果靠楼梯井一侧水平栏杆长度超过 0.5 m,其高度应不小于 1.05 m,如图 7.50 所示。

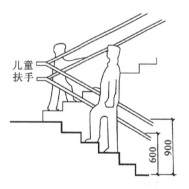

图 7.35 扶手的高度要求

一般情况下,当楼梯段的垂直高度大于 1.0 m 时,就应在梯段的临空一侧设置栏杆。梯段净宽达三股人流(大于 1.65 m)时应两侧设置扶手,四股人流(超过 2.2 m)时应加设中间扶手。

*7.3.3 楼梯的设计

在楼梯设计中,楼梯间的层高、开间和进深一般为已知条件,但要注意区分封闭式楼梯间和开敞式楼梯间,如图 7.36 所示。封闭式楼梯间设计尺寸示意图如图 7.37 所示。

【例 7.1】 某办公建筑物开间 3 300 mm,层高 3.30 m,进深 5 100 mm,开敞式楼梯间。内外墙 240 mm,轴线居中,室内外高差 450 mm。楼梯间不通行。

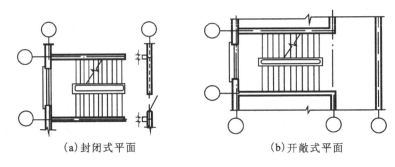

(a)封闭式平面　　　　　　　　　(b)开敞式平面

图 7.36　封闭式与开敞式楼梯间

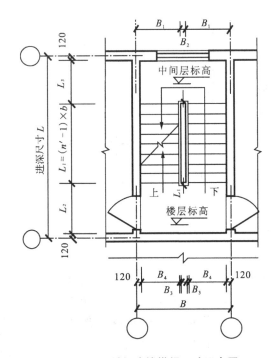

图 7.37　封闭式楼梯间尺寸示意图

B—开间尺寸；L—进深尺寸；n—踏步级数；n'—单边踏步级数；
b—踏步宽度；h—踏步高度；L_1—梯段长度；L_2—楼层平台宽度；
L_3—中间层平台宽度；B_3—梯井至扶手中心线距离；B_4—梯段净宽；B_1—梯段宽度；B_2—梯井宽度

【解】

（1）本建筑为办公楼，楼梯较平缓。

初步确定踏步高度：$h=150$ mm。由公式 $b+2h=600$ mm，得踏步宽度：$b=300$ mm。

（2）确定踏步数 (n)：$n=(3\,300\div150)$ 步 $=22$ 步（整数，符合要求。否则应先确定 n，然后再确定 h、b），故 $n'=n/2=11$（采用平行等双跑楼梯）。

（3）确定楼梯段的水平投影长度 (L_1)。

$$L_1=300\times(11-1)\text{ mm}=3\,000\text{ mm}$$

（4）确定楼梯段宽度 B_1。

取梯井宽度 $B_2=150$ mm。

$B_1 = (3\,300 - 2 \times 120 - 150) \div 2\ \text{mm} = 1\,455\ \text{mm}$，取 $1\,450\ \text{mm}$，则 B_2 调整为 $160\ \text{mm}$。

（5）确定楼层平台进深（L_2）。

$L_2 = (5\,100 - 120 - 1\,450 - 3\,000)\ \text{mm} = 530\ \text{mm}$，取 $500\ \text{mm}$（进深内部分 $380\ \text{mm}$，墙体部分 $120\ \text{mm}$），中间平台深度调整为 $1\,600\ \text{mm}$。

（6）校核进深。

$$(120 + 1\,600 + 380 + 3\,000)\ \text{mm} = 5\,100\ \text{mm}$$

（7）校核开间。

$$(2 \times 120 + 2 \times 1\,450 + 160)\ \text{mm} = 3\,300\ \text{mm}$$

结论是踏步：$h \times b = 150\ \text{mm} \times 300\ \text{mm}$，平行双跑各 11 步，梯段宽度 $1\,450\ \text{mm}$，中间平台深度 $1\,600\ \text{mm}$，楼层平台深度 $500\ \text{mm}$（含 1/2 内墙厚度 $120\ \text{mm}$）。另外扶手中心线至楼梯边缘距离 B_3 取 $60\ \text{mm}$。

（8）画平面、剖面图，如图 7.38 和图 7.39 所示。

【例 7.2】 某住宅为封闭式楼梯，层高 $2.90\ \text{m}$，内外墙 $240\ \text{mm}$，轴线居中。楼梯间底部有出入口，净高 $2.0\ \text{m}$。

【解法一】

（1）根据建筑物性质，采用平行等双跑式楼梯。经查表，初步确定踏步宽度（b）：$155 \sim 175\ \text{mm}$。

（2）确定踏步数（n）。$n = 2\,900 \div (155 \sim 175)$ 步 $= 18.7 \sim 16.6$ 步，取 18 步。

（3）踏步高度（h）。$h = 2\,900 \div 18\ \text{mm} = 161.00\ \text{mm}$。由公式 $b + 2h = 600\ \text{mm}$，得 $b = 278\ \text{mm}$，查表取 $b = 280\ \text{mm}$ 为宜。

（4）确定梯段宽度 B_1。查表 B_1 取 $1\,100\ \text{mm}$，梯井宽度 B_2 取 $150\ \text{mm}$。

开间尺寸（B）：$B = (2 \times 1\,100 + 2 \times 120 + 150)\ \text{mm} = 2\,590\ \text{mm}$，取 $2\,700\ \text{mm}$。

调整：$B_2 = 160\ \text{mm}$，$B_1 = 1\,150\ \text{mm}$。

复核开间尺寸：$B = (2 \times 1150 + 2 \times 120 + 160)\ \text{mm} = 2\,700\ \text{mm}$。

（5）计算梯段投影长度（L_1）。$L_1 = 280 \times (9 - 1)\ \text{mm} = 2\,240\ \text{mm}$（双跑梯段相等）。

（6）确定进深尺寸 L。

取两平台深度（L_2、L_3）与梯段宽度 $B_1 = 1\,150\ \text{mm}$ 相等。

$L = (2 \times 120 + 2 \times 1\,150 + 2\,240)\ \text{mm} = 4\,780\ \text{mm}$，取 $4\,800\ \text{mm}$。

调整：中间平台深度（L_3）= 楼层平台深度（L_2）$= 1\,160\ \text{mm}$。

复核进深尺寸：$L = (2 \times 120 + 2 \times 1\,160 + 2\,240)\ \text{mm} = 4\,800\ \text{mm}$。

（7）净高核定。± 0.000 至中间平台高度尺寸 $161 \times 9\ \text{mm} = 1\,449\ \text{mm}$，扣除平台梁结构厚度 $300\ \text{mm}$，只有 $1\,149\ \text{mm}$。为满足楼梯间底部出入口净高 $2.0\ \text{m}$ 的要求，需要将 ± 0.000 抬高 $(2\,000 - 1\,149)\ \text{mm} = 851\ \text{mm}$。确定室内外高度差为 $860\ \text{mm}$，其中室内 $850\ \text{mm}$，室外 $10\ \text{mm}$。

（8）结论是轴线尺寸。开间尺寸×进深尺寸 $= B \times L = 2\,700\ \text{mm} \times 4\,800\ \text{mm}$。踏步：$h \times b = 161\ \text{mm} \times 280\ \text{mm}$，梯段宽度为 $1\,150\ \text{mm}$、中间平台深度和楼层平台深度为 $1\,160\ \text{mm}$，梯井宽度为 $160\ \text{mm}$，室内外高度差为 $860\ \text{mm}$，其中室内 $850\ \text{mm}$，室外 $10\ \text{mm}$。另外扶手中心线至楼梯边缘距离 B_3 取 $60\ \text{mm}$。

分析：采用平行等跑楼梯方案，为满足出入口净高 $2.0\ \text{m}$ 要求，将整幢建筑抬高，造成建筑造价提高。如果二层以上楼梯不变，只将一层楼梯改为长短跑楼梯，效果如何？

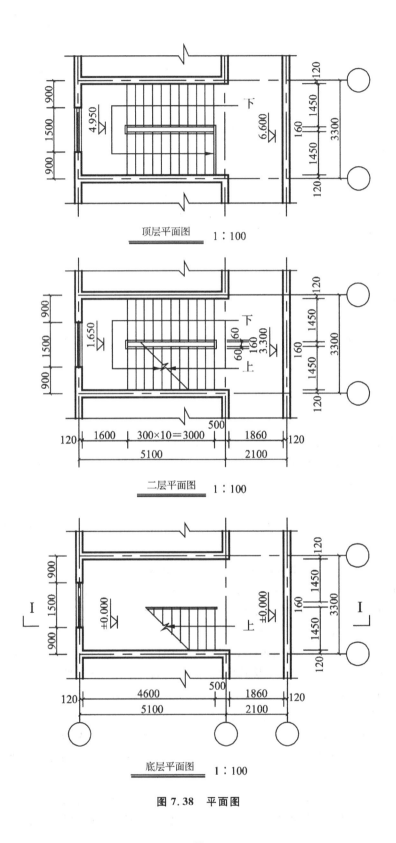

顶层平面图　　1：100

二层平面图　　1：100

底层平面图　　1：100

图 7.38　平面图

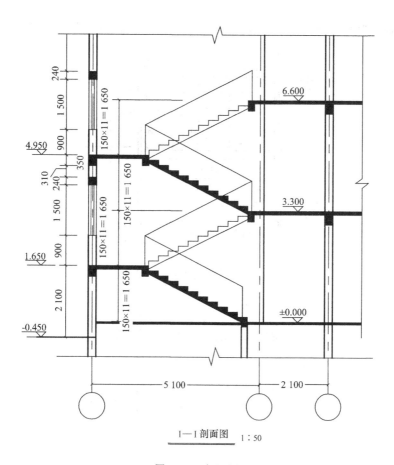

I—I 剖面图   1:50

图 7.39 剖面图

【解法二】承接上题"(4)"。

(5) 计算梯段投影长度(L_1)。由于楼梯间底部有出入口,故第一跑取 10 步,第二跑取 8 步,二层以上则各取 9 步。以最多步数的一段为准。

$$L_1 = 280 \times (10-1) \text{ mm} = 2\,520 \text{ mm}$$

(6) 确定进深尺寸 L。

取两平台深度(L_2、L_3)与梯段宽度 $B_1 = 1\,150$ mm 相等。

$L = (2 \times 120 + 2 \times 1\,150 + 2\,520)$ mm $= 5\,060$ mm,取 5 100 mm。

调整:中间平台深度 $L_3 = 1\,150$ mm,楼层平台深度 $L_2 = 1\,190$ mm。

复核进深尺寸:$L = (2 \times 120 + 1\,150 + 2\,520 + 2\,520)$ mm $= 5\,100$ mm。

(7) 净高核定:±0.000 至中间平台高度尺寸 161×10 mm $= 1\,610$ mm,扣除平台梁结构厚度 300 mm,只有 1 310 mm。为满足楼梯间底部出入口净高 2.0 m 的要求,需要将 ±0.000 抬高 $(2\,000 - 1\,310)$ mm $= 690$ mm。确定室内外高度差为 710 mm,其中室内 700 mm,室外 10 mm。

(8) 结论是踏步:$h \times b = 161$ mm $\times 280$ mm,底层第一跑取 10 步,第二跑取 8 步。二层以上则各取 9 步。平行双跑各 9 步。梯段宽度和中间平台深度 1 150 mm,楼层平台深度 1 190 mm,梯井宽度为 160 mm。室内外高度差为 710 mm,其中室内 700 mm,室外 10 mm。另外扶手中心线至楼梯边缘距离 B_3 取 60 mm。

（9）画平面、剖面图，如图 7.40 和图 7.41 所示。其中，剖面图的识读参见图 12.8。

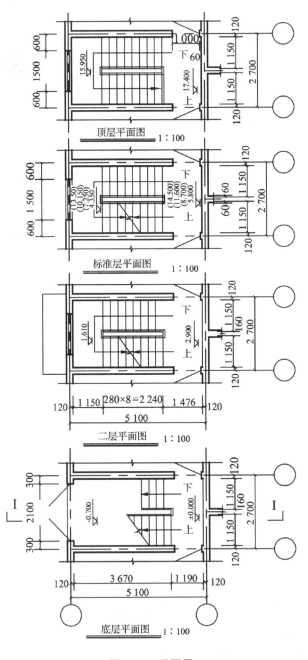

图 7.40　平面图

比较分析：解法二得出的结论，可以看出虽然增加了 300 mm 的进深，但整个建筑的高度降低了 150 mm，相对而言是比较经济的。

思考题：如果底层第一跑取 11 步，第二跑取 7 步。二层以上各取 9 步时，例 7.2 又应该怎样设计。并与上题结果对比，得出结论。

【例 7.3】　某公共建筑的楼梯间，开间尺寸为 5 100 mm，进深尺寸为 5 400 mm，层高尺寸

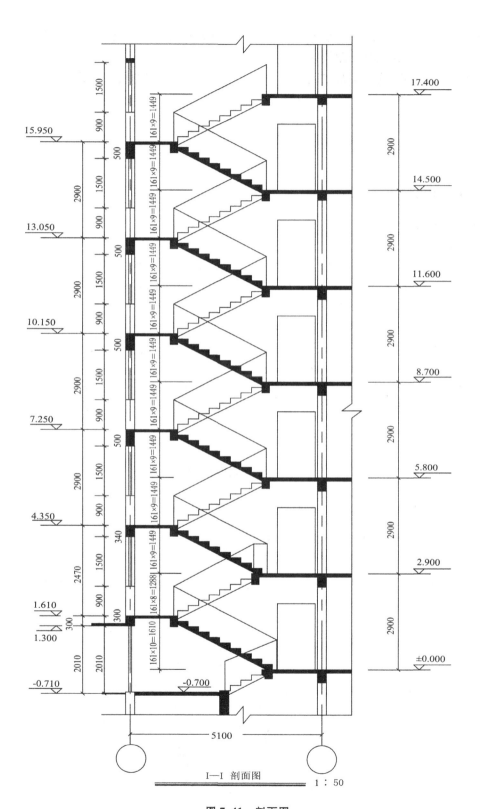

I—I 剖面图　　1：50

图 7.41　剖面图

为 3.9 m。开敞式平面。内外墙厚 240 mm,轴线两侧均为 120 mm。室内外高差为 450 mm,楼梯间无对外出入口。试设计三跑楼梯。

解法略,解题要点:先确定第二跑楼梯的步数,再确定第一、三跑楼梯步数。

7.4 楼梯的细部构造

7.4.1 踏步

踏步面层要求便于行走、耐磨、防滑并保持清洁,材料一般与门厅或走道的楼地面材料一致,如水泥砂浆、水磨石、大理石和防滑砖等。

踏步表面应有防滑措施,特别是人流量大或踏步表面光滑的楼梯。处理的方法是在接近踏口处设置防滑条,如图 7.42 所示。踏步两端近栏杆(或墙)处一般不设防滑条。如面层采用水泥砂浆抹面,可不做防滑条。

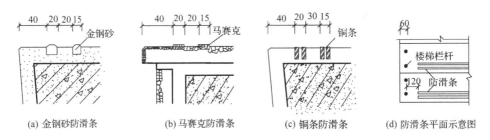

(a) 金钢砂防滑条　　(b) 马赛克防滑条　　(c) 铜条防滑条　　(d) 防滑条平面示意图

图 7.42　踏步防滑条构造

7.4.2 栏杆

楼梯栏杆有空花式、栏板式和组合式栏杆三种。

1. 空花式栏杆

空花式栏杆一般采用圆钢、方钢、扁钢和钢管等金属材料做成,形式如图 7.43 所示。

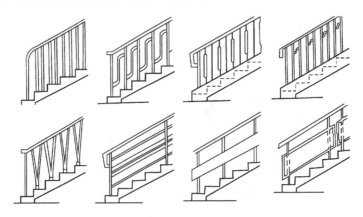

图 7.43　空花式栏杆形式

在儿童活动的场所,如幼儿园、住宅等建筑,栏杆垂直杆件间的净距不应大于 110 mm,且不应采用易于攀登的花饰。

栏杆与梯段应有可靠的连接,具体方法有锚接、焊接、螺栓连接,如图 7.44 所示。

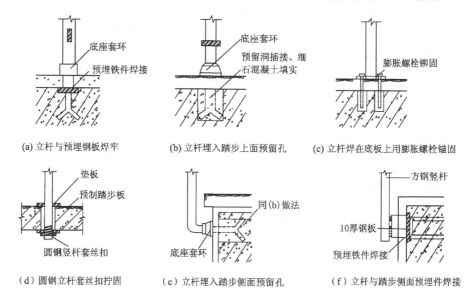

图 7.44　栏杆与梯段的连接构造

2. 栏板式栏杆

栏板式栏杆通常采用装饰性较好的轻质板材如木质板、有机玻璃和钢化玻璃板作栏板,也可采用现浇或预制的钢筋混凝土板、砖砌栏板,如图 7.45 所示。

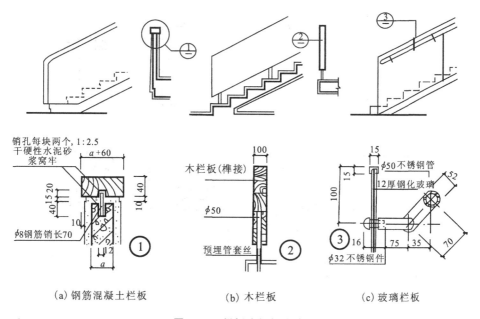

图 7.45　栏板式栏杆构造

3. 组合式栏杆

组合式栏杆是将空花栏杆与栏板组合而成的一种栏杆形式,如图 7.46 所示。

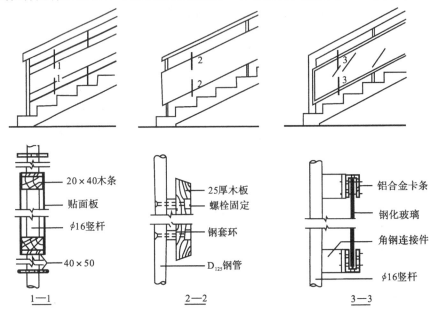

图 7.46　组合式栏杆构造

7.4.3　扶手

1. 扶手的形式与构造

扶手的形式与构造如图 7.47 所示。

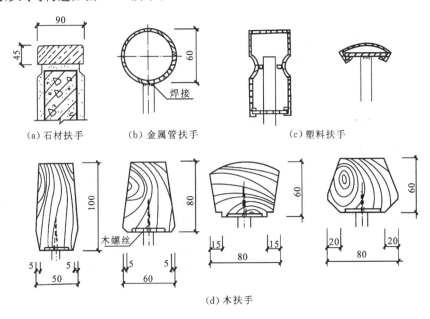

图 7.47　扶手的形式与构造

2. 靠墙扶手和儿童扶手

靠墙扶手和儿童扶手如图 7.48 和图 7.49 所示。

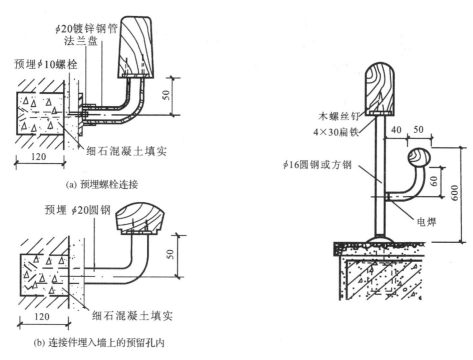

图 7.48　靠墙扶手的构造

图 7.49　儿童扶手构造

3. 顶层水平栏杆扶手

设置在楼梯顶层的楼层平台临空一侧,高度不小于 1.0 m。扶手端部与墙固定的方法:在墙上预留孔洞,将扶手与插入洞内的扁钢相连接,用水泥砂浆或细石混凝土填实,也可将角钢用木螺丝固定于墙内预埋的防腐木砖上。若为钢筋混凝土墙或柱,则可采用预埋铁件焊接,如图 7.50 所示。

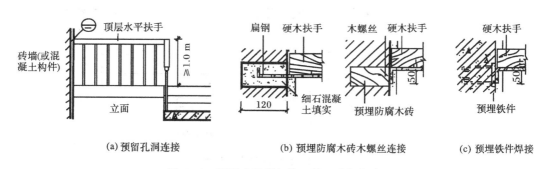

图 7.50　顶层水平栏杆扶手的尺寸与构造

4. 转弯处扶手的处理

转弯处扶手的处理方式如图 7.51 所示。

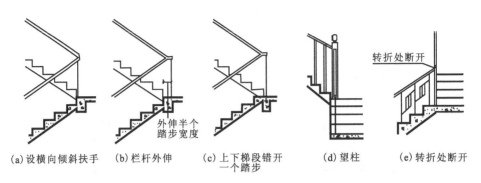

(a)设横向倾斜扶手　(b)栏杆外伸　(c)上下梯段错开一个踏步　(d)望柱　(e)转折处断开

图7.51　转折处扶手的处理方式

7.5　室外台阶和坡道

7.5.1　室外台阶

1. 组成和形式

台阶一般包括踏步和平台两部分,踏步有单面踏步(有时带花池或垂带石)、两面或三面踏步等形式,如图7.52所示。当台阶高度超过1.0 m时,宜设有护栏设施。

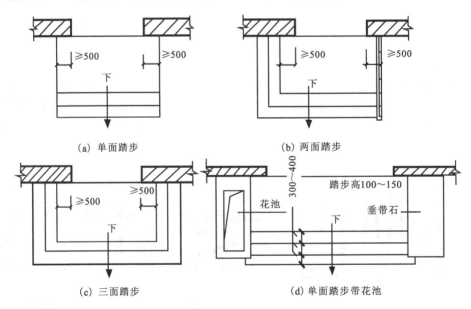

(a) 单面踏步　　　　　　　　　　　(b) 两面踏步

(c) 三面踏步　　　　　　　　　　　(d) 单面踏步带花池

图7.52　台阶的形式和尺寸

2. 构造

踏步通常不少于2步。平台深度一般不小于1 000 mm,平台面比室内地面低20～60 mm,并向外找坡1%～4%,以利排水。

构造要求台阶坚固耐磨,具有较好的耐久性、抗冻性和憎水性。台阶分实铺和空铺两种构造形式(见图 7.53),其中实铺台阶包括素土夯实层、垫层和面层基本构造层次,有混凝土台阶、石砌台阶(见图 7.54)、砖砌台阶(见图 7.55)。面层可用水泥砂浆或水磨石,也可采用马赛克、天然石材或人造石材等块材面层。台阶与建筑物主体之间设置沉降缝,并在施工时间上滞后主体建筑。在严寒地区,台阶应设置灰土垫层,以减轻冻土影响。

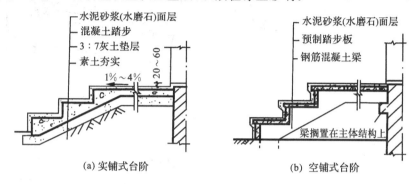

图 7.53　台阶的构造形式

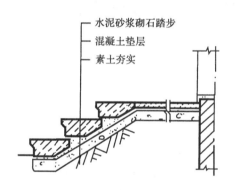

图 7.54　石砌台阶的构造

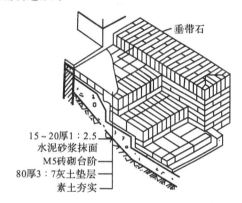

图 7.55　砖砌台阶的构造

7.5.2　坡道

坡道的形式如图 7.56 所示。坡道的坡度一般为 1:6～1:12,锯齿形坡道的坡度可加大到 1:4。残疾人通行的坡道坡度不大于 1:12,每段坡道的最大高度为 750 mm,最大水平长度为 9 000 mm。

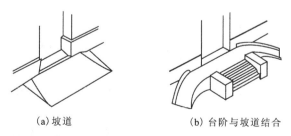

图 7.56　坡道的形式

与台阶一样,坡道也应采用耐久、耐磨和抗冻性好的材料,其构造与台阶类似,多采用混凝土材料,如图 7.57 所示。坡道对防滑要求较高或坡度较大时可设置防滑条或做成锯齿形,如图 7.58 所示。

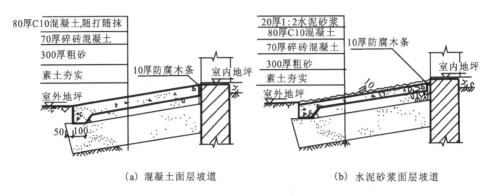

图 7.57 坡道的构造

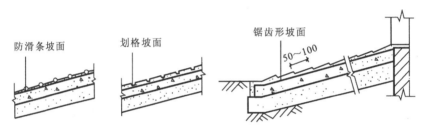

图 7.58 坡道的防滑措施

*7.6 电梯与自动扶梯

　　电梯与自动扶梯的安装及调试一般由生产厂家或专业公司负责,不同厂家提供的设备尺寸、规格和安装要求均有所不同,土建专业应按照厂家的要求预留出足够的安装空间和设备的基础设施。本章仅介绍相关的基本知识。

7.6.1 电梯

1. 电梯的分类和规格

　　(1) 按电梯的用途分类,可分为乘客电梯、住宅电梯、病床电梯、客货电梯、载货电梯、杂物电梯等。

　　(2) 按消防要求分类,可分为普通电梯和消防电梯。

　　(3) 按电梯行驶速度分类,可分为高速电梯(2.5 m/s)、中速电梯(1.6 m/s)、低速电梯(1.0 m/s或0.63 m/s)。

　　(4) 按电梯载重量分类,可分为400 kg、630 kg、800 kg、1 000 kg、1 250 kg、1 600 kg 几种。

2. 电梯的组成

　　电梯由井道、机房和轿厢三部分组成,如图7.59所示。其中,轿厢是由电梯厂生产的,并由专业公司负责安装,但其规格、尺寸等指标是确定机房和井道布局、尺寸和构造的决定因素。

　　1) 井道

　　电梯轿厢运行的通道。井道内部设置电梯导轨、平衡配重等电梯运行配件,并设有电梯出入口。井道的净宽、净深尺寸应当满足生产厂家提出的要求。

（1）井道的防火。井道围护构件应根据有关防火规定进行设计，较多采用现浇钢筋混凝土井道，也可以用砖砌筑。砖砌井道在竖向一般每隔一段距离应设置钢筋混凝土圈梁，供固定导轨等设备使用。一般一个井道供一部电梯，超过两部电梯时应用墙隔开，如图7.60所示。

（2）井道的隔声。一般情况下，只在机房机座下设置弹性垫层来达到隔振和隔声的目的。电梯运行速度超过1.5 m/s者，除设置弹性垫层外，还应在机房与井道间设隔声层，高度为1.5～1.8 m，如图7.61所示。电梯井道外侧应避免作为居室，否则应注意采取隔声措施。

（3）井道的通风。运行速度在2 m/s以上的乘客电梯，在井道的顶部和底坑应有不小于300 mm×600 mm的通风孔，上部可以和排烟孔（井道面积的3.5%）结合。层数较高的建筑，中间也可酌情增加通风孔。

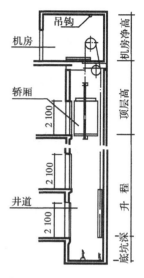

图7.59　电梯的组成

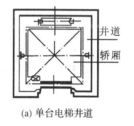

(a) 单台电梯井道

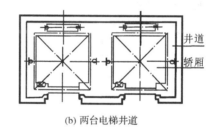

(b) 两台电梯井道

图7.60　电梯井道

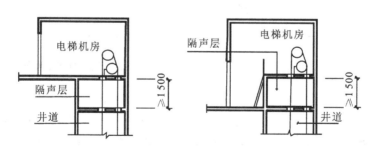

图7.61　隔声层的位置

（4）井道的检修。井道的上下均需留有必要的空间以便安装、检修和缓冲。井道底坑壁及底均需考虑防水处理，消防电梯的井道底坑还应有排水设施。坑壁设置爬梯和检修灯槽。坑底位于地下室时，宜从侧面开一检修用小门。坑内预埋件按电梯厂要求确定。

（5）电梯门套。电梯井道出入口的门套装修构造，应与电梯候梯厅的装修统一考虑。可用水泥砂浆抹灰，用水磨石或木板装修，还可采用大理石或金属高级装修，如图7.62所示。出入口处地面设置地坎，并向井道内挑出牛腿。电梯门一般为双扇推拉门，门的滑槽通常安置在门套下牛腿状挑出部分，如图7.63所示。

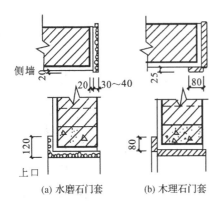

图 7.62　门套的构造　　　　　　图 7.63　门的滑槽和牛腿的构造

2）电梯机房

一般设置在电梯井道的顶部。机房的平面尺寸需根据机械设备尺寸的安排及管理、维修等需要来决定,一般至少有两个面每边扩出 600 mm 以上的宽度,高度多为 2.5～3.5 m,如图 7.64 和图 7.65 所示。机房的围护构件的防火要求应与井道一样。机房的楼板应按机器设备要求的部位预留孔洞,便于安装和修理。

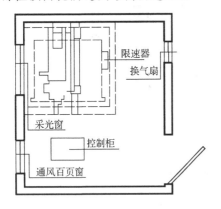

图 7.64　机房平面

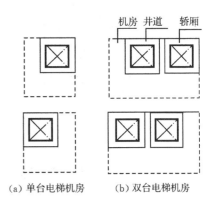

(a) 单台电梯机房　　(b) 双台电梯机房

图 7.65　机房平面与井道的关系

*3. 消防电梯

消防电梯是在火灾发生时供运送消防人员及消防设备,抢救受伤人员用的垂直交通工具。

消防电梯的数量与建筑主体每层建筑面积有关,多台消防电梯在建筑中应设置在不同的防火分区之内。消防电梯的采用条件与数量情况参见表 7.7。

表 7.7　消防电梯的采用条件与数量情况

采用条件	一类建筑、塔式住宅、12 层及 12 层以上的单元式住宅和通廊式住宅,超过 32 m 的二类建筑、超过 32 m 的高层库房及高层厂房		
建筑面积	≤1 500 m²	1 500 m²～4 500 m²	≥4 500 m²
使用台数	1 台	2 台	3 台

消防电梯的布置、动力系统、运行速度和装修及通信等均有特殊的要求,主要有以下几项要求。

（1）消防电梯应设前室。前室内安装火场照明及破拆工具使用的火灾事故电源、消火栓、消防通讯及呼唤扩音喇叭。前室也是布置专用消防设施和抢救伤员的基地。前室面积：住宅不小于 $4.5\ m^2$，公共建筑不小于 $6.0\ m^2$。与防烟楼梯间共用前室时，住宅不小于 $6.0\ m^2$，公共建筑不小于 $10.0\ m^2$。

（2）前室宜靠外墙设置，在首层应设置直通室外的出口或不超过 30 m 的通道通向室外。前室的门应当采用乙级防火门或具有停滞功能的防火卷帘。

（3）电梯载重量不小于 1.0 t，轿厢尺寸不小于 1 000×l 500 mm。行驶速度：建筑高度在 100 m 之内时，应不小于 1.5 m/s；建筑高度超过 100 m 时，不宜小于 2.5 m/s。

（4）消防电梯可与客梯或工作电梯兼用，但应符合消防电梯的要求。

（5）消防电梯井、机房与相邻的电梯井、机房之间应采用耐火极限不小于 2.5 h 的墙隔开，如在墙上开门时，应采用甲级防火门。

（6）消防电梯门口宜采用防水措施，井底应设排水设施，排水井容量应不小于 $2.00\ m^3$。

（7）轿厢的装饰应为非燃烧材料。轿厢内应设专用电话，并在首层设消防专用操纵按钮。

7.6.2　自动扶梯

一般自动扶梯均可正、逆方向运行，停机时可当做临时楼梯行走。自动扶梯的驱动方式分为链条式和齿条式两种。自动扶梯的角度有 27.3°、30°、35°，其中 30° 是优先选用的角度。宽度有 600 mm（单人）、800 mm（单人携物）、1 000 mm、1 200 mm（双人）。

自动扶梯一般设在室内，也可以设在室外。根据自动扶梯在建筑中的位置及建筑平面布局，自动扶梯的布置方式如表 7.8 所示。

表 7.8　自动扶梯的布置方式

排列方式	图　　示	特　　点
并联排列式	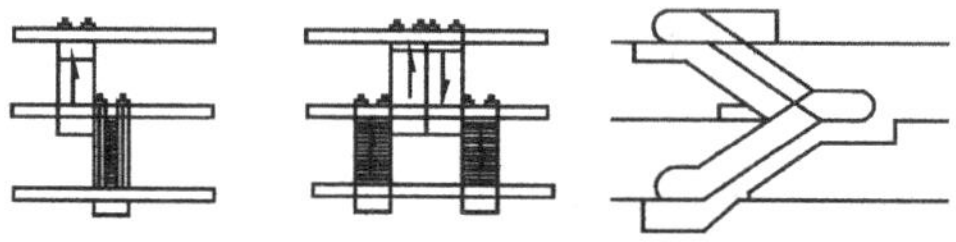	楼层交通、乘客流动可以连续，升降两个方向交通均分离清楚，外观豪华，但安装面积大
平行排列式	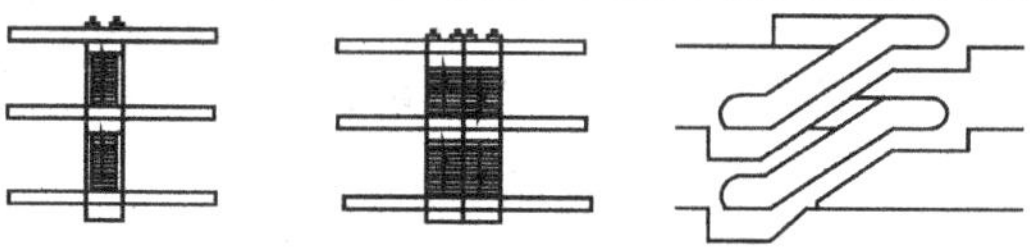	安装面积小，但楼层交通不连续
串联排列式	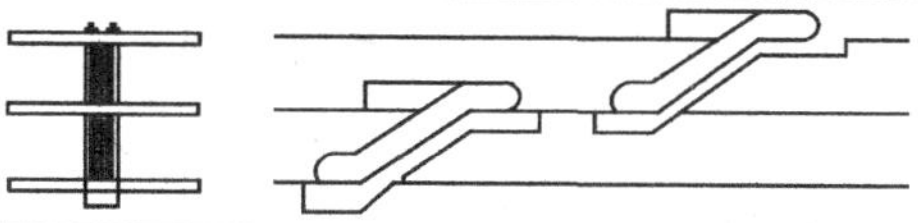	楼层交通、乘客流动可以连续
交叉排列式	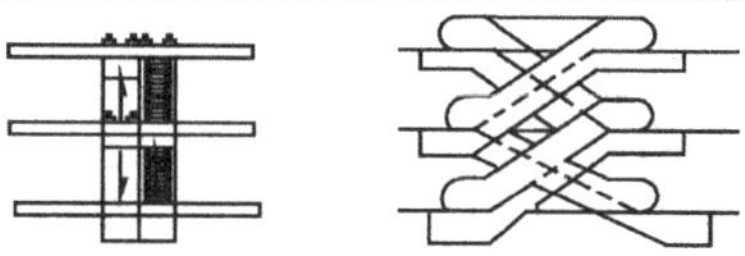	乘客流动升降两方向均为连续，且搭乘场相距较远，升降客流不发生混乱，安装面积小

自动扶梯的机械装置悬在楼板下面，楼层下做装饰外壳处理，底层则做地坑，并做防水处理。具体尺寸应查阅电梯生产厂家的产品说明书，不同的生产厂家，自动扶梯的规格尺寸也不相同，如图 7.66 所示。

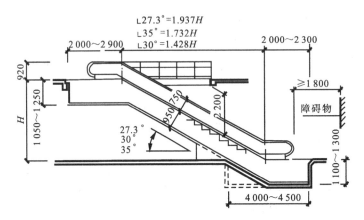

图 7.66 自动扶梯的基本尺寸

在建筑物中设置自动扶梯时,上下两层面积总和如超过防火分区面积要求时,应按防火要求设防火隔断或复合式防火卷帘封闭自动扶梯井。

自动扶梯对建筑室内具有较强的装饰作用,扶手多为特制的耐磨胶带,有多种颜色。栏板分为玻璃、不锈钢板、装饰面板等几种。有时还辅助以灯具照明,以增强其美观性。

1. 楼梯由哪些部分组成? 各组成部分的作用及要求如何?

2. 常见的楼梯有哪几种形式?

3. 现浇钢筋混凝土楼梯常见的结构形式是哪几种? 各有何特点?

4. 预制装配式楼梯的预制踏步形式有哪几种?

5. 小型预制装配式钢筋混凝土楼梯踏步支承方式有哪些? 平台板的搁置形式有哪几种?

6. 楼梯设计的要求有哪些?

7. 楼梯坡度如何确定? 踏步高与踏步宽和行人步距的关系如何?

8. 确定楼梯段宽度应以什么为依据? 为什么平台宽不得小于楼梯段宽度?

9. 一般民用建筑的踏步高与宽的尺寸是如何限制的? 当踏面宽不足最小尺寸时怎么办?

10. 楼梯为什么要设栏杆? 栏杆扶手的高度一般是多少?

11. 楼梯的净高一般指什么? 为保证人流和货物的顺利通行,要求楼梯净高一般是多少?

12. 当建筑物底层平台下作出入口时,为增加净高,常采取哪些措施?

13. 楼梯踏面的做法如何? 水磨石面层的防滑措施有哪些? 并要求能看懂构造图。

14. 栏杆与踏步的构造如何? 并要求能看懂构造图。

15. 扶手与栏杆的构造如何? 并要求能看懂构造图。

16. 实体栏板构造如何? 并要求能看懂构造图。

17. 台阶与坡道的形式有哪些?

18. 台阶的构造要求如何? 并要求能看懂构造图。

19. 常用电梯有哪几种?

20. 电梯由哪几部分组成? 电梯井道的设计应满足什么要求?

21. 什么条件下适宜采用自动扶梯?

第 8 章

屋　顶

知识目标

（1）了解屋顶的类型、功能和设计要求。

（2）熟悉屋顶的排水方式。

（3）掌握平屋顶的构造层次做法和细部构造。

（4）了解坡屋顶的构造。

（5）熟悉屋顶的保温与隔热的构造方案。

能力目标

（1）能结合具体情况，做好屋面的排水问题。

（2）能根据图纸和现场情况，做好平屋顶的防水构造。

（3）能处理好屋顶的保温与隔热问题。

8.1 概述

8.1.1 屋顶的功能和设计要求

屋顶是建筑物最上层覆盖的外围护结构，又是建筑物顶部的承重结构。另外，屋顶是建筑造型的重要组成部分，应注重屋顶形式及其细部设计，以满足人们对建筑艺术的需求。

因此，屋顶在结构设计上，应保证屋顶构件的强度、刚度和整体空间的稳定性。构造设计的核心是防水，这可从两方面着手：一是屋顶的排水设计（选择排水方案、绘制屋顶平面图）；二是防水设计（屋面构造层次、屋顶细部构造），防止雨水渗漏。此外，还要做好屋顶的保温与隔热构造设计。

8.1.2 屋顶的形式

屋顶的形式与建筑的使用功能、屋面材料、结构类型以及建筑造型要求有关（见表8.1）。

表 8.1 屋顶的形式

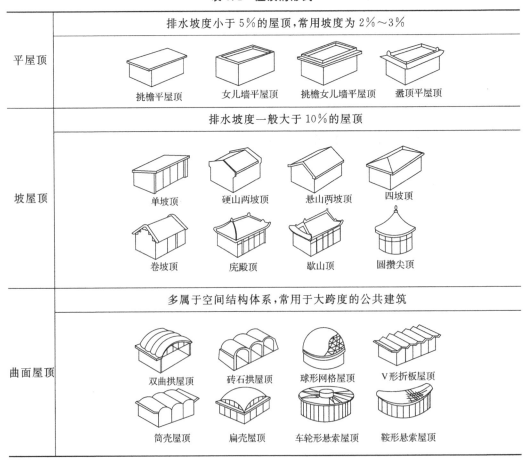

平屋顶	排水坡度小于5%的屋顶，常用坡度为2%～3%			
	挑檐平屋顶	女儿墙平屋顶	挑檐女儿墙平屋顶	盝顶平屋顶
坡屋顶	排水坡度一般大于10%的屋顶			
	单坡顶	硬山两坡顶	悬山两坡顶	四坡顶
	卷坡顶	庑殿顶	歇山顶	圆攒尖顶
曲面屋顶	多属于空间结构体系，常用于大跨度的公共建筑			
	双曲拱屋顶	砖石拱屋顶	球形网格屋顶	V形折板屋顶
	筒壳屋顶	扁壳屋顶	车轮形悬索屋顶	鞍形悬索屋顶

8.1.3　屋顶坡度

1. 屋顶坡度的表示方法

屋顶坡度的表示方法见表8.2。

表8.2　屋顶坡度表示方法

平　屋　顶	坡　屋　顶	
 百分比法 如 2%、3%	 斜率法 如 1:2、1:30	(屋面坡度符号) 角度法 如 30°、45°

2. 影响屋顶坡度的因素

（1）屋顶防水材料与坡度的关系如图8.1所示。一般情况下,屋面覆盖材料面积越小,如瓦材,其拼接缝越多,漏水的可能性越大,应加大屋面坡度,使水的流速加快,以减少漏水的机会。

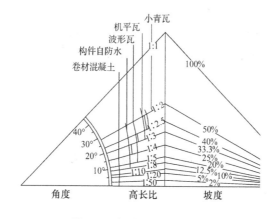

图8.1　各种屋顶常用坡度

（2）降雨量大小与坡度的关系。降雨量分为年降雨量和小时最大降雨量。降雨量大的地区,屋顶的坡度应大些;反之,屋顶坡度应小些。

8.2　平屋顶

8.2.1　平屋顶的组成

平屋顶一般由面层（防水层）、保温隔热层、结构层和顶棚层四部分组成,如图8.2所示。

（1）面层（防水层）常用的有柔性防水和刚性防水两种方式。

（2）保温层或隔热层。南方地区,一般不设保温层,而北方地区则很少设隔热层。

（3）结构层。最常用的是预制装配式混凝土结构，如空心板和槽形板等，为提高屋面的防水能力，宜采用现浇钢筋混凝土结构。

（4）顶棚层的作用及构造与楼板层顶棚层基本相同。

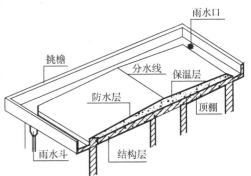

图 8.2　平屋顶的组成

8.2.2　平屋顶的排水设计

1. 平屋顶坡度的形成

1）材料找坡

材料找坡也称为垫置坡度或填坡。屋顶结构层保持水平，结构层上铺 1∶（6～8）的水泥焦砟或水泥膨胀蛭石等轻质材料，形成所需要的排水坡度。坡度不宜过大，一般为 2%，厚度最薄处不小于 20 mm，如图 8.3(a)所示。

2）结构找坡

结构找坡也称为搁置坡度或撑坡。屋顶结构层呈倾斜状，直接找出所需要的坡度，不需另设找坡层。结构找坡的坡度宜为 3%，如图 8.3(b)所示。

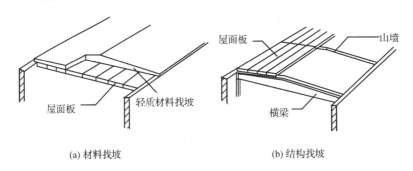

(a) 材料找坡　　　　　　　　　　(b) 结构找坡

图 8.3　平屋顶坡度的形成

2. 平屋顶的排水方式

1）无组织排水

无组织排水是屋面雨水直接从檐口滴落至地面的一种排水方式，又称自由落水。构造简单，排水顺畅。一般适用于低层及雨水较少的地区，在积灰严重、腐蚀性介质较多的工业厂房中也常采用。

2）有组织排水

有组织排水是将屋面划分成若干排水区，通过一定的排水坡度把屋面的雨水有组织地排到檐口，再经落水管排到散水、明沟等处。有组织排水又分为外排水和内排水两种，一般应采用外排水方案，如图 8.4 所示。在高层建筑、严寒地区建筑、规模巨大的公共建筑和多跨厂房中，因维修、结冻、排水等原因宜采用内排水方案，如图 8.5 所示。

3. 平屋顶的排水组织设计

综合考虑并合理设置屋面的排水分区、排水坡度、天沟、落水管等，绘制屋顶平面图。

1）确定排水坡面数和坡度值

进深较小（小于 12 m）或临街建筑常采用单坡排水，进深较大的建筑物宜采用双坡或多坡排

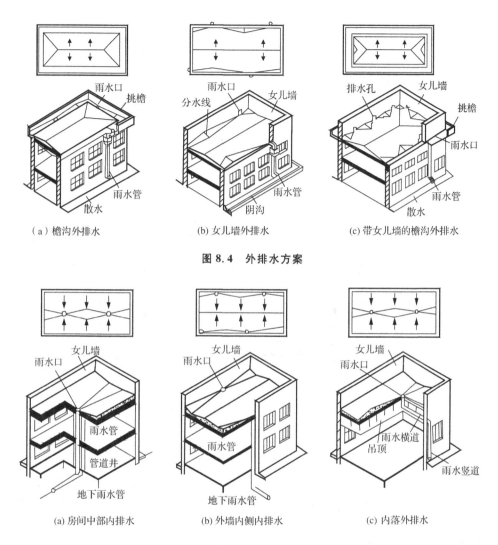

（a）檐沟外排水　　　（b）女儿墙外排水　　　（c）带女儿墙的檐沟外排水

图 8.4　外排水方案

(a) 房间中部内排水　　　(b) 外墙内侧内排水　　　(c) 内落外排水

图 8.5　内排水方案

水。常用的排水坡度为 2%～3%。

2）划分排水区

排水区的面积是指屋面水平投影的面积,每一根落水管的屋面最大汇水面积与小时降雨量和落水管的直径有关,一般不宜大于 200 m²。

3）确定天沟的断面形式及尺寸

天沟即屋面的排水沟,位于外檐边的又称檐沟。天沟的宽度不应小于 200 mm,天沟上口距分水线的距离不应小于 120 mm。檐沟、天沟纵向泛水坡度宜为 1%,雨水口周围宜为 5%,沟底水落差不超过 200 mm,如图 8.6(a)所示。当采用女儿墙外排水方案时,可利用倾斜的屋面与垂直的墙面构成三角形天沟,如图 8.6(b)所示。

4）设置落水管

落水管材料有铸铁、UPVC 塑料、陶管、镀锌铁皮等,优先选用玻璃钢制品、UPVC 塑料制品和铸铁制品。落水管的直径不应小于 75 mm,一般应大于 100 mm。落水管距墙面不应小于

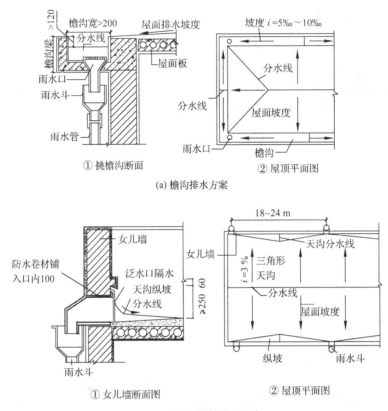

（a）檐沟排水方案

（b）女儿墙外排水方案

图 8.6　屋顶排水平面图

20 mm，其排水口距散水坡的高度不应大于 200 mm，落水管应用管箍与墙面固定。接头的承插长度不应小于 40 mm。落水管的位置应在实墙面处，其间距一般在 18 m 以内，最大间距宜不超过 24 m。

根据以上分析，完整、准确地绘出屋顶排水平面图。

8.2.3　平屋顶的防水构造

屋面防水可分为卷材防水、刚性防水和涂膜防水等。

1. 卷材防水屋面构造

卷材防水也称柔性防水，是指将防水卷材或片材用胶粘贴在屋面上，形成一个大面积的封闭防水覆盖层。它具有一定的延伸性，对变形的适应能力强于刚性防水屋面，适用于防水等级为 I～IV 级的屋面防水。

1）卷材防水屋面的构造层次和做法

卷材防水的屋面由多层材料叠合而成，其基本构造层次由顶棚层、结构层、找平层、结合层、防水层和保护层组成，如图 8.7 所示。

图 8.7　卷材防水屋面的基本构造组成

（1）前面两层是顶棚层和结构层。

（2）找平层位置一般设在结构层或保温层上面（见表8.3）。

表8.3　找平层

类　　别	基层种类	厚度/mm	技术要求
水泥砂浆找平层	整体混凝土	15～20	水泥与砂子体积比为 1:2.5～1:3
	整体或板状材料保温层	20～25	
	装配式混凝土板、松散材料保温层	20～30	
细石混凝土找平层	松散材料保温层	30～35	混凝土强度等级为C20
沥青砂浆找平层	整体混凝土	15～20	质量比为1:8
	装配式混凝土板、整板或板状材料保温层	20～25	

（3）结合层的功能就是对找平层表面进行处理，使防水层与基层之间能理想地结合。所用材料应根据卷材防水层材料的不同来选择，如油毡卷材、聚氯乙烯卷材及自粘型彩色三元乙丙复合卷材用冷底子油（沥青加汽油或煤油等溶剂稀释而成，在常温下喷涂），三元乙丙橡胶卷材则采用聚氨酯底胶，氯化聚乙烯橡胶卷材需用氯丁胶乳等。

结合层采用涂刷法或喷涂法进行施工，其中喷涂法效果好且工效高，应加以推广。一般应喷涂两遍，第二遍应在第一遍干燥后进行，待最后一遍干燥后方可铺贴卷材。

（4）卷材防水层材料按材料性能质量由高到低，常用的品种分为以下几种。

合成高分子卷材，如三元乙丙橡胶、氯化聚乙烯橡胶共混、氯磺化聚乙烯、氯化聚乙烯和聚氯乙烯等防水卷材，它具有抗拉强度高、延伸率大、耐老化等特点，但接缝不好处理，价格偏高。

高聚物改性沥青防水卷材，如SBS改性沥青、APP改性沥青和再生橡胶改性沥青等，它改善了沥青的高温流淌、低温冷脆的弱点，大部分采用胶黏剂冷黏施工和热熔施工。

沥青类防水卷材，如石油沥青纸胎油毡、沥青黄麻胎油毡和沥青玻纤胎油毡等。

防水层构造要点包括卷材防水层的厚度控制（见表8.4）、附加防水层、铺贴方向与搭接、沥青胶厚度的控制、粘贴方式等方面。

表8.4　防水层厚度表　　　　　　　　　　单位:mm

防水等级	屋面材料				
	合成高分子类		高聚物改性沥青类		沥青类涂料
	卷材	涂料	卷材	涂料	
Ⅰ级	1.5	2.0	3.0	3.0	
Ⅱ级	1.2	2.0	3.0	3.0	
Ⅲ级	1.2,复合1.0	2.0,复合1.0	4.0,复合2.0	3.0,复合1.5	8.0

附加防水层一般是在以下两种情况下设置:在重点和薄弱部位，卷材防水材料为沥青防水卷材时，应增铺一层卷材;当采用高聚物改性沥青防水卷材、合成高分子卷材或涂膜防水时，应加铺有胎体增强材料的涂膜附加层。

铺贴方向与搭接的要求是:当屋面坡度小于3%时，卷材平行于屋脊，由檐口向屋脊一层层地铺设,多层卷材的搭接位置应错开,如图8.8所示。

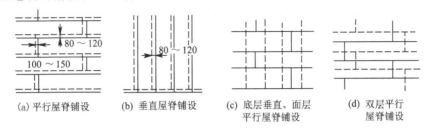

(a) 平行屋脊铺设　　(b) 垂直屋脊铺设　　(c) 底层垂直、面层　　(d) 双层平行
　　　　　　　　　　　　　　　　　　　　　平行屋脊铺设　　　　屋脊铺设

图8.8　卷材的铺设方向和搭接要求

沥青胶的厚度一般要控制在1~1.5 mm以内,防止厚度过大而发生龟裂。

粘贴时第一层黏结材料沥青将被涂刷成点状或条状,如图8.9所示,点与条之间的空隙即作为水汽的扩散层。

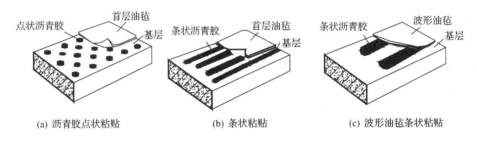

(a) 沥青胶点状粘贴　　　　(b) 条状粘贴　　　　(c) 波形油毡条状粘贴

图8.9　卷材防水层首层卷材的粘贴方式

(5) 保护层。一般在沥青胶表面粘着一层3~6 mm粒径的粗砂作为保护层,俗称绿豆砂或豆石。

上人屋面选用8~10 mm厚地砖块材,或预制混凝土板(30 mm×250 mm×250 mm或40 mm×370 mm×570 mm),或架空钢筋混凝土板(35 mm×490 mm× 490 mm,混凝土C20配筋ϕ4双向@150),板缝用1∶2水泥砂浆填实,或30~40 mm厚的浇筑细石混凝土层,每2 m左右设一分仓缝,如图8.10所示。

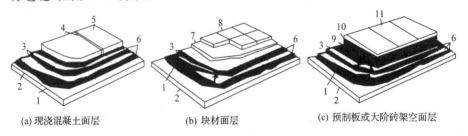

(a) 现浇混凝土面层　　　　(b) 块材面层　　　　(c) 预制板或大阶砖架空面层

图8.10　上人屋面保护层的构造

1—找平层;2—基层;3—油毡;4—分仓缝;5—现浇混凝土板;6—沥青胶;7—结合层;
8—铺块地面;9—绿豆砂;10—填块;11—板材架空地面

不上人屋面选用架空钢筋混凝土板,粒径3~5 mm的绿豆砂、中砂、卵石(粒径10~50 mm,厚度为50 mm),或浅色反光涂料层(两道),或水泥砂浆面层(厚20 mm,分仓缝间距1.0 m)。

屋面钢筋混凝土板架空常采用砖砌架空。顺排水方向砌120 mm厚砖带,高180 mm,中距

500 mm。或采用 M2.5 水泥砂浆砌长 120 mm、高 120 mm、高 180 mm 的砖墩，双向中距 500 mm，既可保护卷材又能通风降温。

（6）隔离层。上人卷材防水屋面块材或细石混凝土面层与防水层之间应做隔离层，隔离层可采用麻刀灰等低强度等级的砂、干铺油毡、黄砂等。

2）卷材防水屋面的细部构造

（1）泛水构造。突出于屋面之上的女儿墙、烟囱、楼梯间、变形缝、检修孔、立管等的壁面与屋顶的交接处，将屋面防水层延伸到这些垂直面上，形成立铺的防水层，称为泛水。做法及构造要点如下。

① 泛水高度 h 不得小于 250 mm，如图 8.11 所示。

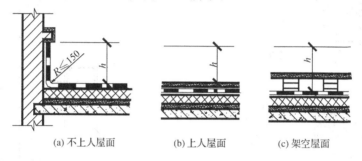

(a) 不上人屋面　　　(b) 上人屋面　　　(c) 架空屋面

图 8.11　泛水高度的确定

② 转角处增铺附加层，圆弧转角或 45°斜面，如图 8.12(a)所示。

当卷材种类为沥青防水卷材时 $R=100\sim150$ mm，高聚物改性沥青卷材时 $R=80$ mm，合成高分子防水卷材时 $R=50$ mm。附加卷材尺寸，平铺段搭接长度 $l_1 \geqslant 250$ mm，上反高度 $h_1 \geqslant 250$ mm，上端边口切齐。

③ 卷材收头固定。

一般做法如下：收头直接压在女儿墙的压顶下（见图 8.12(b)）或在砖墙上留凹槽，卷材收头压入凹槽内，用压条或垫片钉固定，钉距为 500 mm，再用密封膏嵌固。凹槽上部的墙体也应做防水处理（见图 8.12(a)）；当墙体材料为混凝土时，卷材的收头可采用金属压条钉压，并用密封材料封固（见图 8.12(c)）。

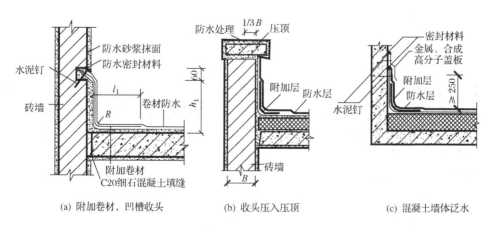

(a) 附加卷材，凹槽收头　　　(b) 收头压入压顶　　　(c) 混凝土墙体泛水

图 8.12　泛水构造

（2）檐口构造。

① 挑檐口构造。

卷材转角或盖缝处单边贴铺空铺的附加卷材，空铺宽 250 mm。收头处应用钢条压住，用水泥钉钉牢，最后用油膏密封，如图 8.13 所示。

② 女儿墙构造。

女儿墙的宽度一般同外墙尺寸。高度一般不超过 500 mm，如上人屋面，女儿墙高度不小于 1 100 mm，设小构造柱与压顶相连接，如图 8.14 所示，以保证其稳定性和抗震安全。压顶有预制和现浇两种，沿外墙四周封闭，具有圈梁的作用，如图 8.15 所示。

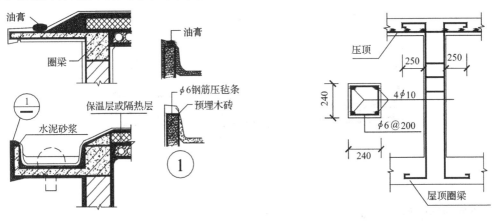

图 8.13　挑檐口构造

图 8.14　女儿墙压顶、构造柱与屋顶圈梁的关系

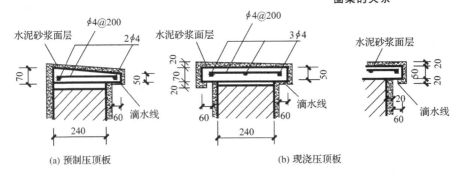

(a) 预制压顶板　　　　　(b) 现浇压顶板

图 8.15　女儿墙压顶构造

③ 落水口构造。

外檐沟和内排水的落水口在水平结构上开洞，采用铸铁漏斗形定型件（直管式）；穿越女儿墙的落水口（弯管式），采用侧向排水法。水泥砂浆埋嵌牢固，落水口四周加铺卷材一层，铺入管内不小于 50 mm，雨水口周围应用不小于 2 mm 厚高分子防水涂料或 3 mm 厚高聚物改性沥青类涂料涂封，雨水口周围直径为 500 mm 坡度宜为 5%，如图 8.16 所示。

2. 刚性防水屋面构造

刚性防水屋面是指以刚性材料作为防水层的屋面，如防水砂浆、细石混凝土、配筋细石混凝土防水屋面等。它构造简单、施工方便，但气候变化和太阳辐射会引起屋面热胀冷缩、屋面板变形挠曲、徐变以及地基沉降、材料干缩，对防水层的影响较大，容易产生裂缝而渗水。主要适用

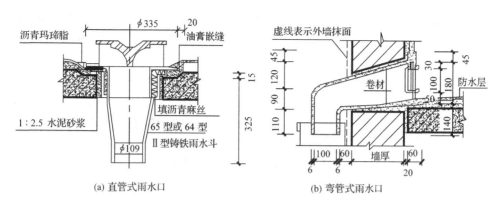

图 8.16　落水口的形式与构造

于防水等级为Ⅲ级的屋面防水,也可用做Ⅰ、Ⅱ级屋面多道防水设防中的一道防水层,不适于设置在有松散材料保温层的屋面及受较大振动或冲击的建筑屋面中。

1)刚性防水屋面的构造层次和做法

刚性防水屋面一般由找平层、隔离层和防水层组成,如图 8.17 所示。

(1)找平层与柔性防水屋面的找平层构造一致。

(2)隔离层即浮筑层,设置在刚性防水层与找平层之间,即在结构层上用水泥砂浆找平(整体现浇楼板一般不用找平),然后用纸筋灰、低强度等级砂浆或薄砂层上干铺一层油毡等作隔离层,如图 8.18 所示。当防水层中加有膨胀剂类材料时,也可不做隔离层。

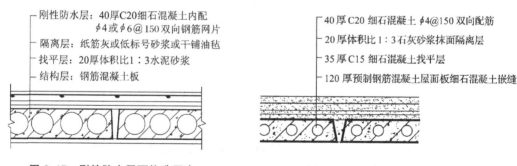

图 8.17　刚性防水屋面构造层次　　**图 8.18　刚性防水隔离层的构造**

(3)防水层常采用不小于 40 mm 厚细石混凝土整浇,如图 8.19 所示,其构造要点如下。

配筋:双向 $\phi 4$ mm 或 $\phi 6$ mm 中距 150 mm,钢筋Ⅰ级,置于混凝土层的中偏上位置,其上部有 10~15 mm厚的保护层。

混凝土:强度 C20,掺入适量 UEA 混凝土微膨胀剂或混凝土 3‰的 JJ91 硅质密质密实剂。

分仓缝:刚性防水屋面应设置分仓(格)缝以适应屋面变形,是防止屋面不规则裂缝的人工缝。

横缝的位置应在屋面板支承端、屋面转折处和高低屋面的交接处;纵缝应与预制板板缝对齐(当建筑物进深在 10 m 以下时可在屋脊设纵向缝,进深大于10 m时最好在坡中某板缝处再设一道纵向分仓缝),

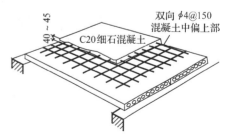

图 8.19　细石混凝土刚性防水配筋

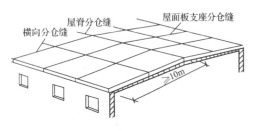

图 8.20 分仓缝的位置示意图

如图 8.20 所示。分仓(格)缝的服务面积宜控制在 15～25 m² 之间,其纵横向间距以不大于 6 m 为宜。

缝宽 30 mm,缝内不能用砂浆填实,一般多用油膏嵌缝,厚度为 20～30 mm。为不使油膏下落,缝内应用弹性材料、泡沫塑料或沥青麻丝填底。横向支座的分仓缝为了避免积水,常将细石混凝土面层抹成凸出表面 30～40 mm 高的梯形或弧形分水线,如图 8.21 所示。

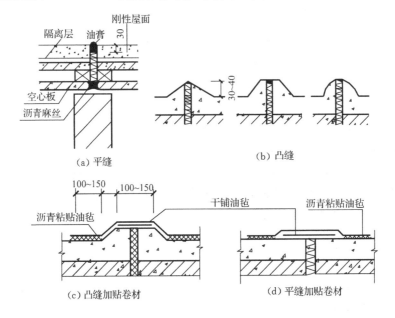

(a) 平缝   (b) 凸缝

(c) 凸缝加贴卷材   (d) 平缝加贴卷材

图 8.21 分格缝的构造处理方式

2) 刚性防水屋面的细部构造

刚性防水屋面细部构造原理和方法与卷材防水屋面的基本相同,如图 8.22 所示。不同之处则是因刚性防水材料不便折弯,常常用卷材代替,如图 8.23 所示。

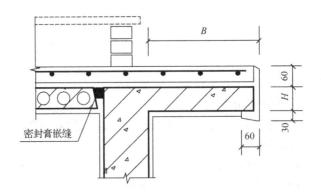

图 8.22 刚性防水屋面挑檐构造

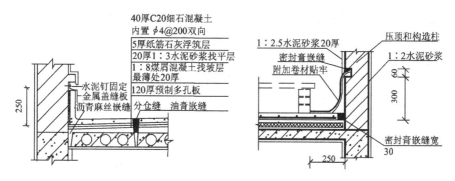

图 8.23　刚性防水屋面山墙泛水构造

3. 涂膜防水屋面构造

涂膜防水是用防水涂料直接涂刷在屋面基层上,形成一层满铺的不透水薄膜层,主要适用于防水等级为Ⅲ、Ⅳ级的屋面,也可用做Ⅰ、Ⅱ级屋面多道防水设防中的一道防水层。

1) 涂膜防水材料

(1) 合成高分子防水涂料,如有机硅、聚硫橡胶、聚氨酯、环氧树脂和丙烯酸类防水涂料。

(2) 高聚物改性沥青防水涂料,如氯丁橡胶沥青、再生橡胶沥青防水涂料(JG—1,JG—2)等。

2) 涂膜防水层面的构造层次

涂膜防水层面的构造层次如图 8.24 所示。

(1) 基层:可用水泥砂浆或细石混凝土找平,找平层应设分仓缝,其位置和间距参照刚性防水分格缝的设置。缝宽宜为 20 mm。转角处圆弧半径 $R=50$ mm。

(2) 防水层:涂刷防水涂料需分层进行,一般手涂三遍可使涂膜厚度达 1.2 mm。在转角、水落口和接缝处,需用胎体增强材料附加层加固。

(3) 保护层:材料可采用细砂、蛭石、水泥砂浆和混凝土块材等。当采用水泥砂浆或混凝土块材时,应在涂膜与

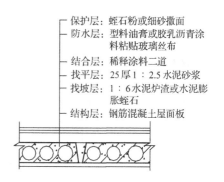

图 8.24　涂膜防水屋面的构造层次

保护层之间设置隔离层,以防保护层的变化影响到防水层。水泥砂浆保护层厚度不宜小于 20 mm。

8.2.4　平屋顶的保温隔热构造

为防止冬季、夏季顶层房间过冷或过热,需在屋顶构造中设置保温层或隔热层。

1. 平屋顶的保温

在寒冷地区或有空调设备的建筑中,屋顶应做保温处理,以减少室内热损失,保证房屋的正常使用并降低能源消耗。

1) 屋面保温材料

屋面保温材料一般多选用空隙多、密度小、导热系数小、防水、憎水的材料,其材料有散料、现场浇筑的拌和物、板块料等三大类。

(1) 散料保温层:如炉渣、矿渣、膨胀蛭石、膨胀珍珠岩等。做卷材防水层之前的找平层比较

困难，一般先用石灰、水泥等胶结成轻混凝土层作过渡层，再在其上抹找平层。

（2）现浇式保温层：一般在结构层上用轻骨料（如矿渣、陶粒、蛭石、珍珠岩等）与石灰或水泥拌和，浇筑而成。这种保温层可与找坡层结合处理。

（3）板块保温层：常见的有水泥、沥青、水玻璃等胶结的预制膨胀珍珠岩、膨胀蛭石板、加气混凝土块、泡沫塑料等块材或板材。

2）屋顶保温层的位置

（1）正置式保温层。保温层设在防水层之下，结构层之上。需做排气屋面。目前采用广泛。

（2）复合式保温层。保温与结构组合成复合板材，既是结构构件，又是保温构件，如图8.25所示。

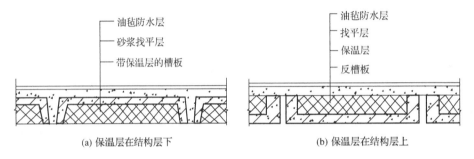

(a) 保温层在结构层下   (b) 保温层在结构层上

图8.25 复合式保温层位置

（3）倒置式保温层。保温层设置在防水层上面，也称"倒铺法"保温。选用有一定强度的防水、憎水材料，如25 mm厚挤塑型聚苯乙烯保温隔热板、聚苯乙烯泡沫塑料板或聚氨酯泡沫塑料板。在保温层上应选择大粒径的石子或混凝土作保护层，而不能采用绿豆砂作保护层，以防表面破损及延缓保温材料的老化，如图8.26所示。

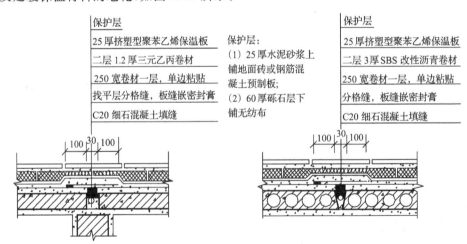

图8.26 倒置式屋面

（4）空气间层。防水层与保温层之间设空气间层的保温屋面。

3）隔蒸汽层的设置与构造

根据规范的要求，在我国纬度40°以北地区且室内空气湿度大于75%，或其他地区室内空气湿度常年大于80%时，保温层上直接做防水层时，在保温层下要设置隔蒸汽层。目的是防止室内水蒸气透过结构层,渗入保温层内,使保温材料受潮,影响保温效果。

隔蒸汽层的做法通常是在结构层上做找平层,再在其上涂热沥青一道或铺一毡二油,在防水层第一层油毡铺设时采用花油法之外,还可以采用以下办法:在保温层上加一层砾石或陶粒作为透气层;或在保温层中间设排气通道,如图 8.27 所示。排气管、排气槽应与分仓(格)缝相重。缝宽 50 mm,纵横贯通,中距不大于 6.0 m,即屋面面积每 36 m² 宜设一个排气孔,排气孔应做防水处理。

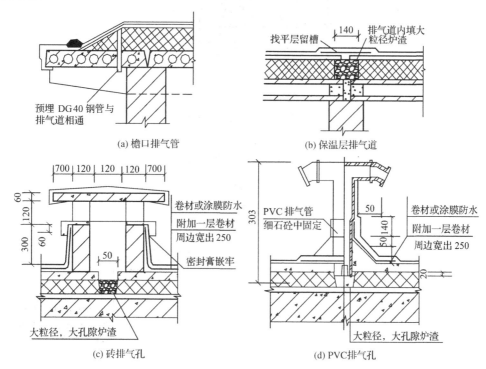

(a) 檐口排气管　　　　　　　(b) 保温层排气道

(c) 砖排气孔　　　　　　　(d) PVC排气孔

图 8.27　正置式保温层排气设施构造

2. 平屋顶的隔热

1) 实体材料隔热屋面

利用实体材料的蓄热性及热稳定性、传导过程中的时间延迟、材料中热量的散发等性能,可以使实体材料的隔热屋顶在太阳辐射下,内表面出现高温的时间延迟,其温度也低于外表面。住宅建筑最好不用实体材料隔热,常用的实体材料隔热做法有以下几种。

(1) 种植屋面。

利用植物的蒸发和光合作用,吸收太阳辐射热,达到隔热降温的作用。同时,有利于美化环境,净化空气,但增加了屋顶荷载。种植屋面坡度不宜大于 3％,如图 8.28 所示。

(2) 蓄水屋面。

蓄水屋面是利用水吸热,同时还能散热、反射光的原理而制成的。

种植屋面和蓄水屋面以刚性防水层作为第一道防水层时,其分仓缝间距可放宽,一般不超过 25 m。蓄水屋面坡度不宜大于 0.5％,如图 8.29 所示。

2) 通风降温屋面

在屋顶设置通风的空气间层,其上层表面可遮挡太阳辐射热,利用风压和热压作用把间层

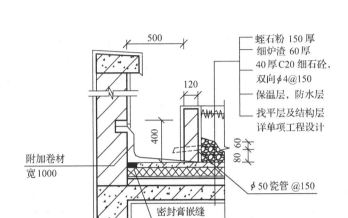

图 8.28　种植屋面的构造

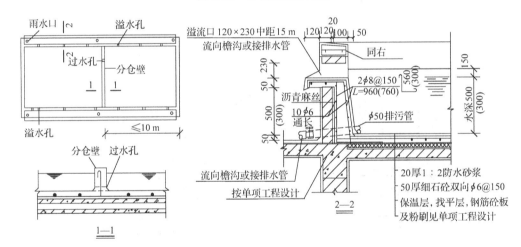

图 8.29　蓄水屋面的构造

中的热空气不断带走，以降低传至室内的温度。通风隔热层有以下两种设置方式。

（1）架空通风隔热屋面。

架空隔热屋面坡度宜小于 5%，隔热高度宜为 180～240 mm，架空板与女儿墙的距离不宜小于 500 mm。砖垄墙或砖墩（也可预制混凝土构件）作为隔热板的支点。当房屋进深大于10.0 m时，中部需设通风口，以加强效果，如图 8.30 所示。

还可用水泥砂浆做成槽形、弧形或三角形预制板，盖在平屋顶上作为通风屋顶，如图 8.31所示。

（2）吊顶通风隔热屋面。吊顶通风隔热屋面是利用吊顶的空间作通风隔热层，在檐墙上开设通风口，如图 8.32 所示。

3）反射降温隔热屋面

反射的辐射热取决于屋面表面材料的颜色和粗糙程度。如果屋面在通风层中的基层加一层铝箔，则可利用其第二次反射作用，对隔热效果将有进一步的改善。

4）蒸发散热屋面

在屋脊处装水管，白天温度高时向屋面浇水，形成一层流水层，利用流水层的反射、吸收和

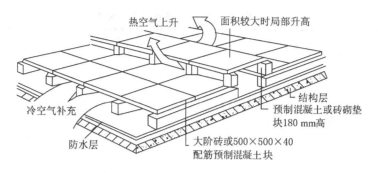

图 8.30　大阶砖或钢筋混凝土架空通风屋面

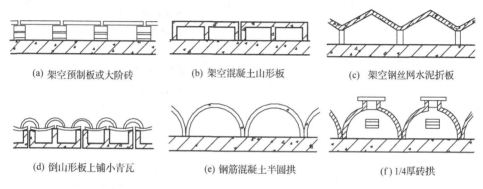

(a) 架空预制板或大阶砖　　(b) 架空混凝土山形板　　(c) 架空钢丝网水泥折板

(d) 倒山形板上铺小青瓦　　(e) 钢筋混凝土半圆拱　　(f) 1/4厚砖拱

图 8.31　架空通风隔热屋面构造形

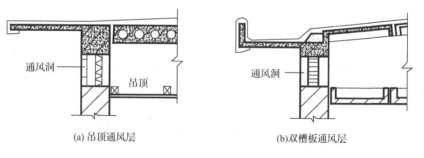

(a) 吊顶通风层　　　　　　(b)双槽板通风层

图 8.32　吊顶通风隔热屋面

蒸发,以及流水的排泄可降低屋面温度。

　　也可在屋面上系统地排列水管和喷嘴,夏日喷出的水在屋面上空形成细小水雾,雾结成水滴落下又在屋面上形成一层水流层。水滴落下时,从周围的空气中吸取热量,又同时进行蒸发,也多少吸收和反射一部分太阳辐射热,水滴落到屋面后,产生与淋水屋顶一样的效果,进一步降低了温度,因此喷雾屋面的隔热效果更好。

*8.2.5　平屋顶的防水方案设计

　　根据建筑物的性质、重要程度、使用功能、防水层耐用年限、防水层选用材料和设防要求,《屋面工程技术规程》(GB 50207—2002)将屋面防水分为四个等级,是确定防水方案的重要依据(见表 8.5)。

表 8.5　屋面防水等级和设防要求

项　目	屋面防水等级			
	Ⅰ	Ⅱ	Ⅲ	Ⅳ
建筑物类别	特别重要的民用建筑和对防水有特殊要求的工业建筑	重要的工业与民用建筑、高层建筑	一般的工业与民用建筑	非永久性的建筑
防水层耐用年限	25 年	15 年	10 年	5 年
防水层选用材料	宜选用合成高分子防水卷材、高聚物改性沥青防水卷材、合成高分子防水涂料、细石防水混凝土等材料	宜选用高聚物,改性沥青防水卷材、合成高分子防水卷材、合成高分子防水涂料、细石防水混凝土、瓦等材料	应选用三毡四油沥青防水卷材、高聚物改性沥青防水卷材、高聚物改性沥青防水涂料、沥青基防水涂料、刚性防水层、瓦、油毡瓦等	可选用二毡三油沥青防水卷材、高聚物改性沥青防水涂料、波形瓦等材料
设防要求	三道或三道以上防水设防,其中应有一道合成高分子防水卷材;且只能有一道厚度不小于 2 mm 的合成高分子防水涂膜	二道防水设防,其中应有一道卷材。也可采用压型钢板进行一道设防	一道防水设防,或两种防水复合使用	一道防水设防

根据平屋顶防水等级要求,进行综合设计。以《中南地区通用建筑标准设计》(98ZJ201)为例,参见表 8.6,如图 8.33 所示。

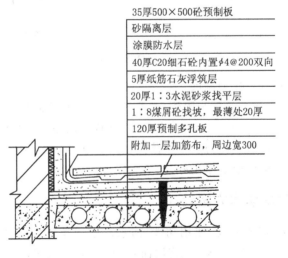

35厚500×500砼预制板
砂隔离层
涂膜防水层
40厚C20细石砼内置φ4@200双向
5厚纸筋石灰浮筑层
20厚1:3水泥砂浆找平层
1:8煤屑砼找坡,最薄处20厚
120厚预制多孔板
附加一层加筋布,周边宽300

图 8.33　防水综合设计示例

表 8.6　平屋顶防水方案设计

<table>
<tr>
<td rowspan="3">柔
性
防
水</td>
<td>

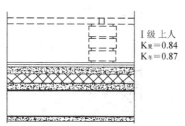

I 级 上人
$K_夏=0.84$
$K_冬=0.87$

- 490×490×35 细石砼板砼,C20 双向 $\phi4@150$,1:2 水泥砂浆填缝
- 顺水方向砌 120 厚条砖高 180 mm
- 2 层 1.5 厚氯化聚乙烯橡胶共混防水卷材
- 2 厚聚氨酯防水涂料
- 刷基层处理剂一遍
- 30 厚 C15 细石砼
- 保温层见说明
- 20 厚 1:2.5 水泥砂浆找平层
- 钢筋砼屋面板,找坡宜为 2‰~3‰ 或保温层找坡

</td>
<td>

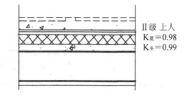

II 级 上人
$K_夏=0.98$
$K_冬=0.99$

- 8~10 厚陶瓷地砖,1:1 水泥砂浆填缝
- 30 厚 1:4 干硬性水泥砂浆,面撒素水泥一道
- 1 层 1.2 厚合成高分子卷材
- 2 厚合成高分子涂料
- 刷基层处理剂一遍
- 20 厚 1:2.5 水泥砂浆找平层
- 保温层见说明
- 20 厚 1:2.5 水泥砂浆找平层
- 钢筋砼屋面板,找坡宜为 2‰~3‰ 或保温层找坡

</td>
</tr>
<tr>
<td>

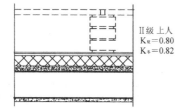

II 级 上人
$K_夏=0.80$
$K_冬=0.82$

- 35 厚配筋细石砼板,条砖架空 180 mm
- 3 厚 APP 改性沥青防水卷材
- 3 厚氯丁沥青防水涂料(二布六涂)
- 刷基层处理剂一遍
- 20 厚 1:2.5 水泥砂浆找平层
- 保温层见说明
- 20 厚 1:2.5 水泥砂浆找平层
- 钢筋砼屋面板,找坡宜为 2‰~3‰ 或保温层找坡

</td>
<td>

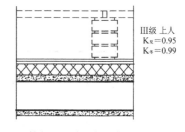

III 级 上人
$K_夏=0.95$
$K_冬=0.99$

- 35 厚配筋细石砼板,条砖架空 180 mm
- 三毡四油沥青防水卷材,散铺绿豆砂
- 保温层见说明
- 20 厚 1:2.5 水泥砂浆找平层
- 钢筋砼屋面板,找坡宜为 2‰~3‰ 或保温层找坡

</td>
</tr>
<tr>
<td>

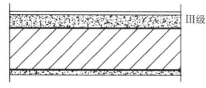

III 级

- 刷银白或绿色丙烯酸涂料两遍
- 3 厚(二布六涂)氯丁橡胶沥青防水涂料
- 刷基层处理剂一遍
- 20 厚 1:2.5 水泥砂浆找平层
- 钢筋砼屋面板,找坡宜为 2‰~3‰

</td>
<td>

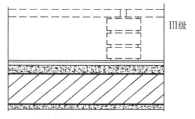

III 级

- 35 厚配筋细石砼板,条砖架空 180 mm
- 3 厚再生橡胶沥青防水涂料(JG 型)
- 刷基层处理剂一遍
- 20 厚 1:2.5 水泥砂浆找平层
- 钢筋砼屋面板,找坡宜为 2‰~3‰

</td>
</tr>
</table>

续表

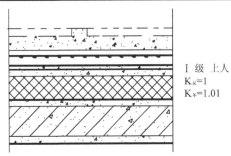

I 级 上人
$K_夏=1$
$K_冬=1.01$

- 陶瓷地砖,1:1水泥砂浆填缝
- 30厚1:4干硬性水泥砂浆,面撒素水泥一道
- 40厚C30细石防水砼(双向 ϕ4@150)
- 10厚纸筋灰
- 2层1.5厚三元乙丙橡胶防水材料
- 20厚1:2.5水泥砂浆找平层,刷基层处理剂一遍
- 保温层见说明
- 钢筋砼屋面板,找坡宜为3‰或保温层找坡

I 级 上人
$K_夏=0.98$
$K_冬=1.02$

- 35厚配筋细石砼板,条砖架空 180 mm(同⑥)
- 40厚C30细石防水砼(双向 ϕ4@150)
- 10厚麻刀灰
- 2层1.5厚氯化聚乙烯橡胶卷材
- 刷基层处理剂一遍
- 20厚1:2.5防水水泥砂浆找平层
- 保温层见说明
- 钢筋砼屋面板,找坡宜为3‰或保温层找坡

刚性防水

II 级 上人
$K_夏=1.24$
$K_冬=1.25$

- 40厚370×370大阶砖,1:2水泥砂浆填缝
- 25厚中砂
- 40厚C30细石防水砼(双向 ϕ4@150)
- 0.15厚塑料薄膜
- 3厚改性沥青防水卷材
- 刷基层处理剂一遍
- 20厚1:2.5水泥砂浆找平层
- 钢筋砼屋面板,找坡宜为3‰或保温层找坡

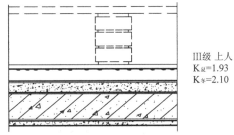

III 级 上人
$K_夏=1.93$
$K_冬=2.10$

- 490×490×35细石砼板,砼C20,双向 ϕ4@150,1:2水泥砂浆填缝,顺水方向砌120厚条砖高 180 mm
- 40厚C30细石砼(双向 ϕ4@150)
- 10厚黄砂,干铺沥青油毡一层
- 20厚1:2.5水泥砂浆找平层
- 素水泥结合层一遍
- 钢筋砼屋面板,找坡宜为3‰或保温层找坡

*8.3 坡屋顶

坡屋顶多采用瓦材防水,坡度一般大于10°,通常取30°左右。

8.3.1 坡屋顶的组成

坡屋顶一般由承重结构和屋面两部分所组成,必要时还有保温层、隔热层及顶棚等,如图8.34所示。承重结构一般有椽子、檩条、屋架或大梁等。屋面包括屋面盖料和基层,如挂瓦条、顺水条和屋面板等。保温层或隔热层可设在屋面层或顶棚层，由具体情况决定。

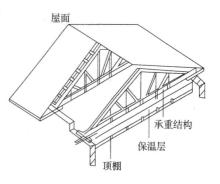

图 8.34 坡屋顶的组成

8.3.2 坡屋顶的承重结构

1.承重结构系统

承重结构系统分砖墙承重、屋架承重和梁架承重等。

1）砖墙承重（硬山搁檩）

横墙间距较小（不大于 4 m）且具有分隔和承重功能的房屋，可将横墙顶部做成坡形以支承檩条，即为砖墙承重。这类结构形式亦叫做硬山搁檩，如图 8.35（a）所示。

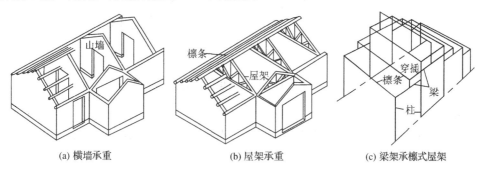

(a) 横墙承重   (b) 屋架承重   (c) 梁架承檩式屋架

图 8.35 坡屋顶承重结构形式

2）屋架承重

屋架可根据排水坡度和空间要求，组成三角形，如图 8.35（b）所示、梯形、矩形、多边形屋架。木制屋架跨度可达 18 m，钢筋混凝土屋架跨度可达 24 m，钢屋架跨度可达 36 m 以上。当房屋顶为平台转角、纵横交接、四面坡和歇山屋顶时，可制成异型屋架。

3）梁架承重

由柱和梁组成排架，檩条置于梁间承受屋面荷载并将各排架联系成为一完整骨架，如图 8.35（c）所示。内、外墙体均填充在骨架之间，不承受荷载，仅起分隔和围护作用。

2.承重结构构件

承重结构构件有屋架和檩条。木檩条跨度一般在 4.0 m 以内，钢筋混凝土檩条可达 6.0 m，如图 8.36 所示。

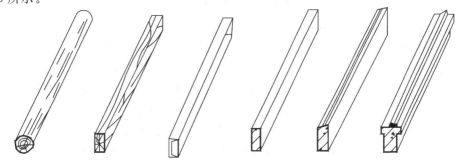

(a) 圆木檩条   (b) 方木檩条   (c) 槽钢檩条   (d) 混凝土檩条   (e) 混凝土檩条   (f) 混凝土檩条

图 8.36 檩条的断面形式

8.3.3　坡屋顶的屋面

1. 坡屋顶屋面的名称

坡屋顶屋面的名称如图 8.37 所示。

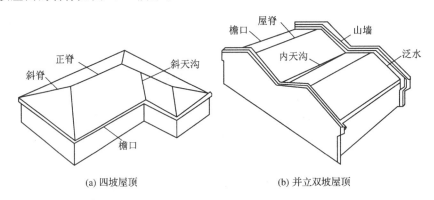

(a) 四坡屋顶　　　　　　　　　　　　(b) 并立双坡屋顶

图 8.37　坡屋顶屋面的名称

2. 屋面

坡屋顶的屋面防水材料种类较多，有弧形瓦（或称小青瓦）、平瓦、波形瓦、平板金属皮，自防水构件及草顶、灰土顶等。

1）平瓦屋面

平瓦有黏土平瓦和水泥平瓦之分。黏土平瓦即黏土瓦，又称机制平瓦，由黏土焙烧而成，如图 8.38 所示。

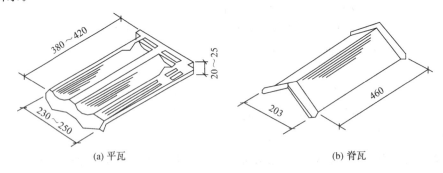

(a) 平瓦　　　　　　　　　　　　　　(b) 脊瓦

图 8.38　平瓦的外形和尺寸

平瓦屋面根据使用要求和用材不同，一般有以下几种铺法。

（1）冷摊瓦屋面，即在椽条上钉挂瓦条后直接挂瓦，如图 8.39 所示。冷摊瓦屋面构造简单、经济，但雨雪容易飘入，保温效果差，故北方应用较少。

（2）屋面板平瓦屋面是在檩条上铺钉 15～20 mm 厚的木望板（也称屋面板），如图 8.40 所示。望板可采取密铺法（不留缝）或稀铺法（望板间留 20 mm 左右宽的缝）。这种做法比冷摊瓦屋面的防水、保温隔热效果要好，多用于质量要求较高的建筑物中。

（3）钢筋混凝土挂瓦板平瓦屋面，如图 8.41 所示。挂瓦板平瓦屋面是把檩条、屋面板、挂瓦条三者功能结合为一体的预制钢筋混凝土构件，如图 8.42 所示。挂瓦板与山墙或屋架的固定，可采用坐浆，用预埋于基层的钢筋套接，板缝一般用 1：3 水泥砂浆嵌填。构造简单，但易渗水，多用于标准要求不高的建筑中。

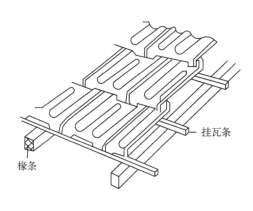

图 8.39 冷摊平瓦屋面

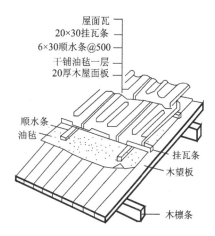

图 8.40 屋面板平瓦屋面

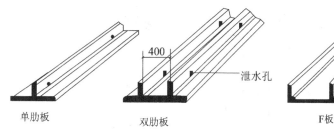

图 8.41 钢筋混凝土挂瓦板断面形式和构造

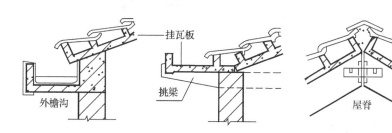

图 8.42 钢筋混凝土挂瓦板平瓦屋面

2）钢筋混凝土板瓦屋面

预制钢筋混凝土空心板或现浇平板作为瓦屋面的基层。盖瓦的方式有两种：在找平层上铺油毡一层，用压毡条钉在嵌于板缝内的木楔上，再钉挂瓦条挂瓦；在屋面板上直接粉刷防水水泥砂浆并贴瓦或陶瓷面砖或平瓦。在仿古建筑中常常采用钢筋混凝土板瓦屋面，如图8.43所示。

3）波形瓦屋面

常见波形瓦有石棉水泥波形瓦、塑料波形瓦、玻璃钢波形瓦以及彩色压型钢板瓦等，有大波瓦、中波瓦和小板瓦三种规格。波形瓦具有一定刚度，可直接铺钉在檩条上，檩条的间距要保证每张瓦至少有三个支承点。瓦的上下搭接长度不小于 100 mm，左右方向也应满足一定的搭接要求，并应在适当部位去角，以保证搭接处瓦的层数不致过多，如图8.44所示。

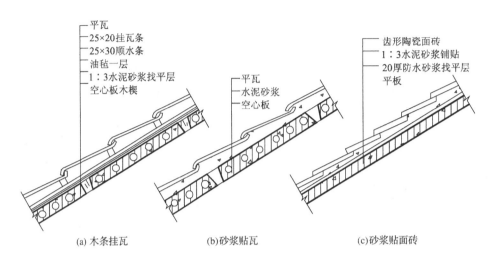

(a) 木条挂瓦　　　　　　(b)砂浆贴瓦　　　　　　(c)砂浆贴面砖

图 8.43　钢筋混凝土板瓦屋面

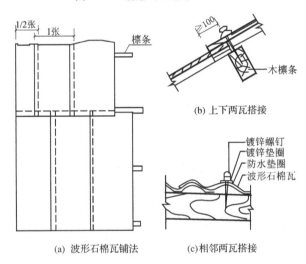

(b) 上下两瓦搭接

(a) 波形石棉瓦铺法　　　(c)相邻两瓦搭接

图 8.44　水泥石棉波形瓦屋面构造

8.3.4　坡屋顶的顶棚构造

坡屋顶的底面是倾斜的，为满足室内美观和卫生要求，常在屋顶下设置顶棚。顶棚可做成

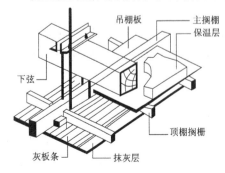

图 8.45　吊顶棚示意图

水平的，也可做成山形、梯形或弧形等。顶棚多吊挂在屋顶的承重结构上，当屋架间距较大时，常在屋架下弦用吊筋固定主搁栅；当屋架间距较小时，一般在屋架下弦直接吊挂顶棚搁栅，用于固定顶棚面层。吊顶棚的面层材料较多，常见的有抹灰天棚（板条抹灰、芦席抹灰等）、板材天棚（纤维板顶棚、胶合板顶棚、石膏板顶棚等）。具体构造参见建筑装饰章节，吊顶棚示意图如图8.45所示。

根据需要，一般在房间的角落预留上人孔，以便安装电气和维修检查。

8.3.5 坡屋顶的保温和隔热

1. 坡屋顶的保温

保温层一般布置在瓦材与檩条之间或吊顶棚上面,如图 8.45 所示。保温材料可根据工程具体要求选用松散材料、块体材料或板状材料。在一般的小青瓦屋面中,采用基层上满铺一层黏土稻草泥作为保温层,小青瓦片黏结在该层上。在平瓦屋面中,可将保温层填充在檩条之间;在设有吊顶的坡屋顶中,常常将保温层铺设在顶棚上面,可收到保温和隔热双重作用,如图 8.46所示。

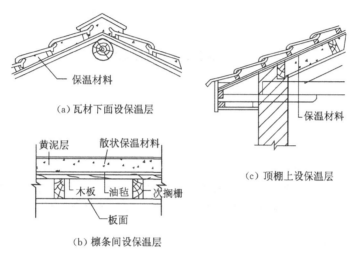

(a) 瓦材下面设保温层

(b) 檩条间设保温层

(c) 顶棚上设保温层

图 8.46 坡屋顶的保温构造

2. 坡屋顶的隔热与通风

坡屋面的隔热与通风有以下两种方法。

1) 通风屋面

把屋面做成双层,从檐口处进风,屋背处排风,利用空气的流动,带走屋面的热量,以降低屋面的温度,其原理与平屋顶的架空隔热板的隔热原理类似,如图 8.47(a)、(b)所示。

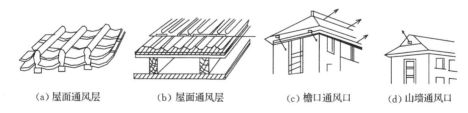

(a) 屋面通风层　　(b) 屋面通风层　　(c) 檐口通风口　　(d) 山墙通风口

图 8.47 坡屋顶通风隔热示意图

2) 吊顶隔热通风

吊顶层与屋面之间有较大的空间,通过在坡屋面的檐口下、山墙处设置通风孔(见图 8.47(c)、(d))或屋面上设置通气窗(见图 8.48),使吊顶层内空气有效流通,带走热量,降低室内温度。还能起到驱潮防腐作用。

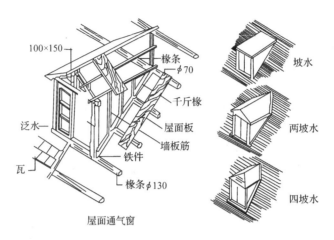

图 8.48　设置老虎窗采光与通风

1. 屋顶的功能作用有哪些？屋顶的形式有哪几种？

2. 平屋顶坡度的形成方式？平屋顶排水形式和排水方案有哪些？排水组织如何设计？

3. 柔性防水、刚性防水的构造层次和细部构造要求及其关系如何？

4. 简述防水等级的划分和防水设计。

5. 平屋顶的保温隔热构造是怎样的？

6. 简述坡屋顶的组成和坡屋顶的承重结构。

7. 坡屋顶的屋面形式有哪些？构造层次有什么特点？

8. 坡屋顶的保温和隔热构造方式是怎样的？

第9章

门 与 窗

知识目标

（1）了解门窗的作用及类型。
（2）掌握平开木门的构造。
（3）熟悉铝合金、塑钢门窗的选型和连接构造。
（4）了解遮阳设施的作用与形式。

能力目标

（1）能识读门窗构造图。
（2）能合理选择门窗材料和构造详图。

9.1　概述

9.1.1　门窗的作用和要求

门和窗都是建筑中的围护构件,具有一定的保温、隔声、防雨、防尘、防风砂等能力。门的作用主要是交通联系,并兼有采光、通风之用;窗的作用主要是采光和通风。另外,门窗还有一定的装饰作用,其形状、尺寸、排列组合以及材料对建筑物的立面效果影响很大。门窗在构造上,应满足开启灵活、关闭紧密、坚固耐久、便于擦洗、符合模数等方面的要求。

9.1.2　门窗的类型

(1) 按照所用材料分类,可分为木门窗、钢门窗、铝合金门窗、不锈钢门窗、塑钢门窗、玻璃门窗等。

(2) 按照使用功能分类,可分为一般用途的门窗和特殊用途的门窗,如防火门、防盗门、防辐射门、隔声门窗等。

(3) 门的开启方式分类如表9.1所示。窗的开启方式分类如表9.2所示。

表9.1　门的开启方式

单扇平开门	双扇平开门	单扇弹簧门	双扇弹簧门
单扇推拉门	双扇推拉门	多扇推拉门	空格栅栏门
侧挂折叠门	中悬折叠门	侧悬折叠门	转门

续表

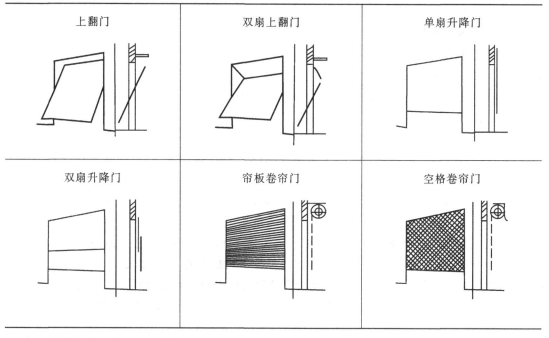

| 上翻门 | 双扇上翻门 | 单扇升降门 |
| 双扇升降门 | 帘板卷帘门 | 空格卷帘门 |

注:①转门的两旁还应设平开门或弹簧门。

②上翻门、升降门、卷帘门等形式,一般适用于门洞口较大,有特殊要求的房间,如车库的门等。

表9.2 窗的开启方式

| (a) 外平开　(b) 内平开 | (c) 上悬 | (d) 下悬 | (e) 垂直推拉　(f) 水平推拉 |
| 构造简单,应用最为普遍,使用普通五金,便于安装纱窗 | 外开防雨好,受开启角度限制,通风效果较差 | 占室内空间,多用于特殊要求房间或室内高窗 | 不占室内空间,窗扇受力状态好,适宜安装较大玻璃,通风面积受限制,五金及安装较复杂 |

| (g) 中悬 | (h) 立转 | (i) 固定 | (j) 百叶 | (k) 滑轴 | (l) 折叠 |
| 构造简单,通风效果好,多用于高侧窗 | 引风效果好,防雨及密闭性差,多用于低侧窗 | 构造简单,只起采光作用,密闭性好 | 通风效果好,用于需要通风或遮阳地区 | 安装磨砂玻璃可起遮阳作用,加工较复杂 | 全开启时通风效果好,视野开阔,需用特殊五金 |

9.1.3 门窗的尺度

门窗的尺度是指门洞的宽高尺寸。

门的尺度取决于交通疏散、家具器械的搬运以及与建筑物的比例关系等,并要符合现行《建筑模数协调统一标准》的规定。

一般民用建筑门的高度不宜小于 2100 mm,如门设有亮子时,亮子高度一般为 300～600 mm,门洞高度一般为 2400～3000 mm。公共建筑大门高度可视需要适当提高。门的宽度:单扇门一般为 700～1000 mm,双扇门一般为 1200～1800 mm。宽度大于 2100 mm 时,一般以 3 M 为模数,做成三扇、四扇等多扇门。辅助房间(如浴厕、储藏室等)门的宽度可窄些,一般为 700～800 mm,检修门一般为 550～650 mm。

窗的尺度主要取决于房间的采光、通风、构造做法和建筑造型等要求,并要符合现行《建筑模数协调统一标准》的规定。一般平开木窗的窗扇高度为 800～1200 mm,宽度不宜大于 500 mm;上下悬窗的窗扇高度为 300～600 mm;中悬窗窗扇高不宜大于 1200 mm,宽度不宜大于1000 mm;推拉窗高宽均不宜大于 1500 mm。各类窗的高度与宽度尺寸通常采用扩大模数 3 M 数列作为洞口的标志尺寸。通过拼框处理可形成较大洞口的窗,如图 9.1 所示。

对于民用建筑门窗一般各地均有通用图,需要时只要按所需类型及尺度大小直接选用就行了。

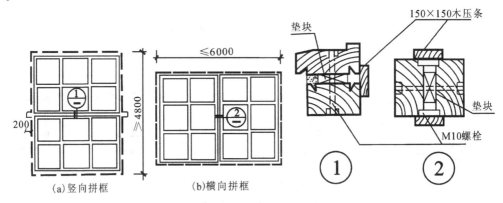

图 9.1 窗的拼框形式和构造

9.2 一般门窗的构造

9.2.1 门窗的构造组成和名称

一般门的构造由门樘(又称门框)和门扇两部分组成,如图 9.2 所示。门扇的类型如图 9.3 所示。

窗由窗樘(又称窗框)和窗扇两部分组成。窗框与墙的连接处,为满足不同的要求,有时加有贴脸板、窗台板、窗帘盒等(见图 9.4)。

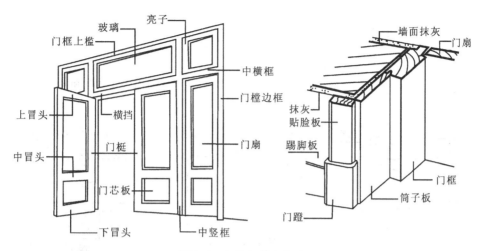

图 9.2　门的组成和名称

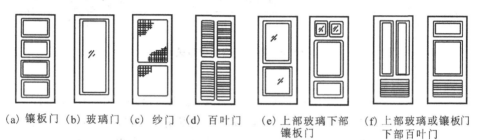

(a) 镶板门　(b) 玻璃门　(c) 纱门　(d) 百叶门　(e) 上部玻璃下部
镶板门　(f) 上部玻璃或镶板门
下部百叶门

图 9.3　门扇的类型

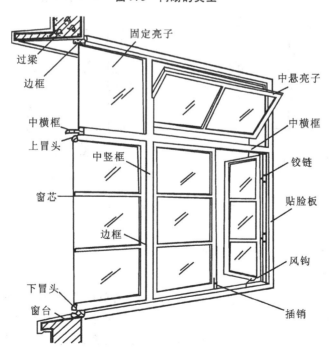

图 9.4　窗的组成和名称

9.2.2 平开木门窗

1. 门（窗）框与墙的位置关系

两者的位置关系根据使用要求、材料及墙体的厚度确定，有内平、居中和外平三种位置，如图9.5和图9.8所示。

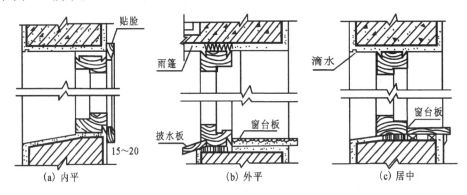

图 9.5 窗框与墙的位置关系

2. 门（窗）框的安装

门（窗）框的安装方法有立口和塞口两种施工方式，常用塞口法，如图9.6所示。

（1）立口是指施工时先将门（窗）框立好，后砌墙，优点是门（窗）框与墙体结合紧密、牢固。

（2）塞口是指砌墙时先留出洞口（每边比门（窗）框外缘尺寸宽出 10～15 mm），以后再安装门（窗）框。固定点每边不少于 2 个，间距不应大于 1.2 m，常见的固定方式如图9.7所示。

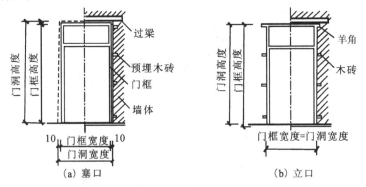

图 9.6 门（窗）框的安装方式

3. 节点缝隙构造

门（窗）框与墙缝的构造处理如图9.8所示。

4. 玻璃的选用

普通窗大多数采用 3 mm 厚无色透明的平板玻璃，若单块玻璃的面积较大时，应加大窗料尺寸，以增加窗扇的刚度，玻璃厚度选用 5 mm 或 6 mm。此外，为满足保温隔声、遮挡视线、使用安全以及防晒等方面的要求，可分别选用双层中空玻璃、磨砂或压花玻璃、夹丝玻璃、钢化玻璃等。

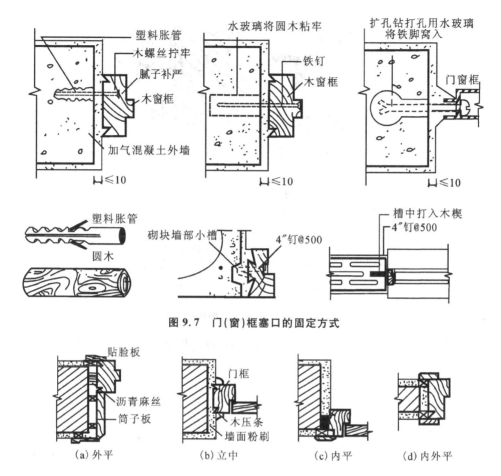

图 9.7 门(窗)框塞口的固定方式

图 9.8 门框的位置及与墙缝构造处理

9.2.3 金属门窗

1. 钢门窗

钢门窗是用型钢或薄壁空腹型钢在工厂制作而成,它符合工业化、定型化与标准化的要求。在强度、刚度、防火、密闭等性能方面,均优于木门窗,同时,由于断面小,透光系数大,外形美观,在过去曾被广泛地应用于建筑门窗,但在潮湿环境下易锈蚀,耐久性差,保温隔热性能差,耗钢量大。我国许多地方已经限制或禁止在民用建筑中使用钢门窗。

(1)钢门窗料和形式。钢门窗有实腹式和空腹式。

(2)基本钢门窗和基本窗的组合。基本窗单元的总高度不大于 2100 mm,总宽度不大于 1800 mm。当钢门窗的高度、宽度超过基本钢门窗的尺寸时,就要用拼料对门窗进行组合。拼料起横梁和立柱的作用,承受门窗的水平荷载。

(3)钢门窗的基本构造。钢门窗在构造上与木门窗基本相同,例如钢门窗框一般也采用塞口法安装。当然也有不同之处,如门窗框与洞口四周的连接方法,如图 9.9 所示。

① 在砖墙洞口两侧预留孔洞,将钢门窗的燕尾形铁脚窝入洞中,用砂浆窝牢;

② 在钢筋混凝土过梁或混凝土墙体内则先预埋铁件,将钢窗的 Z 形铁脚焊在预埋钢板上;钢门(窗)框的铁脚间距一般为 500～700 mm,最外一个铁脚距框角 180 mm。

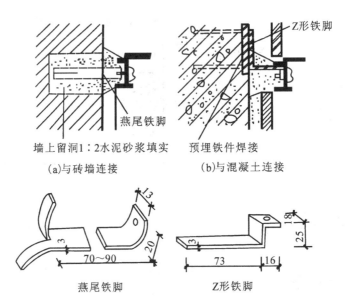

图9.9　钢门窗的构造

　　还有，钢门窗安装玻璃的方法与木门窗是不同的，首先用油灰打底，将弹簧夹子穿过门窗料预先钻过的小孔，再安玻璃、嵌油灰压牢。

2. 彩板门窗

　　彩板门窗是以彩色镀锌钢板经机械加工而成的门窗。它具有自重轻、硬度高、采光面积大、防尘、隔声、保温密封性好、造型美观、色彩绚丽、耐腐蚀等特点。

　　彩板门窗通常在出厂前就已将玻璃装好，在施工现场进行成品安装。彩板平开窗目前有带副框和不带副框的两种类型。

3. 铝合金门窗

　　重量轻、强度高，美观大方、坚固耐用，以及密封性、气密性、水密性、隔声性、隔热性、耐腐蚀性较钢门窗和木门窗有显著提高。它适用于安装有空调设备和对隔声、保温、隔热、防尘有特殊要求以及多暴雨、多风沙、多台风、多腐蚀性气体环境的房间和建筑物中。

　　普通铝合金门窗型材壁厚不得小于0.8 mm，地弹簧门型材壁厚不得小于2 mm，用于多层建筑外铝门窗型材壁厚一般在1.0～1.2 mm，高层建筑不应小于1.2 mm，必要时可增设加固件。

　　铝合金门窗产品系列名称是以门（窗）框的厚度构造尺寸来区分的，例如，窗框厚度构造尺寸为70 mm，称70系列铝合金窗；再如，TLC70-32A-S，此标记中的"TLC"代表"推拉铝合金窗"，"70"表示"70系列"，"32A"表示为这一系列中的第32号A型窗，字母"S"表示纱扇。平开窗窗框厚度构造尺寸一般采用40 mm、50 mm、70 mm，推拉窗窗框的厚度采用55 mm、60 mm、70 mm、90 mm；平开门门框的厚度一般采用50 mm、55 mm、70 mm，推拉铝合金门则采用厚度为70 mm、90 mm门框。

　　铝合金门窗的安装采用塞口法。用射钉枪将射钉打入洞口侧墙或过梁内，将连接件或框固定在墙（柱、梁）上。门窗框与四周的缝隙，一般采用软质保温材料填塞，如泡沫塑料条、泡沫聚氨酯条、矿棉毡条和玻璃丝毡条等分层填实，外表留5～8 mm深的槽口用密封膏密封。安装时不得将门、窗外框直接埋入墙体。

4. 塑钢门窗

塑钢门窗具有强度高,耐冲击性强,耐候性佳,隔热性能好、节约能源,耐腐蚀性强,气密性、水密性、隔音性好,具备阻燃性和电绝缘性,热膨胀低以及美观大方等特点。塑钢窗常采用固定窗、平开窗、推拉窗和上悬窗,如图9.10所示。

(a) 推拉窗断面

(b) 平开窗断面

图 9.10　塑钢窗断面

塑钢门窗同样采用塞口安装,不允许采用立口法安装。固定方法有直接固定法和连接件法两种。

(1) 直接固定法:混凝土墙体洞口应采用射钉或塑料膨胀螺钉固定;砖墙洞口应采用塑料膨胀螺钉或水泥钉固定,并不得固定在砖缝处,当采用预埋木砖与墙体连接时,木砖应进行防腐处理;加气混凝土墙体洞口应先预埋胶粘圆木,然后用木螺钉将金属固定片固定于胶粘圆木之上(见图9.11)。

(2) 连接件固定法:设有预埋铁件的洞口,应采用焊接的方式固定,也可以在预埋件上按紧固件规格打基孔,然后用紧固件固定,如图9.12所示。此外还有假框法,如图9.13所示,即上悬窗做隐框处理。

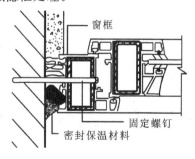

图 9.11　直接固定法

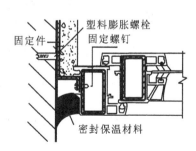

图 9.12　连接件固定法

窗框和墙体间的缝隙处分层填塞毛毡卷或泡沫塑料,不宜过紧。保温、隔声等级要求较高的工程应采用相应的隔热、隔声材料填塞。最后在窗框四周内外侧与窗框之间用1∶2水泥砂浆或麻刀白灰浆嵌实、抹平,用嵌缝膏进行密封处理,如图9.14所示。安装完毕后72 h内防止碰撞震动。

图 9.13　上悬窗隐框处理　　　　　　　图 9.14　塑钢窗窗缝和铰链

9.3　特殊门窗的构造

9.3.1　防火门

防火门扇采用钢板、木板外贴石棉板再包以镀锌铁皮或木板外直接包镀锌铁皮等构造措施。考虑到木材受高温会炭化而放出大量气体，应在门扇上设泄气孔。防火门常采用自重下滑关闭方法，它是将门上导轨做成 5%～8% 的坡度，火灾发生时，易熔合金片熔断后，门扇依靠自重下滑关闭，如图 9.15 所示。当洞口尺寸较大时，可做成两个门扇相对下滑的防火门。

此外，大型公共建筑中常采用防火卷帘门，如图 9.16 所示。

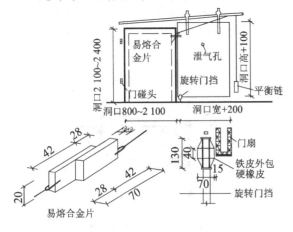

图 9.15　自重下滑关闭式防火门

图 9.16　防火卷帘门的运用

9.3.2　保温门、隔声门

保温门扇两层面板间填以轻质、疏松的材料（如玻璃棉、矿棉等），隔声门常采用多层复合结构，即在两层面板之间填吸声材料（如玻璃棉、玻璃纤维板等）。隔声效果与门扇的材料及门缝的密闭有关,一般保温门和隔声门的面板常采用整体板材(如五层胶合板、硬质木纤维板等),不易发生变形,如图 9.17 所示。

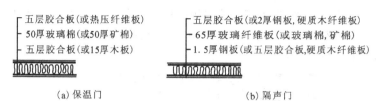

(a) 保温门   (b) 隔声门

图 9.17　保温门、隔声门的构造

　　门缝密闭处理通常采用的措施是在门缝内粘贴填缝材料,如橡胶管、海绵橡胶条、泡沫塑料条等,如图 9.18 所示。

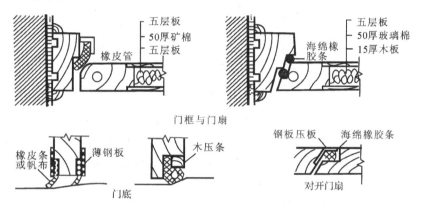

图 9.18　保温门、隔声门缝隙处理措施

9.3.3　密封门

密封门的构造示意图如图 9.19 所示。

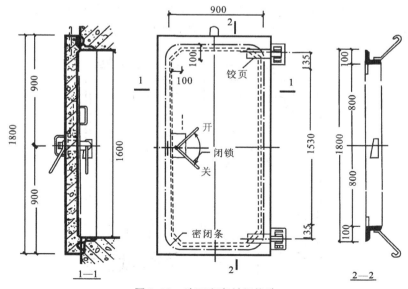

图 9.19　地下室密封门构造

9.3.4 感应电子自动门

电子自动门是利用计算机、光电感应装置等高科技手段发展起来的一种新型、高级自动门，如图 9.20 所示。按其感应原理不同可分为微波传感、超声波传感和远红外传感三种类型，按感应方式有探测传感器装置和踏板传感器装置。

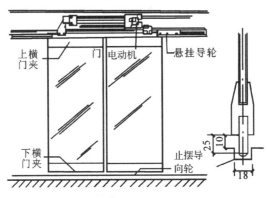

图 9.20 自动门立面

微波和光电感应器属自控探测装置，其原理是通过微波、声波和光电来捕捉物体的移动，这类装置通常安装在门上框居中位置，使门前能形成一定半径的圆弧探测区域。当人和通行物进入传感器的感应区域时，门扇便自动打开，当通行者离开感应范围时，门扇又会自动关上。为防止通行者或通行物静止在感应区域而使门扇开启失控，还配备有静止时控装置，即当通行者静止不动在 3～5 s 以上时，门扇也会自动关闭。

感应电子自动门的门扇开启方式有推拉和平开两种。

9.3.5 全玻璃无框门

全玻璃无框门，又称厚玻璃装饰门。通常采用 10 mm 以上厚度的平板玻璃、钢化玻璃板，按一定规格加工后直接用作门扇的无框的玻璃门，如图 9.21 所示。门扇的最大高度为 2500 mm，门扇最大宽度为 1200 mm。具有玻璃整体感强、光亮明快、不遮挡视线、美观通透的优点，多用

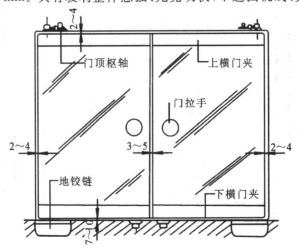

图 9.21 全玻璃无框门

于建筑物主入口。当建筑外立面为落地玻璃幕墙时,为了达到增强室内外的通透感和玻璃饰面整体效果的目的,选择这种全玻璃无框门尤为合适。

全玻璃无框门按开启功能分为手动门和自动门两种,按开启方式分为平开式和推拉式两种。门框有铝合金门框和型钢构架门架式门框两种。

9.3.6 保温窗、隔声窗

保温窗常采用双层窗及双层玻璃的单层窗两种。双层窗可内外开,或内开,或外开。双层玻璃单层窗又分为:双层中空玻璃窗,双层玻璃之间的距离为5~15 mm,窗扇的上下冒头应设透气孔;双层密闭玻璃窗,两层玻璃之间为封闭式空气间层,其厚度一般为4~12 mm,充以干燥空气或惰性气体,玻璃四周密封。这样减少空气渗透,避免空气间层内产生凝结水。

若采用双层窗隔声,应采用不同厚度的玻璃,以减少吻合效应的影响。厚玻璃应位于声源一侧,玻璃间的距离一般为80~100 mm。

9.3.7 固定式通风高侧窗

通风高侧窗的特点是能采光,能防雨,能常年进行通风,不需设开关器,构造较简单,管理和维修方便,多在工业建筑中采用,如图9.22所示。

(a) 垂直错开　　　　(b) 倾斜固定　　　　(c) 通风百叶

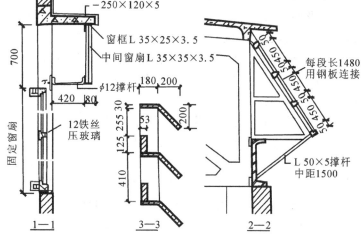

图9.22 固定式通风高侧窗

*9.4   遮阳

遮阳的方法有在窗前植树或种植攀缘植物、窗口悬挂窗帘、设置百叶窗、挂苇席帘、支撑遮阳篷布等措施，如图9.23所示，还可利用雨篷、挑檐、阳台、外廊及墙面花格进行遮阳，而设置遮阳板是建筑构造的主要方法。

苇席遮阳　　　　　　　篷布遮阳　　　　　　　木百叶遮阳

图9.23　简易遮阳方式

1. 遮阳板形式

按其形状和位置可分为水平遮阳、垂直遮阳、混合遮阳及挡板遮阳四种基本形式，如图9.24所示。

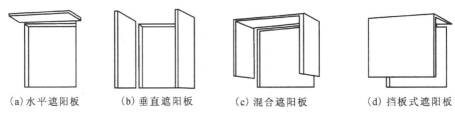

（a）水平遮阳板　　　（b）垂直遮阳板　　　（c）混合遮阳板　　　（d）挡板式遮阳板

图9.24　遮阳板形式

（1）水平遮阳是在窗口上方设置一定宽度的水平方向的遮阳板，能够遮挡从窗口上方照射下来的阳光，适用于南向及偏南向的窗口，和北回归线以南的低纬度地区的北向及偏北向的窗口。水平遮阳板可做成实心板，也可做成网格板或百叶板。

（2）垂直遮阳是在窗口两侧设置垂直方向的遮阳板，能够遮挡从窗口两侧斜射过来的阳光。根据阳光的来向可采取不同的做法，如垂直遮阳板可垂直墙面，也可以与墙面形成一定的夹角，垂直遮阳适用于偏东、偏西的南向或北向窗口。

（3）混合遮阳是水平遮阳和垂直遮阳的综合形式，能够遮挡从窗口两侧及窗口上方射进的阳光，遮阳效果比较均匀，混合遮阳适用于南向、东南向及西南向的窗口。

（4）挡板遮阳是在窗口前方离开窗口一定距离设置与窗口平行的垂直挡板。垂直挡板可以有效地遮挡高度角较小的正射窗口的阳光，主要适用于西向、东向及其附近的窗口。挡板遮阳遮挡了阳光，但也遮挡了通风和视线，所以遮阳挡板可以做成格栅式或百叶式挡板。

以上四种基本形式还可以组合成为各种各样的遮阳形式，设计时应根据不同的纬度地区、不同的窗口朝向、不同房间的使用要求和建筑立面造型来选用各种不同的遮阳形式。

2. 水平遮阳板的构造

（1）水平遮阳板设置在距窗口上方180 mm处，这样可减少遮阳板上的热空气被风吹入室内,如图 9.25(a)所示。

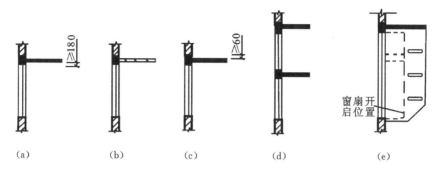

图 9.25 水平遮阳板的构造

（2）可将水平遮阳板做成空格式百叶板,百叶格片与太阳光线垂直,以减轻水平遮阳板的重量和使热量能随气流上升散发,如图 9.25(b)所示。

（3）实心水平遮阳板与墙面交接处应注意防水处理,以免雨水渗入墙内,如图 9.25(c)所示。

（4）当设置多层悬挑式水平遮阳板时,应留出窗扇开启时所占用空间,避免影响窗户的开启使用,如图 9.25(d)、(e)所示。

1. 门窗的作用和要求是什么?

2. 门的形式有哪几种? 各自的特点和适用范围是什么?

3. 窗的形式有哪几种? 各自的特点和适用范围是什么?

4. 平开门、平开窗的组成和门窗框的安装方式是什么?

5. 简述金属门窗的类型和特点。

6. 特殊门窗有哪些? 其构造要点及适用范围如何?

7. 遮阳的几种类型及特点? 并简述水平遮阳板的构造要求。

第10章

装饰构造

知识目标

（1）掌握常见的墙面装饰做法。
（2）掌握常见的楼地面装饰做法。
（3）掌握常见的顶棚装饰构造。

能力目标

（1）能理解各种墙面装饰的特点及运用。
（2）能理解各种楼地面装饰的特点及运用。
（3）能识读悬吊式顶棚的构造图。

10.1 墙面的装饰构造

10.1.1 墙面装饰的作用

墙面装饰的作用一般有以下几点。

(1) 保护墙体，可增强墙体的坚固性、耐久性，延长墙体的使用年限。

(2) 改善墙体的使用功能：提高墙体的保温、隔热能力和隔声能力；提高室内照度和采光均匀度，改善室内卫生条件；吸收和反射太阳辐射热能，节约能源和改善室内温度；改善室内音质效果。

(3) 提高建筑的艺术效果，美化环境。

10.1.2 墙面装饰的分类

按装修所处部位不同，有室外装修和室内装修两类。室外装修用于外墙表面，兼有保护墙体和增加美观的作用，要求采用强度高、抗冻性强、耐水性好以及具有抗腐蚀性的材料。室内装修材料则因室内使用功能不同，要求有一定的强度、耐水及耐火性。

按饰面材料和构造不同，有清水勾缝、抹灰类、贴面类、罩面类、卷材类等。

10.1.3 墙面装饰构造

1. 清水砖墙饰面

清水砖墙饰面是指不作饰面的墙面。为整齐美观和防止雨水浸入墙身，可用 1:1 或 1:2 水泥细砂浆（或掺入颜料）勾缝，勾缝的形式有平缝、平凹缝、斜缝、弧形缝等，如图 10.1 所示。

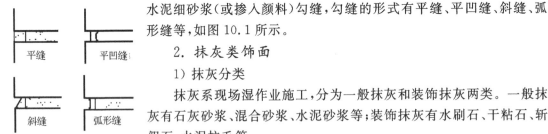

图 10.1 清水砖墙勾缝形式

2. 抹灰类饰面

1) 抹灰分类

抹灰系现场湿作业施工，分为一般抹灰和装饰抹灰两类。一般抹灰有石灰砂浆、混合砂浆、水泥砂浆等；装饰抹灰有水刷石、干粘石、斩假石、水泥拉毛等。

2) 抹灰分层和厚度控制

为保证抹灰牢固、平整、颜色均匀、面层不开裂脱落、避免龟裂，在构造上和施工时需分层操作，一般分底层、中间层和面层，如图 10.2 所示。

(1) 底层抹灰（又称找平层或打底层，施工上称刮糙）主要起与基层墙体黏结和初步找平的作用，厚度控制在 6~8 mm，最大不超过 10 mm。底层抹灰因墙体不同而采用不同的材料，具体说明如下。

① 普通砖墙常用 1:3 石灰砂浆或 1:1:6 混合砂浆。

② 混凝土墙体或有防潮、防水要求的墙体采用 1:1:6 混合砂浆或 1:3 水泥砂浆（混凝土墙面比较平整时可考虑不做底层）。

③ 轻质砌块墙体上先涂刷一层建筑胶或 107 胶素水泥浆封闭处理基层，再做底层抹灰。

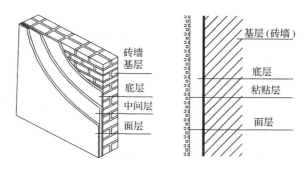

图 10.2　墙面抹灰的分层构造

不同建筑材料相接处或装饰要求较高的饰面,在涂刷建筑胶后底层抹灰前,在相应部位满钉或钉宽度不低于 300 mm 的细径镀锌钢丝网或轻质纤维网,再抹灰。

(2)中间层抹灰的作用是进一步找平,以减少打底砂浆层干缩后可能出现的裂纹,材料与底层基本相同。根据质量和工序要求分普通、中级、高级三种标准,分一次或几次抹成。

(3)面层抹灰(又称罩面)起装饰作用,要求面层表面平整、无裂痕、颜色均匀。所用材料为各种砂浆,如纸筋灰罩面、麻刀灰罩面、砂浆罩面或水泥石渣浆罩面等。

抹灰总厚度控制:外墙一般为 20～25 mm,内墙为 15～20 mm,顶棚为 12～15 mm。

3)抹灰类墙面装饰构造层次

抹灰类墙面装饰构造层次见表 10.1。

表 10.1　常见内外墙抹灰墙面装饰构造

位置	名称	用料及做法	附　注
外墙面饰面	水泥砂浆(1)	12 厚 1∶3 水泥砂浆 8 厚 1∶2 水泥砂浆	大面积面层粉刷用木抹搓平,小面积或线脚用铁抹压光 墙面分格条宽 8～12 mm,位置详见单项工程设计
	水泥砂浆(2)	刷 107 胶素水泥浆一遍,配合比为 107 胶∶水＝1∶4 15 厚 2∶1∶8 水泥石灰砂浆,分两次抹灰 5 厚 1∶2.5 水泥砂浆	适用于加气混凝土墙
	混合砂浆	12 厚 1∶1∶6 水泥石灰砂浆 8 厚 1∶1∶4 水泥石灰砂浆	表面也可加刷涂料
	水刷石(1)	15 厚 1∶3 水泥砂浆 刷素水泥浆一遍 10 厚 1∶1.5 水泥石子,水刷表面	墙面石子规格为中八厘,线脚用小八厘石子 墙面分格条宽 8～12 mm,或用白水泥或彩色石子,详见单项工程设计
	水刷石(2)	刷 107 胶素水泥浆一遍,配合比为 107 胶∶水＝1∶4 15 厚 2∶1∶8 水泥石灰砂浆,分两次抹灰,刷素水泥浆一遍 10 厚 1∶1.5 水泥石子,水刷表面	适用于加气混凝土墙
	斩假石	15 厚 1∶3 水泥砂浆 刷素水泥浆一遍 10 厚 1∶1.5 水泥米石子,用斧斩毛 (米石子粒径为 2～4,也可掺 20％石屑)	墙面分格条宽 8～12 mm,或用白水泥或彩色米石子,详见单项工程设计

位置	名称	用料及做法	附　注
内墙面饰面	石灰砂浆	（刷107胶素水泥浆一遍，配合比为107胶：水＝1：4） 18厚1：3石灰砂浆（1：3：9水泥石灰砂浆，分两次抹灰） 2厚麻刀（或纸筋）石灰面或1：0.1石灰细砂石灰面	括号内容适用于加气混凝土墙
内墙面饰面	混合砂浆	（刷107胶素水泥浆一遍，配合比为107胶：水＝1：4） 15厚1：1：6水泥石灰砂浆，分两次抹灰 5厚1：0.5：3水泥石灰砂浆	括号内容适用于加气混凝土墙
内墙面饰面	水泥砂浆	（刷107胶素水泥浆一遍，配合比为107胶：水＝1：4） 15厚2：1：8水泥石灰砂浆，分两次抹灰 5厚1：2水泥砂浆	括号内容适用于加气混凝土墙
内墙面饰面	防水砂浆	25厚1：2.5水泥砂浆掺入水泥用量3%的JJ91硅质密实剂，分三次抹灰即每抹一遍，收水时压实一遍 5厚1：2水泥砂浆抹面压光	水泥应采用不小于425号的硅酸盐水泥或普通硅酸盐水泥
内墙面饰面	水泥珍珠岩保温砂浆	10厚1：8水泥膨胀珍珠岩 10厚1：8水泥膨胀珍珠岩 5厚1：0.5：3水泥石灰砂浆	1：8水泥珍珠岩密度为500 kg/m³，导热系数为0.058 W/(m·K)
内墙面饰面	聚氨酯泡沫塑料保温墙面	5厚1：0.5：3水泥石灰砂浆 12厚聚氨酯硬质泡沫塑料喷涂 3厚1：0.5：3水泥石灰砂浆	聚氨酯硬质泡沫塑料密度为40 kg/m³，导热系数为0.024 W/(m·K)

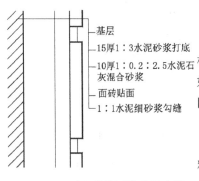

基层
15厚1：3水泥砂浆打底
10厚1：0.2：2.5水泥石灰混合砂浆
面砖贴面
1：1水泥细砂浆勾缝

图 10.3　贴面类饰面构造示意图

3. 贴面类饰面

贴面类饰面指在内外墙面上粘贴各种天然石板、人造石板、陶瓷面砖等，具有耐久性强、施工方便、质量好、装饰效果好、易清洗等特点，主要用于高标准建筑内外墙面、厨房、卫生间。按板材的厚度和质量其构造分粘贴和钩挂两类。

1）粘贴构造

板材轻且薄的，如面砖、陶瓷锦砖（也称为马赛克）等，采用粘贴方式固定，如图10.3所示，其构造要点如下。

（1）找平。在基层上抹1：3的水泥砂浆做底层（找平层），要求分层施工，严禁空鼓，每层厚度不应大于7 mm，总厚度不应大于20 mm，且应在前一层终凝后再抹后一层。

（2）黏结。采用1：2.5水泥砂浆或1：0.2：2.5的水泥石灰混合砂浆，若采用掺108胶（水泥用量5%～10%）的4～8 mm厚1：2.5水泥砂浆则粘贴更好，然后在其上面贴砖。

（3）填缝。用1：1水泥细砂浆（一般用于外墙面）或彩色水泥勾缝（一般用于内墙面）。

2）钩挂构造

板材厚重如大理石、花岗岩等采用钩挂方式固定，钩挂又分为湿挂和干挂。

"挂"是指板材用不锈钢或铜丝等连接件与基层（墙或柱）直接连接（焊接或拴接），或者通过骨架网（钢筋、镀锌方钢、槽钢和角钢）与基层连接。前者为无骨架体系，常适用于钢筋混凝土基层;后者为骨架体系,适用于各种结构形式。

板材与基层之间的缝隙用水泥砂浆浇注的称为湿挂(见图 10.4),否则称为干挂(又称连接件挂接法)。国内外建筑高级装饰已广泛采用干挂法。以骨架体系湿挂法为例,其构造要点如下。

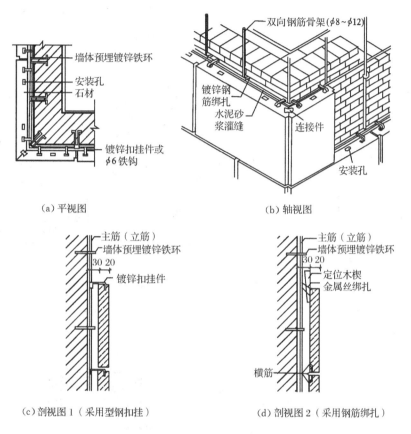

(a) 平视图   (b) 轴视图

(c) 剖视图 1 (采用型钢扣挂)   (d) 剖视图 2 (采用钢筋绑扎)

图 10.4　贴面类湿挂构造示意图

(1) 钢筋网。在砌墙时预埋镀锌铁环,并在铁环内立竖筋,间距 500～1000 mm,然后按面板位置在竖筋上绑扎横筋,构成一个 $\phi 6$ mm 的钢筋网(如果基层未预埋钢筋,可用金属膨胀螺栓固定预埋件,然后进行绑扎或焊接竖筋和横筋)。

(2) 钻孔并绑扎。板材上端两边钻以小孔,用铜丝或镀锌铁丝穿过孔洞将大理石或花岗石板绑扎在横筋上。

(3) 平整和填缝。板与墙身之间留 30 mm 左右间隙,施工时将活动木楔插入缝内,以调平和控制缝宽。上下板之间用 Z 形铜丝钩钩住,待石板校正后,在石板与墙面之间分层浇灌 1∶2.5 水泥砂浆。每次灌注高度不宜超过板高的 1/3,每次间隔时间为 1～2 h。最上部灌浆高度应距板材上皮 50 mm,不得与板材上皮齐平,以便和上层石板一并灌浆结合在一起。

石材较厚、重量大,铅丝绑扎的做法已不适用,而是采用连接件搭钩等方法。板与板之间应通过钢销、扒钉等相连,较厚的情况下,也可以采用嵌块、石榫、开口灌铅或用水泥砂浆等加固。板材与墙体一般通过镀锌锚固件连接锚固,锚固件有扁条锚件、圆杆锚件和线形锚件等。根据其采用的锚固件的不同,所采用板材的开口形状也各不相同,如图 10.5 所示。

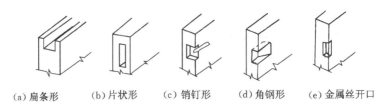

(a)扁条形　(b)片状形　(c)销钉形　(d)角钢形　(e)金属丝开口

图 10.5　板材的开口形状

贴面类干挂体系构造如图 10.6 所示。

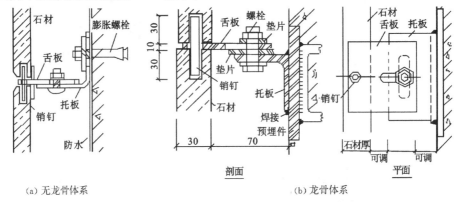

(a) 无龙骨体系　　　　　　　　　　　　　　(b)龙骨体系

图 10.6　贴面类干挂体系构造

此外,还可采用聚酯砂浆粘贴法。聚酯砂浆的胶砂比一般为 1∶4.5～1∶5,并掺入固化剂,如图 10.7 所示。

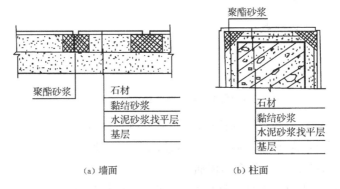

(a)墙面　　　　　　　　　(b)柱面

图 10.7　聚酯砂浆粘贴构造

4. 罩面板类饰面

罩面板类饰面是指用木板、木条、竹条、胶合板、塑料板、纤维板、石膏板、石棉水泥板、装饰吸声板、玻璃板、镜面玻璃、不锈钢板和金属薄板等材料制成的各类饰面板,通过镶、钉、拼贴等构造手法构成的墙面饰面。

1) 罩面板类饰面的基本构造

(1) 骨架。墙体或结构主体上先固定龙骨骨架,形成饰面板的结构层。

(2) 装饰面层。利用粘贴、紧固件连接、嵌条定位等方法,将饰面板安装在龙骨骨架上。有的饰面板还需要在骨架上先铺钉基层板(如纤维板、胶合板、木条板等),再贴装饰面板,如图 10.8 所示。

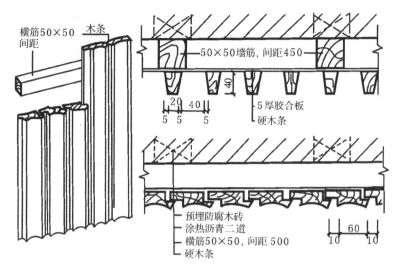

图 10.8　木质面板墙面装饰构造

2）各类罩面板类饰面的构造

（1）木护壁。木护壁是一种高级的室内装饰，一般高度为 1～1.8 m，甚至与顶棚做平。常选用实木板、胶合板、装饰板、微薄木贴面板、硬质纤维板等，如有吸声、扩声、消声等物理要求的墙面，常选用穿孔夹板、软质纤维板、装饰吸声板、硬木格条（常用于回风口、送风口）等。

一般构造做法介绍如下。

① 木骨架。先在墙面预埋防腐木砖，再钉立竖筋和横筋组成木骨架。木骨架的断面为（20～45）mm×（40～45）mm，木骨架间距视面板规格而定，一般竖筋间距 400～600 mm，横筋间距可稍大些，取 600 mm 左右。

② 防潮构造措施。一种措施是用防潮砂浆抹面，干燥后刷一遍冷底子油，然后铺上油毡防潮层，必要时在护壁板上、下留透气孔通风。另一种措施是通过埋在墙体内木砖的出挑，使面板、木筋与墙面之间存在一段距离。

③ 板与板的拼接处理主要有斜接密缝、平接留缝和压条盖缝等方式，其上下部位构造如图 10.9 所示。

多孔吸声板的基本构造与上述木护壁板相同，不同之处是吸声板的背后与木筋之间要求填玻璃棉、矿棉、石棉或泡沫塑料块等吸声材料。

硬木条作饰面时，墙面具有一定的消声效果，常用于各种送风口、回风口等墙面。

（2）金属薄板饰面。金属薄板饰面是利用一些轻金属，如铝、铜、铝合金、不锈钢等，经加工制成薄板，有平板形、波纹形、卷边或凹凸条纹等表面形状。金属薄板饰面坚固耐久、美观新颖、色泽美观大方，常用于室内外墙面装饰，如图 10.10(a)所示。

（3）镜面玻璃和有机玻璃饰面。镜面玻璃饰面是选用普通平板镜面玻璃，茶色、蓝色、灰色镀膜镜面玻璃等作墙面材料。用于室外可结合不锈钢、铝合金等做门头等处的装饰，但不宜设于较低的部位。

其构造做法：首先在墙基层上设置一层隔气防潮层，然后按要求立木筋，间距按玻璃尺寸，做成木框格，木筋上钉一层胶合板或纤维板等作衬板，最后将玻璃固定在木边框上，如图 10.10(b)和图 10.11 所示。

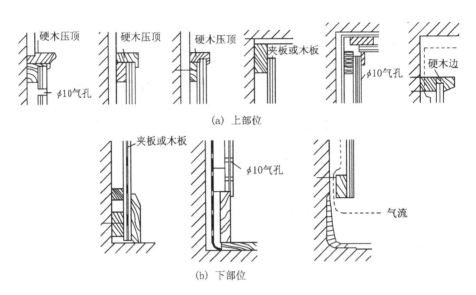

图 10.9　护壁板上、下部位的构造

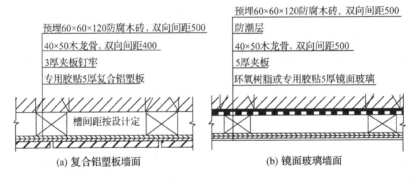

图 10.10　金属和镜面玻璃墙饰面构造

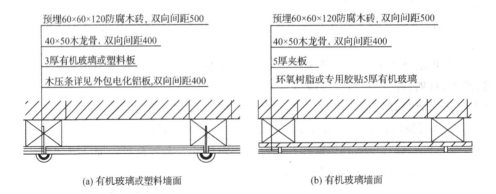

图 10.11　有机玻璃墙饰面构造

镜面玻璃固定方法主要有四种，如图 10.12 所示。

5．卷材类饰面

卷材类饰面是将各种装饰性的墙纸、墙布或皮革与人造革等卷材类的装饰材料裱糊或铺钉在墙面上（部分可用于吊顶上）的一种装修饰面。

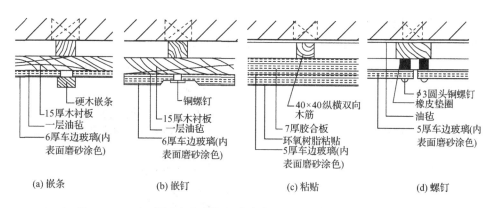

(a) 嵌条　　　　　(b) 嵌钉　　　　　(c) 粘贴　　　　　(d) 螺钉

图 10.12　镜面玻璃墙饰面固定方法

1）墙纸饰面

墙纸有塑料墙纸（俗称 PVC 墙纸）、纺织物面墙纸、金属面墙纸、天然木纹面墙纸等。其饰面构造做法如下。

（1）基层处理。裱糊前，先在基层刮腻子 1～2 遍，用砂纸磨平，再满刷一遍按 1∶（0.5～1）稀释的 108 胶水封闭处理。

（2）墙纸的预处理。预先进行胀水处理，即先将壁纸在水槽中浸泡 2～3 s，取出后将多余的水倒掉，再静置 15 s，然后刷胶裱糊。

（3）裱贴墙纸，拼缝修饰。裱糊墙纸的关键在于裱贴的过程和拼缝技术。粘贴时注意保持纸面平整，防止出现气泡，并对拼缝处压实。如果是不干胶墙纸，可直接裱贴在做好的墙面基层或家具表面上。

2）玻璃纤维墙布和无纺墙布饰面

构造方法大体与纸基墙纸类同，不同之处有：不需吸水膨胀，应直接裱糊；宜用聚醋酸乙烯浮液作为胶粘剂，并将胶粘剂刷在基层上。

3）丝绒和锦缎饰面

丝绒和锦缎饰面的防潮防腐要求较高，一般在墙面基层上用水泥砂浆找平后刷冷底子油，再做一毡二油防潮层。其他做法如图 10.13 所示。

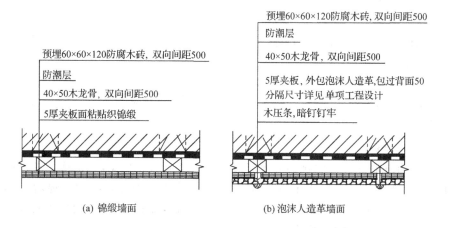

(a) 锦缎墙面　　　　　　　　(b) 泡沫人造革墙面

图 10.13　锦缎、泡沫人造革墙面构造

4）皮革与人造革饰面

皮革与人造革饰面的构造做法与木护壁的相似，如图 10.14 所示。

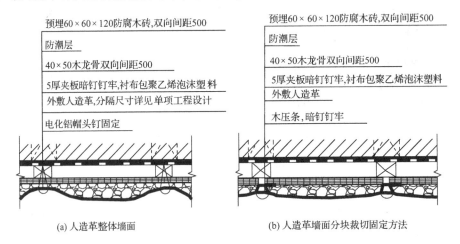

预埋60×60×120防腐木砖，双向间距500

防潮层

40×50木龙骨双向间距500

5厚夹板暗钉钉牢,衬布包聚乙烯泡沫塑料

外敷人造革,分隔尺寸详见单项工程设计

电化铝帽头钉固定

预埋60×60×120防腐木砖，双向间距500

防潮层

40×50木龙骨双向间距500

5厚夹板暗钉钉牢,衬布包聚乙烯泡沫塑料

外敷人造革

木压条,暗钉钉牢

(a) 人造革整体墙面　　　　　　(b) 人造革墙面分块裁切固定方法

图 10.14　人造革或皮革饰面构造示意图

6. 涂料类饰面

建筑物的内外墙面均可采用涂料做饰面。涂料在涂敷于物体表面后，与基层良好黏结，从而形成牢固而完整的保护膜，是各种饰面做法中最为简便、经济的一种方式。

根据建筑物的使用功能、建筑环境、建筑构件所处部位等来选择装饰效果好、黏结力强、耐久性高、无污染、经济性好的材料。外墙装修还要求涂料具有足够的耐久性、耐候性、耐污染性和耐冻融性；内墙装修除对颜色、平整度、丰满度等有一定要求外，还应有一定的硬度、耐干擦性和耐湿擦性等。

建筑涂料的涂装一般有用喷涂罐喷涂和用压辊滚涂两种方式。

1）基层处理

喷涂前必须先清除基层表面的灰浆、浮土、附着物等，对基层表面凸凹不平的部分应进行剔平，或修补填平，对轻微不平的可用腻子刮平，深孔洞用聚合物水泥砂浆（水泥、107胶与水质量比为 1：2：0.2）修补。

2）涂料准备

涂料使用前、使用中需搅拌充分，但不能随意用水稀释。

3）喷涂或滚涂

喷涂时，门窗处必须遮挡，以喷成雾状为宜。喷头距墙一般 50～70 cm 为宜。

滚涂前必须用清水湿润墙面，无明水后即可涂刷，必须勤蘸勤涂，一定要等初涂干透后才可涂第二遍、第三遍。

4）涂料的表面装饰性

一般来说，纯涂料用刷子涂刷的墙面装饰效果与其他饰面相比，无论从色彩、质感和线型均显平淡和简单。为了提高涂料饰面的装饰效果，目前采用一种带花纹的压辊，在已涂有底涂的饰面上再滚一层厚涂料，形成带有凹凸感的花纹。也有将涂料分成底涂料、骨料和面层，分三次喷涂，造成一种"砂绒感"和"浮雕感"，效果很好。

"砂绒感"涂料是由基层封闭涂料、黏接胶、彩色砂粒和罩面涂料组成的，表面有自由面和滚压面两种。

"浮雕感"涂料是由基层封闭涂料、厚涂料和罩面涂料组成的,表面形成多种肌理质感。

10.1.4　墙面装饰细部构造

1. 踢脚

踢脚位于内墙面与楼地面交接处。为了保护墙身和防止擦洗地面时弄脏墙面,需要区别于一般内墙装修,设置踢脚。踢脚的材料一般与楼地面相同,高度一般为 100 ～ 200 mm,常见做法有暗踢脚(踢脚外表面与墙面装修层相平)和明踢脚(凸出墙面装修层以外 3～8 mm),如图 10.15 所示。

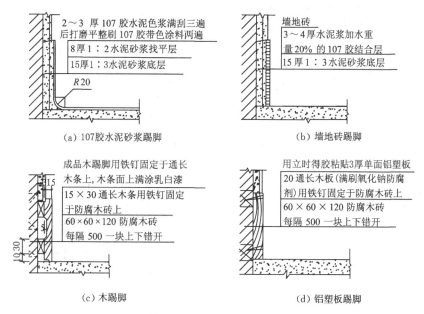

图 10.15　踢脚的构造

2. 墙裙

在内墙抹灰中,对门厅、走廊、楼梯间、卫生间等处采取保护措施,称为墙裙或台度。墙裙是踢脚的延伸,一般 900～1 800 mm 高,卫生间内的墙裙还可以做得更高些。常见有水泥砂浆饰面,水磨石饰面,瓷砖饰面,大理石饰面,喷、刷涂料等,如图 10.16 所示。

3. 装饰线

在内墙面和顶棚交接处,可做成各种装饰线条,如图 10.17 所示。

4. 转角

对经常易受碰撞的内墙凸出的转角处或门洞的两侧,常抹以高 1.80 m 的 1∶2 水泥砂浆打底,以素水泥浆抨小圆角进行处理,俗称护角。公共建筑人流量大的场所,常采用角钢护角,如图 10.18 所示。此外,护角材料可用硬塑料、橡胶、铝合金等成品。石材饰面地转角也要特别处理,如图 10.19 所示。混凝土墙安装成品护角时预埋防腐木砖改为射钉、木楔固定。

5. 引线条

在外墙抹灰中,由于墙面抹灰面积较大,为避免面层产生裂纹,方便操作和维修及立面处理

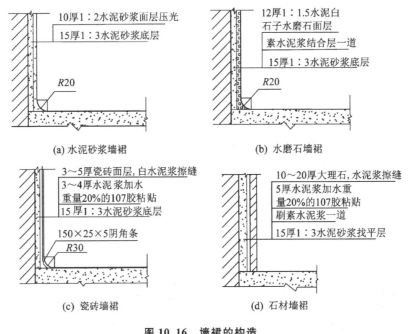

图 10.16 墙裙的构造

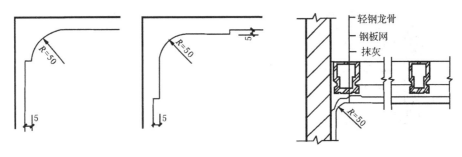

图 10.17 抹灰装饰线示意图

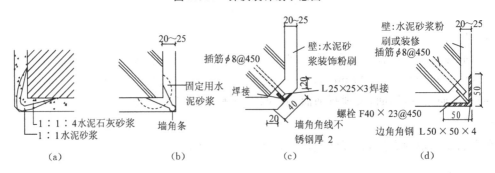

图 10.18 护角的构造

的需要,常对抹灰面层作分格处理,俗称引条线,如图 10.20 所示。为防止雨水通过引条线渗透至室内,必须做好防水处理,通常利用防水砂浆或其他防水材料做勾缝处理。

6. 窗套与腰线

窗套是由带挑檐的过梁、窗台和窗边挑出立砖而构成的,外抹水泥砂浆后,可再刷白浆或做其他装饰。腰线是指过梁和窗台形成的上下水平线条,外抹水泥砂浆后,刷白浆或做其他装饰。

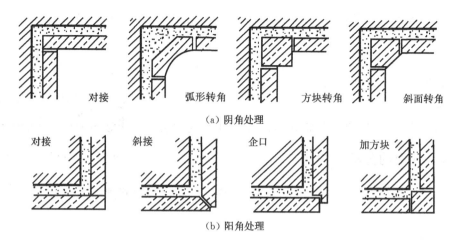

图 10.19　石材饰面转角构造处理

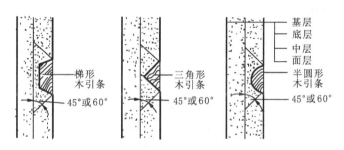

图 10.20　抹灰饰面的分块与设缝

10.2　楼地面的装饰构造

10.2.1　地坪的构造组成

地坪是指建筑物底层与土壤相接触的水平结构部分,它承受着地坪上的荷载并均匀地传给地基,主要由面层、垫层和基层三个基本构造层组成,根据功能及构造要求还可增加防水(潮)层、隔声层等附加构造层。

1. **面层**

地坪面层又称地面,是地坪上表面的装修层,与楼层面层一样起着保证室内表面平整、光洁、易清洁和不起灰,其保温性、弹性、装饰性和经济性好,并满足某些特殊要求(防水防潮、耐腐蚀等)。本节所讲述的楼地面的装饰构造包括楼面和地面两部分(常统称地面,以下同),其基本的构造是一样的。

2. **垫层**

垫层是位于面层之下用来承受并传递荷载的部分,通常采用 $60\sim100$ mm 厚 C10 或 C15 混凝土垫层,并设置纵向缩缝(平头缝,间距 $3\sim6$ m)和横向缩缝(假缝,高度宜为垫层厚度的1/3,宽度 $5\sim20$ mm,缝内填水泥砂浆)。

部分建筑的地坪也可用灰土、三合土等非刚性垫层制成。

3．基层

基层也称地基，位于垫层之下，用于承受垫层传下来的荷载。通常采用素土夯实，如图 10.21 所示。

4．附加层

如楼板面上需铺设暗管时，宜采用 C7.5 混凝土作附加层。

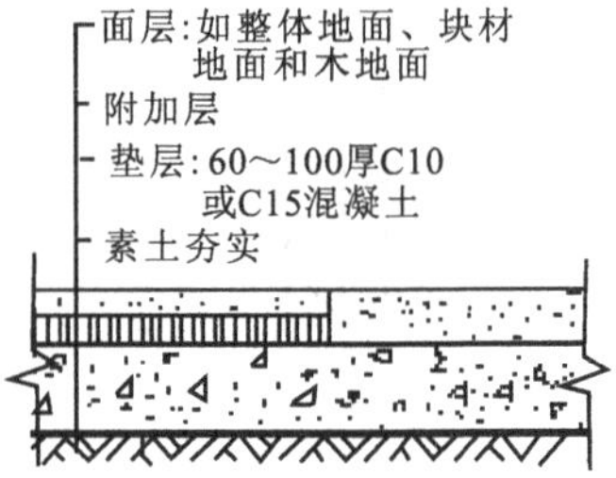

面层：如整体地面、块材地面和木地面

附加层

垫层：60～100厚C10或C15混凝土

素土夯实

图 10.21　地坪的构造层次示意图

10.2.2　地面的分类与构造

地面的名称是依据面层所用材料来命名的。按面层所用材料和施工方式不同，常见地面做法可分为以下几类。

1．整体地面

如水泥砂浆地面、细石混凝土地面、水泥石屑地面、水磨石地面等都为整体地面。

1）水泥砂浆地面构造

水泥砂浆地面构造简单，坚固、耐磨、防水，但易起灰，不易清洁，通常做法有单层和双层两种。单层做法只抹一层 15～20 mm 厚 1∶2 或 1∶2.5 水泥砂浆；双层做法较单层好，只是增加一层 10～15 mm 厚 1∶3 水泥砂浆找平层，饰面减为 5～10 mm 厚，如图 10.22 所示。

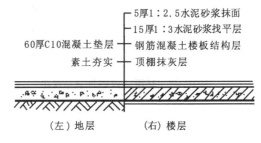

5厚1∶2.5水泥砂浆抹面

15厚1∶3水泥砂浆找平层

60厚C10混凝土垫层　钢筋混凝土楼板结构层

素土夯实　顶棚抹灰层

（左）地层　　　（右）楼层

图 10.22　水泥砂浆地面构造示意图

2）水泥石屑地面构造

水泥石屑地面又称豆石地面，是将水泥砂浆里的中粗砂换成 3～6 mm 的石屑形成的饰面，其饰面为 20～25 mm 厚 1∶2 水泥石屑，水灰比不大于 0.4。这种地面强度高，性能近似水磨石。防滑地面是将面层做成瓦垄状、齿槽状，彩色水泥地面是在面层内掺一定量的氧化铁红或其他颜料。

3）水磨石地面构造

水磨石地面是将天然石料（大理石、方解石）的石碴做成水泥石屑面层，经磨光打蜡制成的。质地美观，表面光洁，具有很好的耐磨、耐久、耐油、耐碱、防火、防水性能，通常用于公共建筑门厅、走道、主要房间的地面、墙裙，住宅的浴室、厨房、厕所等处。

（1）水磨石地面构造要点。

① 打底找平。

② 固定分格条。按设计为 1 m×1 m 方格的图案嵌固玻璃塑料分格条（或 1～2 mm 厚铜条并钻直径 2 mm 圆孔，孔距 300 mm，孔内穿 40 mm 长、直径 1.2～1.6 mm 镀锌铁丝或铝条），分格条一般高 10 mm。

③ 浇捣水泥石子。（1∶1.5）～（1∶2）水泥石子，粒径为 8～10 mm，饰面厚度为粒径的

1.5倍。

④ 磨光打蜡。一般需粗磨、中磨、精磨,用草酸水溶液洗净,最后打蜡抛光,如图 10.23 所示。

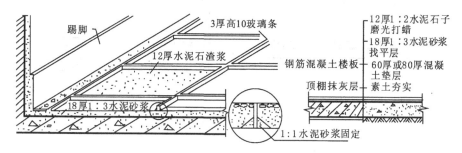

图 10.23　水磨石地面构造示意图

(2) 水磨石地面的类型。

① 普通水磨石地面。采用普通水泥掺白石子,用玻璃条分格。

② 美术水磨石地面。用白水泥加各种颜料和各色石子,用铜条分格。

③ 碎拼大理石地面,又称冰裂水磨石地面。它是将破碎的大理石块铺入面层,不分格,缝隙处填补水泥石渣,磨光后即成(见图 10.24)。

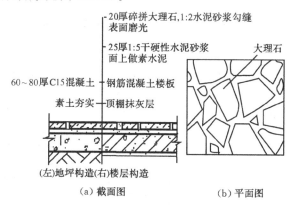

(a) 截面图　　　　(b) 平面图

图 10.24　碎拼大理石地面构造示意图

2. 块材类地面

块材类地面是利用各种人造的和天然的预制块材板材镶铺在基层上面而制成的,常用块材有陶瓷地砖、陶瓷锦砖、大理石板、花岗石板等。

1) 铺砖地面

铺砖地面是按干铺和湿铺两种方式铺设黏土砖、水泥砖、预制混凝土块等而制成的。湿铺坚实平整,适用于要求不高或庭园小道等处,如图 10.25 所示。

2) 陶瓷地砖和陶瓷锦砖地面

陶瓷锦砖和陶瓷地砖广泛应用于卫生间、盥洗室、浴室、厨房、实验室及有腐蚀性液体的房间地面。陶瓷地砖多用于装修标准较高的建筑物地面。构造做法见图 10.26,如陶瓷地砖需离缝铺贴,则用 1∶1 水泥砂浆填缝。此外,粘贴陶瓷锦砖(纸胎)时,应用水洗去牛皮纸,如图 10.26(b)所示。

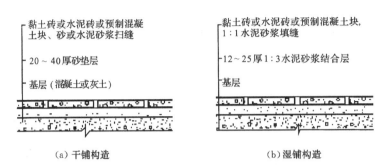

图 10.25　块材类铺砖地面构造

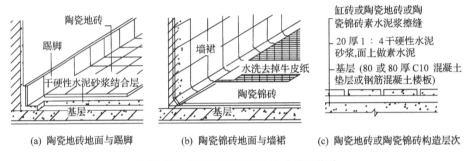

图 10.26　陶瓷地砖和陶瓷锦砖地面构造

3）石板地面

石板地面包括天然石地面（大理石和花岗石板）和人造石（预制水磨石、预制混凝土块）地面。天然石板一般多用于高级宾馆、会堂、公共建筑的大厅、门厅等处。粗琢面的花岗石板可用在纪念性建筑、公共建筑的室外台阶、踏步上，既耐磨又防滑，如图 10.27 所示。

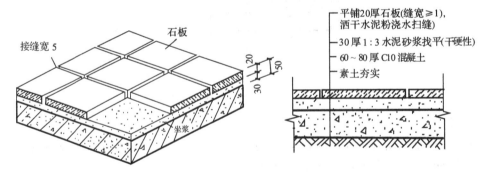

图 10.27　石材地面的构造

3．木地板

木地板以其不起灰、不返潮、易清洁、弹性和保温性好，常用于高级住宅、宾馆、体育馆、健身房、剧院舞台等建筑中。

1）分类

木地板可分为普通实木地板、复合木地板、软木地板。

（1）普通实木地板可分为条形地板、拼花地板。

（2）实木复合木地板是一种两面贴上单层面板的复合构造的木板，由三层实木相互垂直层压、胶合而成,一般表层为优质硬木规格条板拼镶,板芯层为针叶林木材,底层为旋切单板。

(3) 新型复合强化木地板(金刚板)。

(4) 软木地板。

2) 构造形式

构造形式有单(双)层铺钉式和粘贴式。

(1) 铺钉单层木地板构造要点。

① 找平后防潮。

② 铺设木搁栅。通过与预埋在结构层内的 U 形铁件嵌固或 10 号双股镀锌铁丝扎牢,搁栅间的空间可安装各种管线。

③ 铺钉普通木地板或硬木条形地板。

④ 刨平油漆。

注意:木搁栅和木板背面满涂氟化钠防腐剂或煤焦油;木板与四周墙体留 5~8 mm 间隙;踢脚板上开通风孔;搁栅间可填珍珠岩;拼缝,如图 10.28 所示。

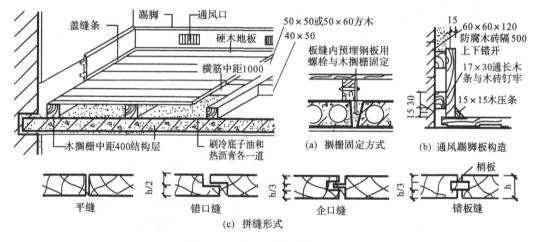

图 10.28 单层木地面铺钉式构造

(2) 双层木地板。

双层木地板具有更好的弹性。底板又称毛板,采用普通木板,与搁栅呈 30° 或 45° 方向铺钉,面板采用硬木拼花板或硬木形板,底板和面板之间应衬一层 350 号沥青油毡。其他构造与单层木地板相同,如图 10.29 所示。

(3) 粘贴式木地板。

粘贴式木地板是用黏结剂或 XY401 胶粘剂直接将木地板粘贴在找平层上。若为底层地面,则应在找平层上做防潮层,或直接用沥青砂浆找平。

此外,还有高级组合木地板又称复合底板,具有耐磨、耐污、耐久、不变形、不需上蜡、表面带饰面层的特点。其构造是:基层上 30 mm 厚 1:2.5 水泥砂浆掺入水泥用量 3% 的 JJ91 硅质密实剂;107 胶水泥腻子刮平;0.2 mm 厚聚乙烯或聚氯乙烯塑料薄片防潮;2 mm 厚聚乙烯泡沫塑料隔声垫;8 mm 厚高级组合木地板。

4. 人造软质制品楼地面构造

人造软质制品楼地面是指以人造软质制品覆盖材料覆盖基层所形成的楼地面,如橡胶制

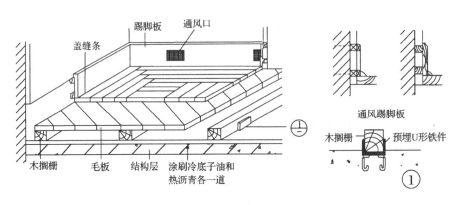

图 10.29 双层木地面铺钉式构造

品、塑料制品和地毯等地面。人造软质制品可分为块材和卷材两种，其铺设方式有固定式与不固定式，固定方法又分为粘贴式固定法与倒刺板固定法。

1）塑料地板楼地面

塑料地板楼地面是用聚氯乙烯树脂塑料地板为饰面材料铺贴而成，具有脚感舒适、噪声较小、防滑、耐腐蚀等优点。广泛适用于住宅、旅店客房及办公场所，但不适用于人流较密集的公共场所。

直接铺设法适用于塑料卷材状地板，宜用在人流量小及潮湿房间的地面；粘贴铺贴法主要适用于做半硬质塑料块状地板，设计中应尽量考虑不采用。基层的平整、干燥、密实是保证整个铺贴质量的关键。

2）地毯楼地面

地毯是一种高级地面装饰材料，它分为纯毛地毯和化纤地毯两类，其铺设方法如下。

（1）粘贴式固定法。一般不放垫层，把胶黏剂刷在基层，然后将地毯固定在基层上。

（2）倒刺板固定法。清理基层，沿踢脚板的边缘用高强水泥钉将倒刺板钉在基层上，如图10.30所示。地毯铺好后，用剪刀裁去墙边多出部分，再用扁铲将地毯边缘塞入踢脚板下预留的空隙中，如图 10.31 所示。

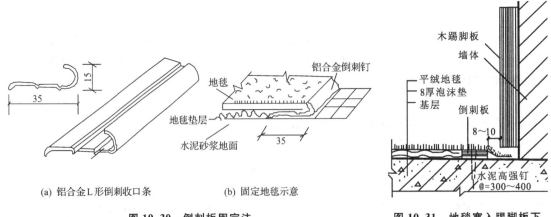

(a) 铝合金L形倒刺收口条   (b) 固定地毯示意

图 10.30 倒刺板固定法   **图 10.31 地毯塞入踢脚板下**

3）橡胶地毡楼地面

橡胶地毡楼地面具有较好的弹性、保温、隔撞击声、耐磨、防滑和不带电等性能。适用于展览馆、疗养院等公共建筑,也适用于车间、实验室的绝缘地面及游泳池边、运动场等防滑地面。一般用胶黏剂粘贴在水泥砂浆基层上。

5. 涂料地面

涂料地面是利用涂料涂刷或涂刮而成。它是水泥砂浆地面的一种表面处理形式,用于改善水泥砂浆地面在使用和装饰方面的不足。涂料地面常用涂料有聚氨酯彩色涂料、氯磺化聚乙烯涂料等。

一般构造的方法为:在找平层干燥后满刮107胶水泥腻子1～2遍,打磨平整→涂刷底涂料→地面涂料→罩面涂料各1～2遍即可。

*10.2.3 地面的特殊构造

1. 地坪的防潮构造

地面返潮现象主要出现在中国南方梅雨季节。当地坪表面温度降到露点温度时,空气中的水蒸气遇冷便凝聚成小水珠附着在地表面上,使室内物品受潮。

避免返潮现象主要需解决两个问题:一是降低空气相对湿度,加强通风(如去湿机);二是减少围护结构内表面与室内空气的温差,使围护结构内表面温度在露点温度以上,构造措施如下。

1) 保温地面

对于地下水位低、地基土壤干燥的地区,在面层下面铺设一层保温层,以改善地面与室内空气温度差过大的矛盾,如图10.32(a)所示;在地下水位较高地区,可将保温层设在面层与结构层之间,并在保温层下铺防水层,如图10.32(b)所示。

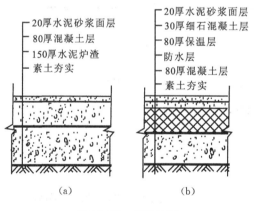

(a)　　　　　(b)

图 10.32　保温地面

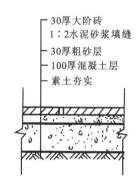

图 10.33　吸湿地面

2) 吸湿地面

黏土砖、大阶砖、陶土防潮砖做地面不会感到有明显的潮湿现象,如图10.33所示。

3) 架空式地面

在底层地面下设通风间层,即底层地坪不接触土壤,使返潮现象得到明显的改善,如图10.34所示。

2. 楼地面的防水构造

有水侵蚀的房间,如厕所、盥洗室、淋浴室等,容易发生渗漏水现象,解决问题的构造措施有排水和防水两方面。

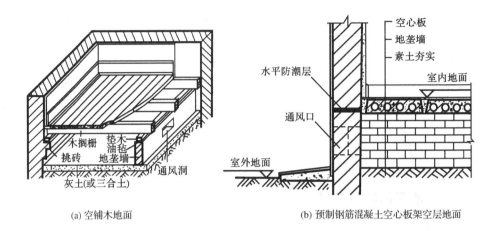

(a) 空铺木地面 (b) 预制钢筋混凝土空心板架空层地面

图 10.34 架空地面

1）排水

楼地面一般有 1.0%～1.5%排水坡度,引导水流入地漏。同时,有水房间的楼地面标高比其他房间或走廊低 30～50 mm,如图 10.35(a)所示;若标高相平时,可在门口做高出楼地面20～30 mm 的门槛,如图 10.35(b)所示。

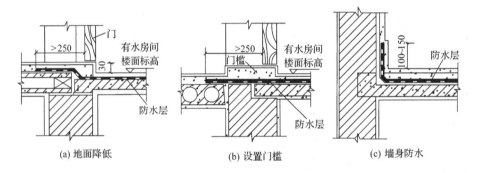

(a) 地面降低 (b) 设置门槛 (c) 墙身防水

图 10.35 有水房间地面的防水构造措施

2）防水处理

（1）楼板防水需注意的要点如下。

① 有水侵蚀的楼板应以现浇为佳。

② 防水质量要求较高的地方,地面常采用水泥地面、水磨石地面、马赛克地面、陶瓷面砖地面等。

③ 同时在面层下设置防水层一道,如卷材防水、防水砂浆防水或涂料防水层,并将防水层沿房间四周墙边向上深入踢脚线内 100～150 mm,如图 10.35(c)所示。

④ 当遇到开门处,其防水层应铺出门外至少 250 mm。

（2）立管穿楼板的防水处理一般采用两种办法,如图 10.36 所示:一是在管道穿过的周围用 C20 级干硬性细石混凝土捣固密实,再以两布二油橡胶酸性沥青防水涂料作密封处理;二是在暖气、热水等热力管道穿过楼板层的位置埋设一个比热水管直径稍大的套管,套管比楼面高出 30 mm 左右。

（3）淋水墙面的防水处理,如图 10.37 所示。淋水墙面是指浴室、盥洗室和小便槽等处有水

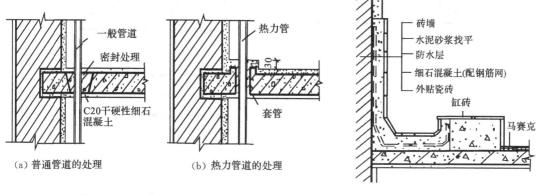

（a）普通管道的处理　　　（b）热力管道的处理

图10.36　立管穿楼板的防水处理　　　　图10.37　淋水墙面的防水处理

侵蚀墙体的情况。小便槽防渗漏水构造：槽壁用厚40 mm以上混凝土，内配构造钢筋（φ6@200～300 mm双向钢筋网）；槽底加设防水层一道，并延伸到墙身；槽表面铺设水磨石面层或贴瓷砖。

3. 楼板层的隔声

楼板层的隔声构造首先控制振源，然后改善楼板层隔绝撞击声的性能，一般从以下三方面入手。

1）铺设弹性材料

楼面上铺设富有弹性的材料，如地毯、橡胶地毡、塑料地毡、软木板等，以降低楼板本身的震动，使撞击声能减弱，如图10.38所示。

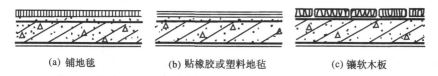

（a）铺地毯　　　　　（b）贴橡胶或塑料地毡　　　　　（c）镶软木板

图10.38　楼面铺设弹性材料降噪的构造措施

2）设置弹性垫层

在楼板结构层与面层之间增设一道弹性垫层，使楼面与楼板完全被隔开，故又称浮筑层，如图10.39所示。

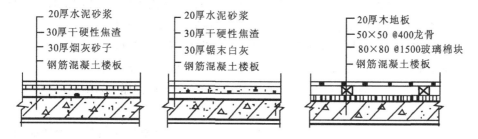

图10.39　设置弹性垫层降噪的构造措施

3）设置吊顶

利用吊顶隔绝空气传声来降低噪声。此外，在吊顶上铺设吸音材料和在吊筋与楼板之间采用弹性连接也是很好的措施，如图10.40所示。

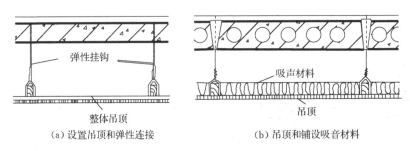

（a）设置吊顶和弹性连接　　　　　（b）吊顶和铺设吸音材料

图 10.40　设置吊顶降噪的构造措施

10.3　顶棚的装饰构造

顶棚又称天花板，是楼板层、屋盖下表面的装饰构件，是建筑物室内主要饰面之一。要求表面光洁，美观，改善室内照度以提高室内装饰效果；对某些有特殊要求的房间，还要求顶棚具有隔声吸音或反射声音、保温、隔热、管道敷设等方面的功能，以满足使用要求。

顶棚可按不同类型分类，具体如下。

（1）按顶棚外观分类，有平滑式、井格式、分层式、悬浮式等，如图 10.41 所示。

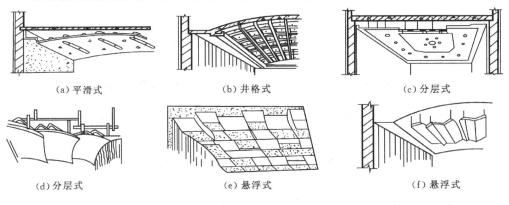

（a）平滑式　　　　　　　（b）井格式　　　　　　　（c）分层式

（d）分层式　　　　　　　（e）悬浮式　　　　　　　（f）悬浮式

图 10.41　顶棚形式

（2）按施工方法分类，有抹灰刷浆类顶棚、裱糊类顶棚、贴面类顶棚、装配式板材顶棚等。

（3）按装修表面与结构基层关系分类，有直接式顶棚、悬吊式顶棚。

（4）按结构层（构造层）显露状况分类，有隐蔽式顶棚、开敞式顶棚。

（5）按饰面材料与龙骨关系分类，有活动装配式顶棚、固定式顶棚等。

（6）按装饰表面材料分类，有木质顶棚、石膏板顶棚、金属板顶棚、玻璃镜面顶棚等。

（7）按承受荷载能力分类，有上人顶棚、不上人顶棚。

此外，还有结构顶棚、软体顶棚、发光顶棚等。顶棚设计应根据建筑的使用功能、装修标准和经济条件等选择适宜的形式和构造方式。

10.3.1　直接式顶棚构造

直接式顶棚是指直接在钢筋混凝土屋面板或楼板下表面直接喷浆、抹灰或粘贴装修材料的一种构造方法。具体做法和构造与内墙面的抹灰类、涂刷类、贴面类基本相同,常用于装饰要求不高的一般建筑,如办公室、住宅、教学楼等。

1) 直接喷刷涂料顶棚

当板底平整时,可直接喷、刷大白浆或 106 涂料。

2) 直接抹灰顶棚

它是用麻刀灰、纸筋灰、水泥砂浆和混合砂浆等材料构造,其中纸筋灰应用最普遍,如图 10.42(a)、(b)所示。

3) 直接贴面顶棚

某些有保温、隔热、吸声要求的房间,以及楼板底不需要敷设管线而装修要求又高的房间,采用泡沫塑料板、铝塑板或装饰吸音板等贴面顶棚。这类顶棚与悬吊式顶棚的区别是不使用吊杆,直接在结构楼板底面敷设固定龙骨,再铺钉装饰面板,如图 10.42(c)所示。

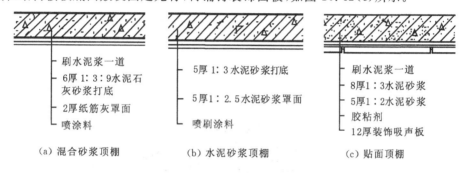

（a）混合砂浆顶棚　　　　（b）水泥砂浆顶棚　　　　（c）贴面顶棚

图 10.42　直接式顶棚装饰构造

10.3.2　吊顶式(悬吊式)顶棚构造

悬吊式顶棚是指顶棚的饰面与屋面板或楼板等之间留有一定的距离,利用这一空间布置各种管道和设备,如灯具、空调、烟感器、喷淋设备等。悬吊式顶棚的立体感好、形式变化丰富,适用于中、高档的建筑顶棚装饰。

1. 悬吊式顶棚的构造组成

悬吊式顶棚一般由基层、面层、吊筋三个基本部分组成,如图 10.43 所示。

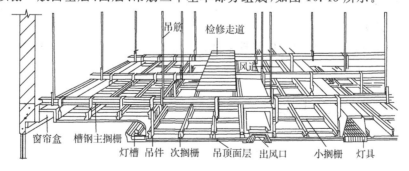

图 10.43　悬吊式顶棚的构造组成

1) 吊顶基层

吊顶基层即吊顶骨架层,是一个由主龙骨、次龙骨(或称为主搁栅、次搁栅)所形成的网格骨架体系。

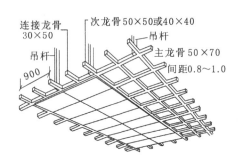

图 10.44　吊顶木基层同层布置示意图

常用的吊顶基层有木基层和金属基层两大类。

（1）木基层由主龙骨、次龙骨两部分组成。木基层的布置方式有两种：一种是双层布置，即主龙骨在上层，次龙骨在下层；另一种是同层布置，即次龙骨与主龙骨布置在同一层面上，如图 10.44 所示。

（2）金属基层。常见的金属基层有轻钢龙骨和铝合金龙骨两种。

轻钢龙骨的主龙骨一般用特制的型材，断面多为 U 形，故又称为 U 形龙骨系列。轻型大龙骨不能承受上人荷载；中型大龙骨，能承受偶然上人荷载，可敷设简易检修走道；重型大龙骨能承受上人荷载，敷设永久性检修走道。

铝合金龙骨常用的有 T 形、U 形、LT 形以及采用嵌条式构造的各种特制龙骨。

当顶棚的荷载较大、悬吊点间距很大或在特殊环境下使用时，必须采用普通型钢做基层，如角钢、槽钢、工字钢等，如图 10.45 所示。

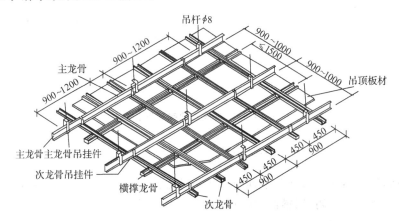

图 10.45　吊顶槽钢基层双层布置示意图（不露骨架形式）

2）吊顶面层

面层的构造要结合灯具、风口布置等一起进行，吊顶面层一般分为抹灰类、板材类及搁栅类。最常用的是各类板材。

板材面层与龙骨架的连接因面层与骨架材料的形式而异，可用螺钉、螺栓、圆钉、特制卡具、胶粘剂等连接，或直接搁置、挂钩在龙骨上，如图 10.46 所示。

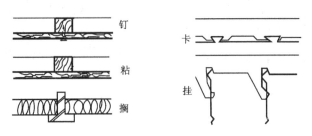

图 10.46　板材面层与龙骨架的连接方式

3）吊筋（杆）

吊筋或吊杆是用钢筋、型钢、轻钢型材或木方连接龙骨和承重结构的承重传力构件。钢筋用于一般顶棚,型钢用于重型顶棚或整体刚度要求特别高的顶棚,木方一般用于木基层顶棚。吊筋与龙骨架和基层的连接方式如图 10.47 和图 10.48 所示。

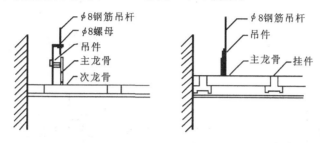

图 10.47　吊筋（杆）与主龙骨、主龙骨与次龙骨的连接构造示意图

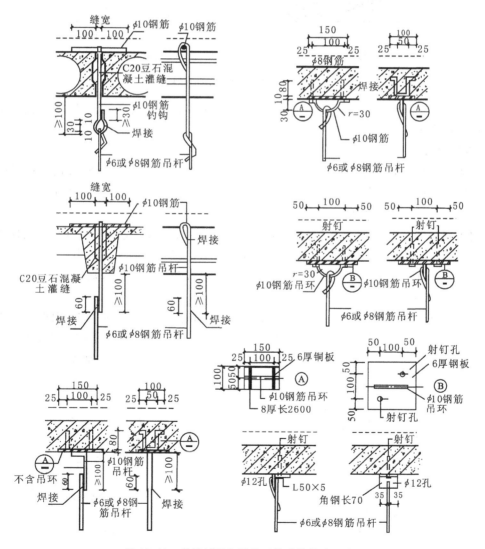

图 10.48　吊筋（杆）与结构层的连接构造示意图

2. 悬吊式顶棚的构造做法

1）抹灰类吊顶构造

（1）板条钢板网抹灰顶棚构造如图 10.49 所示。

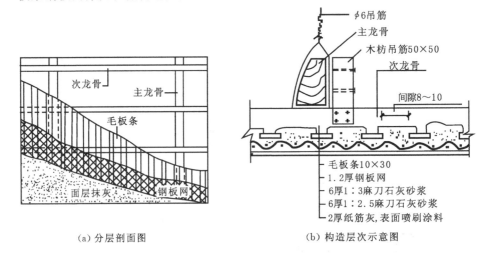

（a）分层剖面图   （b）构造层次示意图

图 10.49　板条钢板网抹灰顶棚构造

（2）钢板网抹灰顶棚构造。钢板网抹灰顶棚采用金属材料作为顶棚的骨架和基层，抹灰的做法和构造层次等与墙面装饰抹灰类同。

2）板材类吊顶构造

板材类顶棚根据需要可选用不同的面层材料，如实木板、胶合板、纤维板、钙塑板、石膏板、塑料板、硅钙板、矿棉吸声板以及铝合金等轻金属板材。这类顶棚用作公共建筑的大厅顶棚时要综合考虑音响、照明、通风等技术要求。

板材类顶棚的基本构造是在其承重结构上预设吊筋，或用射钉等固定连接将主龙骨固定在吊筋上，次龙骨固定在主龙骨上，再将面层板固定在龙骨上或直接搁置在龙骨上。

（1）木质板顶棚。木质板顶棚指饰面板采用实木条板和各种人造木板（如胶合板、木丝板、刨花板、填芯板等）的顶棚。

（2）石膏板顶棚。石膏板顶棚固定方式有直接搁置在倒 T 形方格龙骨上；用埋头或圆头螺钉拧在龙骨上；在石膏板的背面加设一条压缝板；大型纸面石膏板用沉头螺钉安装后，可以刷色、裱糊墙纸，加贴面层或做成各种立体的顶棚以及竖向条或格子形顶棚，如图 10.50 所示。

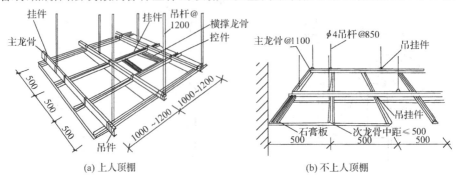

（a）上人顶棚   （b）不上人顶棚

图 10.50　轻钢龙骨纸面石膏板顶棚布置及构造示意图

（3）矿棉纤维板和玻璃纤维板顶棚。它特别适合于有一定防火要求的顶棚,常见的构造方式有暴露骨架（又称明架）、部分暴露骨架（又称明暗架）、隐蔽式骨架（又称暗架）三种,如图10.51、图 10.52 和图 10.53 所示。

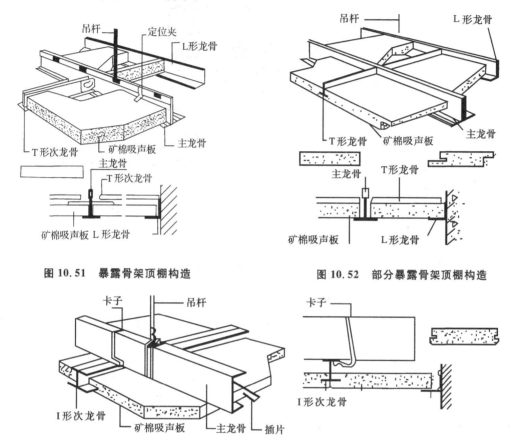

图 10.51　暴露骨架顶棚构造　　　　图 10.52　部分暴露骨架顶棚构造

图 10.53　隐蔽式骨架顶棚构造

（4）金属板顶棚。金属板顶棚采用铝合金板、薄钢板等金属板材面层,如图 10.54 和图10.55所示。

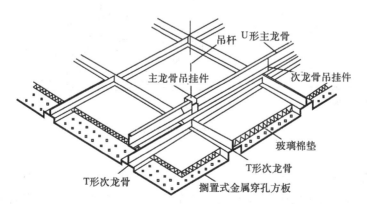

图 10.54　搁置式金属方板顶棚构造示意图

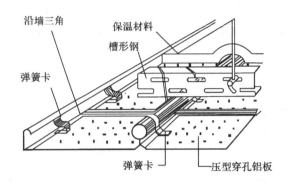

图 10.55 卡入式金属方板顶棚构造示意图

（5）镜面顶棚。镜面顶棚采用镜面玻璃、镜面不锈钢片条饰面材料，使室内空间的上界面空透开阔，可扩大空间，使空间生动而富于变化，如图 10.56 所示。

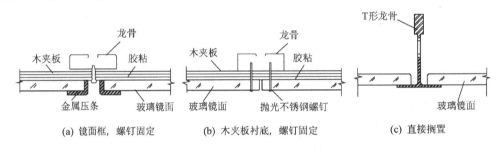

（a）镜面框，螺钉固定　　　（b）木火板衬底，螺钉固定　　　（c）直接搁置

图 10.56 镜面顶棚的面板与龙骨连接构造示意图

（6）发光顶棚。发光顶棚是指顶棚饰面板采用有机灯光片、彩绘玻璃等透光材料的一类顶棚，如图 10.57 所示。由于它整体透亮，光线均匀，减少了室内空间的压抑感。彩绘玻璃图案多样，装饰效果丰富。

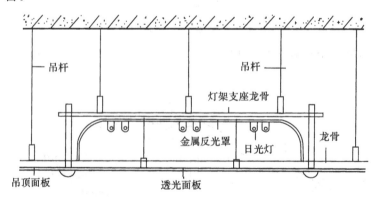

图 10.57 发光顶棚的构造示意图

3）开敞式吊顶构造

开敞式顶棚是一种独立的吊顶体系，其表面开口，故又称搁栅吊顶，如图 10.58 所示。通过一定的单体构件组合表现出韵律感，结合灯具的布置，使其造型艺术品、装饰品的作用得到充分的发挥。

吊顶构件及上部空间处理成深色或灰暗色调，使空间内的设备、管道变得模糊，并利用向下

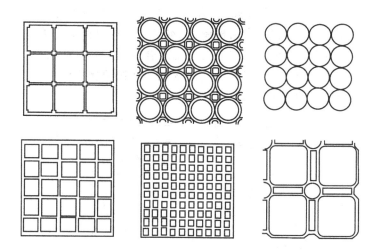

图 10.58　常见开敞式吊顶单体构件形式

反射的灯光加强下部空间的亮度,形成反差,将人们的注意力吸引到下部空间及地面上。

从制作材料的角度来分,有木制搁栅构件、金属搁栅构件、灯饰构件及塑料构件等,其中,尤以木制搁栅构件、金属搁栅构件最为常用,如图 10.59 所示。在实际工程中,先将单体构件连成整体,再通过通长的钢管与吊杆相连,如图 10.60 所示。

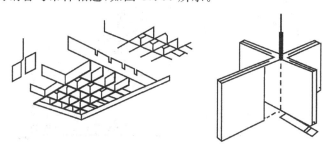

图 10.59　开敞式吊顶单件组合固定形式构造示意图

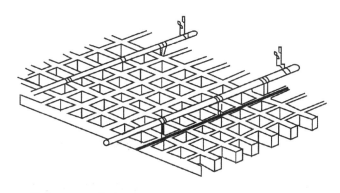

图 10.60　开敞式吊顶单件拼接、整体固定构造示意图

*10.3.3　结构顶棚装饰

将屋盖或楼盖结构暴露在外,利用结构本身的韵律做装饰,称为结构顶棚。例如,网架结

构,构成网架的杆件布置形式本身很有规律,有结构本身的艺术表现力,如能充分利用这一特点,有时能获得优美的韵律感。又如,拱结构屋盖,本身具有规律性的优美曲面,可以形成富有韵律的拱面顶棚。结构顶棚的装饰重点在于巧妙地组合照明、通风、防火、吸声等设备,以显示顶棚与结构韵律的和谐,形成统一的、优美的空间景观。结构顶棚广泛应用于体育建筑及展览厅等大型公共建筑,如图 10.61 和图 10.62 所示。

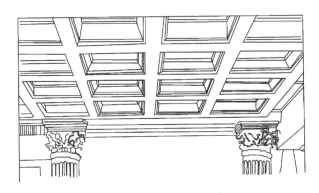

图 10.61　结构顶棚装饰构造示意图之一

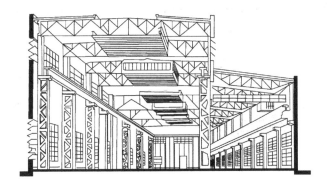

图 10.62　结构顶棚装饰构造示意图之二

1. 墙面装修的作用是什么？按装修材料及施工方法可分为哪几类？

2. 墙面抹灰分为哪几层？各层的作用和要求是什么？

3. 贴面类饰面的基本构造因工艺形式不同可分为哪几种？大理石饰面板材的安装方法有哪些？

4. 常见的地面做法有几种？水磨石地面、木地面、块材地面有何特点及构造要求？

5. 简述楼板层的构造组成。

6. 楼板防水如何处理？楼板层隔声处理方法有哪些？

7. 吊顶一般由几部分组成？常见吊顶的构造有哪些？

第11章

变 形 缝

知识目标

（1）掌握变形缝的概念。
（2）掌握变形缝的类型、设置原则及相互间的区别。
（3）掌握变形缝在墙体、楼地面、屋顶等各位置的构造处理方法。
（4）掌握沉降缝的基础处理方法。

能力目标

（1）能识读变形缝处构造图。
（2）能结合具体情况，合理设置变形缝。

受气温变化、地基不均匀沉降以及地震等因素的影响，建筑物结构内部产生附加应力和变形。如处理不当，将会使建筑物产生裂缝甚至倒塌，影响使用与安全。其解决办法如下。

（1）加强建筑物的整体性，使之具有足够的强度和刚度，以抵抗这些破坏力。

（2）预先在变形敏感部位断开，预留一定缝隙，将建筑物分成若干个相对独立的部分，保证建筑物在这些缝隙处有足够的变形空间，各部分能自由变形、互不干扰，而不造成建筑物的破损。设置的这种构造缝称为变形缝。

变形缝按其功能不同分为伸缩缝、沉降缝和防震缝三种类型（见表11.1）。

表11.1　三种类型变形缝的不同点及相互关系

类　型	伸　缩　缝	沉　降　缝	防　震　缝
设置原因	昼夜温差引起热胀冷缩	建筑物各部分不均匀沉降	地震作用
设置依据	不同材料、结构类型和屋盖刚度	地基土质、建筑层数	不同的结构类型和体系以及设计裂度确定
断开部位	建筑物地面以上部分全部断开，基础不必断开	建筑物从基础到屋顶全部断开	沿建筑物全高设置，基础可断开，也可不断开
一般宽度/mm	20～30	30～70	50～120
运动趋势	水平运动	上下运动	水平和上下运动
相互关系	① 同一位置只设一道构造缝 ② 沉降缝一般与伸缩缝合并设置，兼起伸缩缝的作用，但伸缩缝不能代替沉降缝 ③ 同时考虑设置防震缝和沉降缝时，按沉降缝断开，按防震缝设置宽度		

11.1　伸缩缝

11.1.1　伸缩缝的设置

结构不同的房屋设置伸缩缝的相关规定见表11.2和表11.3。

表11.2　砌体结构房屋伸缩缝的最大间距

砌体类别	屋顶或楼板层的类型		间距/m
各种砌体	整体式或装配整体式钢筋混凝土结构	有保温层或隔热层的屋顶、楼板层	50
		无保温层或隔热层的屋顶	40
	装配式无檩体系钢筋混凝土结构	有保温层或隔热层的屋顶	60
		无保温层或隔热层的屋顶	50
	装配式有檩体系钢筋混凝土结构	有保温层或隔热层的屋顶	75
		无保温层或隔热层的屋顶	60

砌体类别	屋顶或楼板层的类型	间距/m
普通黏土、空心砖砌体		100
石砌体	黏土瓦或石棉水泥瓦屋顶 木屋顶或楼板层 砖石屋顶或楼板层	80
硅酸盐砖、硅酸盐砌块和混凝土砌块砌体		75

注:① 层高大于 5 m 的混合结构单层房屋,其伸缩缝间距可按表中数值乘以 1.3 采用,但当墙体采用硅酸盐砖、硅酸盐砌块和混凝土砌块砌筑时,不得大于 75 m;

② 温差较大且变化频繁地区、严寒地区不采暖的房屋及构筑物墙体的伸缩缝最大间距,应按表中数值予以适当减小后采用。

表 11.3　钢筋混凝土结构房屋伸缩缝的最大间距

项目	结 构 类 型		室内或土中/m	露天/m
1	排架结构	装配式	100	70
2	框架结构	装配式 现浇式	75 55	50 35
3	剪力墙结构	装配式 现浇式	65 45	40 30
4	挡土墙及地下室墙壁等结构	装配式 现浇式	40 30	30 20

注:① 如有充分依据或可靠措施,表中数值可以增减;

② 当屋面板上部无保温或隔热措施时,框架、剪力墙结构的伸缩缝间距可按表中"露天"栏的数值选用,排架结构可按适当低于"室内"栏的数值选用;

③ 排架结构的柱顶面(从基础顶面算起)低于 8 m 时,宜适当减少伸缩缝间距;

④ 外墙装配内墙现浇的剪力墙结构,其伸缩缝最大间距按"现浇式"一栏的数值选用,滑模施工的剪力墙结构,宜适当减小伸缩缝间距,现浇墙体在施工中应采取措施减少混凝土收缩应力。

11.1.2　伸缩缝的构造

1. 墙体

根据墙体材料、厚度及施工条件不同,墙体伸缩缝可做成平缝、错口缝、企口缝等形式,如图 11.1 所示。

为防止外界环境对室内环境的影响及考虑建筑立面装饰的要求,需对缝隙进行嵌缝和盖缝处理。缝内一般填沥青麻丝或木丝板、油膏、泡沫塑料条、橡胶条等有弹性的防水轻质材料。

盖缝处理应保证结构在水平方向自由变形而不破坏,具体可采取如下措施。

(1) 外墙面用镀锌铁皮、彩色薄钢板、铝皮等金属调节片做盖缝处理,如图 11.2 所示。

(2) 内墙面选用金属片、塑料片或木盖缝条覆盖,如图 11.3 所示。

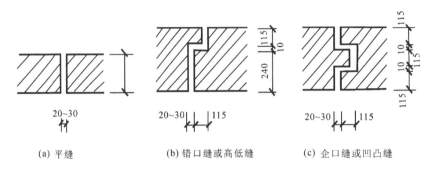

(a) 平缝　　　　　　　　(b) 错口缝或高低缝　　　　　(c) 企口缝或凹凸缝

图 11.1　砖墙伸缩缝的截面形式

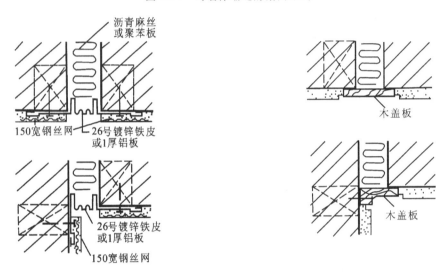

图 11.2　伸缩缝外墙面的构造　　　　　**图 11.3　伸缩缝内墙面的构造**

2. 楼板和地坪

楼地面伸缩缝的位置、缝宽大小应与墙身和屋顶变形缝一致，缝内常用可压缩变形的材料（如油膏、沥青麻丝、橡胶、金属或塑料调节片等）做封缝处理，上铺活动盖板或橡塑地板，如图 11.4 所示。

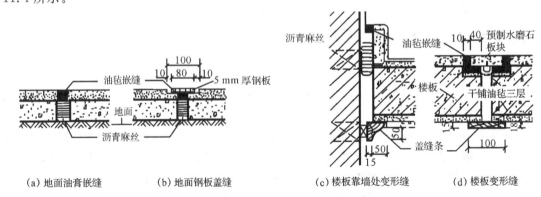

（a）地面油膏嵌缝　　（b）地面钢板盖缝　　　　（c）楼板靠墙处变形缝　　（d）楼板变形缝

图 11.4　楼地面伸缩缝的构造

3. 屋顶

屋面伸缩缝的位置、缝宽大小与墙身和屋顶变形缝一致,处理方式基本相同。特别注意构造要与伸缩缝水平运动趋势协调一致,如图 11.5 所示。

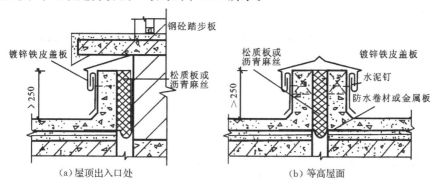

（a）屋顶出入口处　　　　　（b）等高屋面

图 11.5　屋顶伸缩缝构造

11.2　沉降缝

11.2.1　沉降缝的设置

出现下列情况时应设置沉降缝。

（1）同一建筑物相邻部分的高度相差较大(两层以上或超过 10 m)或荷载大小相差悬殊,或结构形式变化较大,易导致地基沉降不均时,如图 11.6(a)所示。

（2）当建筑物各部分相邻基础的形式、宽度及埋置深度相差较大,基础底部压力有很大差异,造成不均匀沉降时。

（3）当建筑物建造在不同地基上,地基承载能力不均匀,难以保证建筑物各部分沉降量一致。

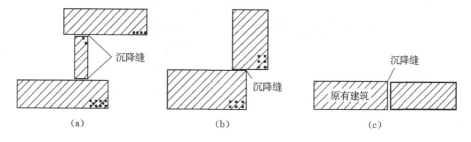

（a）　　　　　　　（b）　　　　　　　（c）

图 11.6　沉降缝设置示意图

（4）建筑物体型比较复杂、连接部分又比较薄弱时,如图 11.6(b)所示。

（5）新建建筑物与原有建筑物紧相毗连时,如图 11.6(c)所示。

在工程设计时,应尽可能通过合理的选址、地基处理、建筑体型的优化、结构选型和计算方法的调整以及施工程序上的配合(如采用后浇板带的办法)来避免或克服不均匀沉降,从而达到不设或少设沉降缝的目的。

11.2.2　沉降缝的构造

1. 墙体

墙体沉降缝的构造与伸缩缝构造基本相同。不同之处是调节片或盖板由两片组成,并且分别固定,以保证两侧结构在竖向方向能有相对运动趋势的可能,不受约束,如图 11.7 所示。楼地层以及屋顶的构造原理也同样如此,如图 11.8 所示。

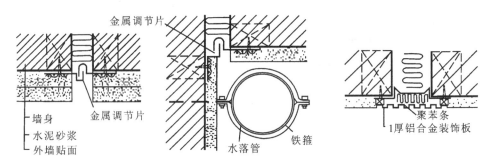

图 11.7　墙体沉降缝的构造

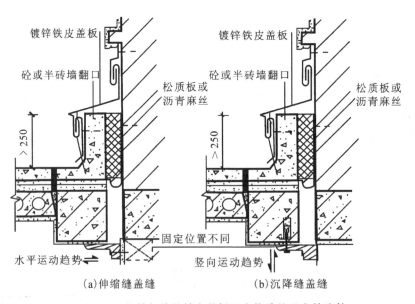

图 11.8　沉降缝与伸缩缝在盖板固定构造处理上的比较

2. 基础

基础沉降缝的构造处理方案有双墙式、挑梁式和交叉式三种。

(1)双墙式处理方案施工简单、造价低,但易出现两墙之间间距较大,或基础偏心受压的情况,因此常用于基础荷载较小的房屋,如图 11.9 所示。

(2)挑梁式处理方案是将沉降缝一侧的墙和基础按一般构造做法处理,而另一侧则采用挑梁支承基础梁,基础梁上支承轻质墙的做法,轻质墙可减少挑梁承受的荷载,但挑梁下基础的底面要相应加宽。这种做法两侧基础分开较大,相互影响小,适用于沉降缝两侧基础埋深相差较大或新旧建筑毗连时情况,如图11.10所示。

（3）交叉式处理方案是将沉降缝两侧的基础均做成墙下独立基础,交叉设置,在各自的基础上设置基础梁以支承墙体。这种做法受力明确、效果较好,但施工难度大,造价也较高,如图11.11所示。

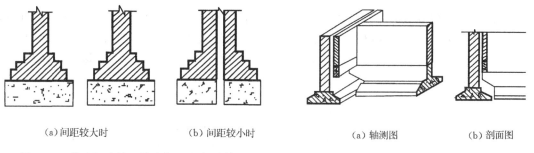

（a）间距较大时 （b）间距较小时	（a）轴测图 （b）剖面图
图11.9 基础沉降缝双墙式处理方案示意图	图11.10 基础沉降缝挑梁式处理方案示意图

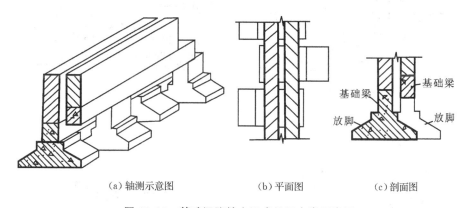

（a）轴测示意图　　　　（b）平面图　　　　（c）剖面图

图11.11 基础沉降缝交叉式处理方案示意图

11.3 防震缝

11.3.1 防震缝的设置

1. 多层砌体建筑

按照抗震设计规范要求,遇到下列情况时,应考虑设置防震缝（缝的宽度一般为50～120 mm）。

（1）建筑平面形体复杂,有较长的突出部分,如 L 形、U 形、T 形、山形等。

（2）建筑物立面高差在 6 m 以上。

（3）建筑有错层且错层楼板高差较大。

（4）建筑物相邻部分的结构刚度和质量相差悬殊。

2. 多层钢筋混凝土框架结构

建筑物高度在 15.0 m 及 15.0 m 以下时缝宽为 70 mm,高度超过 15.0 m 时,按地震烈度在缝宽 70 mm 的基础上增大。具体操作为:地震烈度 7 度,建筑物每增高 4 m,缝宽增加 20 mm;地震烈度 8 度,建筑物每增高 3 m,缝宽增加 20 mm;地震烈度 9 度,建筑物每增高 2 m,缝宽增加 20 mm。

11.3.2 防震缝的构造

墙体防震缝的构造与沉降缝构造基本相同。不同之处是因缝隙较大,一般不作填缝处理,而在调节片或盖板上设置相应材料,因此,应充分考虑盖缝条的牢固性等性能,以保证两侧结构在竖向和水平两方向都有相对运动趋势的可能,不受约束,如图 11.12 所示。楼地层以及屋顶的构造原理也同样如此。

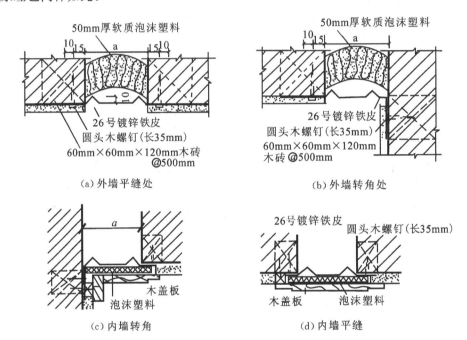

(a) 外墙平缝处 (b) 外墙转角处

(c) 内墙转角 (d) 内墙平缝

图 11.12 墙体防震缝的构造

复习思考题

1. 变形缝的作用是什么?房屋的变形缝分为哪几类?相互关系如何?

2. 在什么情况下设置伸缩缝?一般砖混结构伸缩缝的最大间距是怎样的?

3. 什么情况下需设置沉降缝?

4. 什么情况下需设置防震缝?各种结构的防震缝宽度如何确定?

5. 基础沉降缝有几种处理方案?各适用于什么情况?

*第12章

建筑施工图

知识目标

（1）熟悉施工图的分类、图示特点及阅读方法。
（2）掌握总平面图、平面图、立面图、剖面图、详图的图示内容和
识图方法。

能力目标

（1）能明确建筑工程图中的各种符号和图例的含义。
（2）能正确识读并绘制一整套完整的建筑施工图。

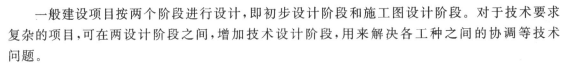

一般建设项目按两个阶段进行设计,即初步设计阶段和施工图设计阶段。对于技术要求复杂的项目,可在两设计阶段之间,增加技术设计阶段,用来解决各工种之间的协调等技术问题。

1. 初步设计阶段

设计人员接受任务书后,首先要根据业主建造要求和有关政策性文件、地质条件等进行初步设计,画出比较简单的初步设计图,简称方案图纸。它包括简略的平面、立面、剖面等图样,文字说明及工程概算。有时还要向业主提供建筑效果图、建筑模型及电脑动画效果图,便于直观地反映建筑的真实情况。方案图报业主征求意见,并报规划、消防、卫生、交通、人防等部门审批。

2. 施工图设计阶段

在已经批准的方案图纸的基础上,综合建筑、结构、设备等工种之间的相互配合、协调和调整。从施工要求的角度对设计方案予以具体化,为施工企业提供完整的、正确的施工图和必要的有关计算的技术资料。

房屋施工图由于专业分工的不同,一般分为建筑施工图(简称建施)、结构施工图(简称结施)、装饰施工图(简称装施)、给水排水施工图(简称水施)、采暖通风施工图(简称暖施)、电气施工图(简称电施)。也有的把水施、暖施、电施统称为设施(即设备施工图)。

一套完整的房屋施工图应按专业顺序编排,一般应为图纸目录、建筑设计总说明、总平面图、建施、结施、装施、水施、暖施、电施等。各专业的图纸,应该按图纸内容的主次关系、逻辑关系有序排列。

建筑施工图是用来描绘房屋建造的规模、外部造型、内部布置、细部构造的图纸,是房屋施工放线、砌筑、安装门窗、室内外装修和编制施工预算及施工组织计划的主要依据。

建筑施工图主要包括设计说明、总平面图、建筑平面图、建筑立面图、建筑剖面图以及建筑详图等。

12.1 设计说明

设计说明主要是对建筑施工图上不易详细表达的内容,如设计依据、工程概论、构造做法、用料选择等,用文字加以说明。此外,还包括防火专篇等一些有关部门要求明确说明的内容。设计说明一般放在一套施工图的首页。

12.2 总平面图

12.2.1 总平面图的形成和用途

总平面图是描绘新建房屋所在的建设地段或建设小区和地理位置以及周围环境的水平投影图。

总平面图主要反映新建房屋的位置、平面形状、朝向、标高、道路等的占地面积及周边环境。

总平面图是新建房屋定位、布置施工总平面图的依据,也是室外水、暖、电等设备管线布置的依据。

12.2.2　总平面图的内容及阅读方法

1.看图名、比例及有关文字说明

总平面图通常选用的比例为 1∶500、1∶1000、1∶2000 等,尺寸(如标高、距离、坐标等)以米(m)为单位,并至少应取至小数点后两位,不足时以"0"补齐。

2.了解新建工程的性质和总体布局

主要了解建筑出入口的位置、各种建筑物及构筑物的位置、道路和绿化的布置等。

由于总平面图的比例较小,各种有关物体均不能按照投影关系如实反映出来,只能用图例的形式进行绘制。要读懂总平面图,必须熟悉总平面图中常用的各种图例。总平面图中常用的各种图例见表 12.1。

总平面图中为了说明房屋的用途,在房屋的图例内应标注出名称。当图样比例小或图面无足够位置时,也可编号列表编注在图内。

表 12.1　建筑总平面图、道路与铁路常用图例

序号	名　称	图　例	备　注
1	新建建筑物	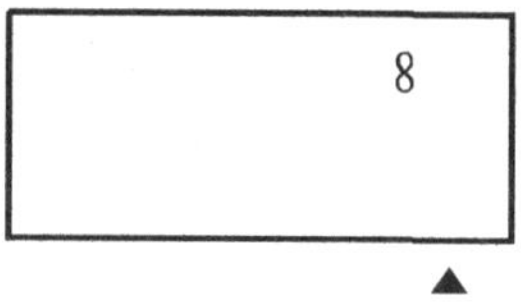 8 ▲	① 需要时,可用▲表示出入口,可在图形内右上角用点数或数字表示层数 ② 建筑物外形用粗实线表示
2	原有建筑物	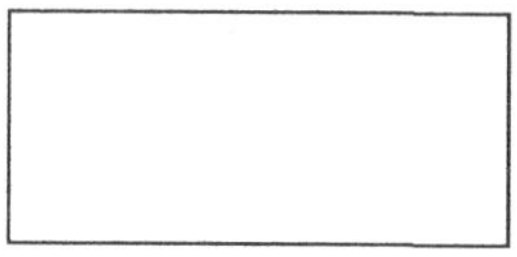	用细实线表示
3	计划扩建的预留地或建筑物		用中粗虚线表示
4	拆除的建筑物	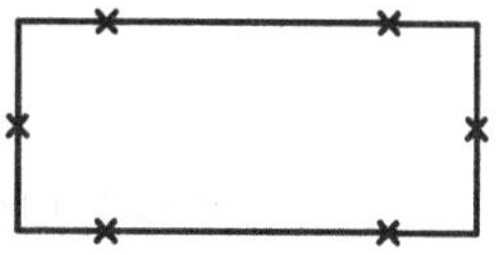	用细实线表示
5	建筑物下面的通道	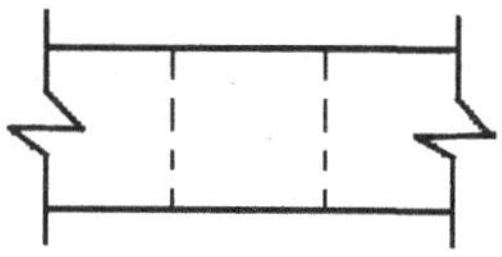	

续表

序号	名　称	图　例	备　注
6	散状材料露天堆场	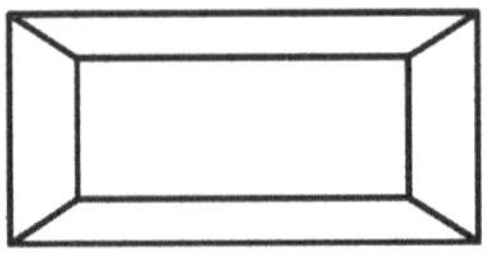	需要时可注明材料名称
7	其他材料露天堆场或露天作业场		
8	铺砖场地	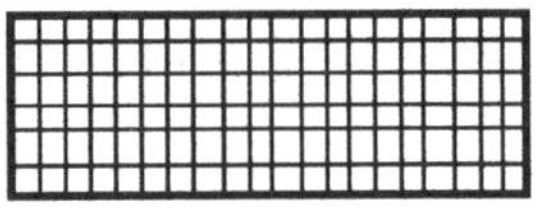	
9	敞棚或敞廊	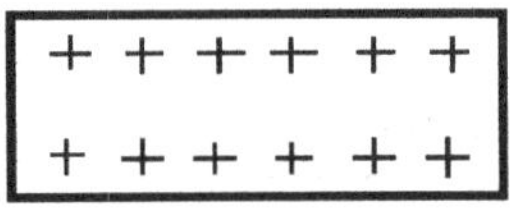	
10	围墙及大门	 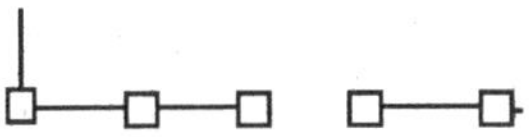	上图为实体性质的围墙,下图为通透性质的围墙,若仅表示围墙时不画大门
11	新建道路	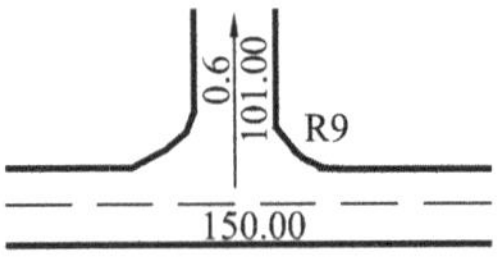 0.6 101.00 R9 150.00	"R9"表示道路转弯半径为 9 m,"150.00"为路面中心控制点标高,"0.6"表示 0.6％的纵向坡度,"101.00"表示变坡点间距离
12	原有道路	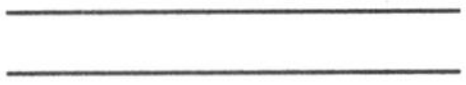	
13	计划扩建的道路		
14	拆除的道路	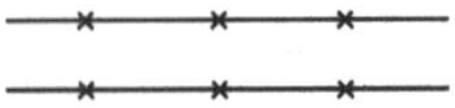	
15	排水明沟	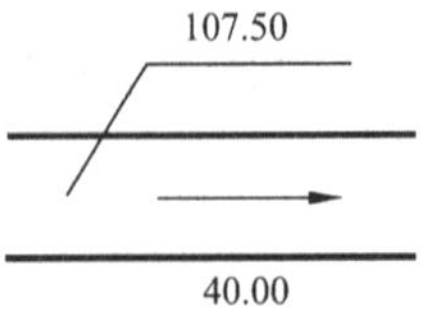 107.50 40.00 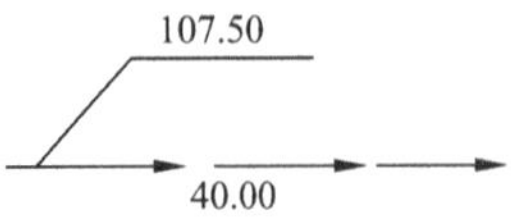 107.50 40.00	① 上图用于比例较大的图面,下图用于比例较小的图面 ②"1"表示 1％的沟底纵向坡度,"40.00"表示变坡点间距,箭头表示水流方向 ③"107.50"表示沟底标高

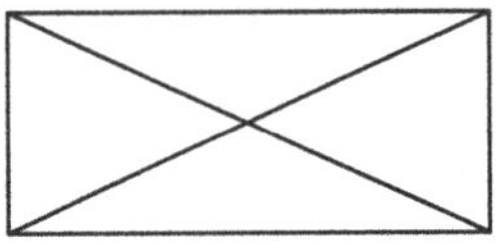

3. 看新建房屋的定位尺寸

新建房屋的定位方式基本上有两种。一种是以周围其他建筑物或构筑物为参照物,实际绘图时,标明新建房屋与其相邻的原有建筑物或道路中心线的相对位置尺寸。另一种是以坐标表示新建筑物或构筑物的位置。当新建筑区域所在地形较为复杂时,为了保证施工放线的准确,常用坐标定位。坐标定位分为测量坐标和建筑坐标两种。

(1)测量坐标。在地形图上用细实线画成交叉十字线的坐标网,南北方向的轴线为 X,东西方向的轴线为 Y,这样的坐标为测量坐标。坐标网常采用 100 m×100 m 或 50 m×50 m 的方格网。一般建筑物的定位宜注写其三个角的坐标,如建筑物与坐标轴平行,可注写其对角坐标。图 12.1 所示为测量坐标定位示意图。

(2)建筑坐标。建筑坐标就是将建设地区的某一点定为"0",采用 100 m×100 m 或 50 m×50 m 的方格网,沿建筑物主轴方向用细实线画成方格网通线。垂直方向为 A 轴,水平方向为 B 轴。它适用于房屋朝向与测量坐标方向不一致的情况,标注形式如图 12.2 所示。

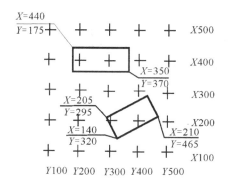

图 12.1　测量坐标定位示意图

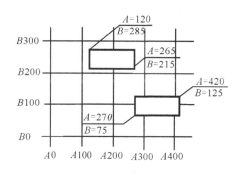

图 12.2　建筑坐标标注形式

4. 看新建房屋底层室内地面和室外地面的标高

总图中的标高均为绝对标高,如标注相对标高,则应注明相对标高与绝对标高的换算关系。建筑物室内地坪,标准建筑图中±0.000 处的标高,对不同高度的地坪分别标注其标高,如图 12.3 所示。

5. 看工程的朝向及其他相关图示说明

看总平面图中的指北针,明确建筑物及构筑物的朝向,有时还要画上风向频率玫瑰图,来表示该地区的常年风向频率。

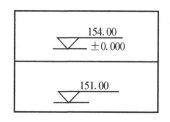

图 12.3　标高注写法

12.2.3　总平面图的阅读示例

图 12.4 所示的是某单位培训楼的总平面图,绘图比例1:500,图中用粗实线表示的轮廓是新设计建造的培训楼,右上角七个黑点表示该建筑为七层。该建筑的总长度和宽度为 31.90 m 和 15.45 m。右下角指北针显示该建筑物坐北朝南的方位。室外地坪▼10.40,室内地坪 $\frac{10.70}{\triangledown}$ 均为绝对标高,室内外高差 300 mm。该建筑物南面是新建道路园林巷,西面为绿化用地,北面是篮球场,西北有两栋单层实验室,东北有四层办公楼和五层教学楼,东面是将来要建的四层服

务楼。培训楼南面距离道路边线 9.60 m，东面距离原教学楼 8.40 m。

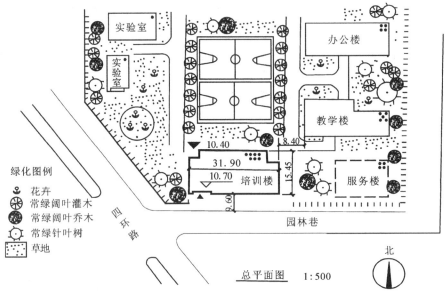

图 12.4　某单位培训楼总平面图

12.3　建筑平面图

12.3.1　建筑平面图的形成

建筑平面图实际上是把房屋用一个假想的水平剖切平面，沿门、窗洞口部位（指窗台以上，过梁以下的空间）水平切开，移出剖切平面以上的部分，把剖切平面以下的物体投影到水平面上，所得的水平剖面图，即为建筑平面图，简称平面图，如图 12.5 所示。

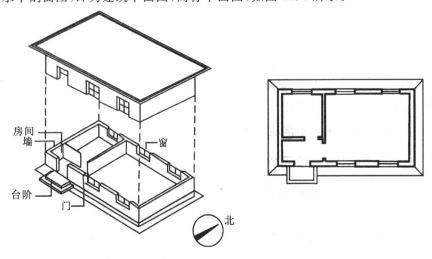

图 12.5　房屋建筑的平面图

12.3.2　建筑平面图的用途

建筑平面图主要表示房屋的平面形状,内部布置及朝向。在施工过程中,它是放线、砌墙、安装门窗、室内装修及编制预算的重要依据,是施工图中的重要图纸。

12.3.3　建筑平面图的数量及内容分工

一般来说,房屋有几层,就应画出几个平面图,并在图的下方注明该层的图名,如底层平面图、二层平面图、顶层平面图等。但在实际建筑设计中,多层建筑往往存在许多平面布局相同的楼层,可用一个平面图来表达,称为"标准层平面图"或"×～×层平面图"。

1. 底层平面图

底层平面图也叫一层平面图或首层平面图,是指±0.000地坪所在的楼层的平面图。它除表示该层的内部形状外,还画有室外的台阶(坡道)、花池、散水和雨水管的形状及位置,以及剖面的剖切符号,以便与剖面图对照查阅。底层平面图上应注指北针,其他层平面图上可以不再标出。

2. 中间标准层平面图

中间标准层平面图除表示本层室内形状外,还需要画出本层室外的雨篷、阳台等。

3. 顶层平面图

顶层平面图也可用相应的楼层数命名,其图示内容与中间层平面图的内容基本相同。

4. 屋顶平面图

屋顶平面图是指将房屋的顶部单独向下所做的俯视图,主要是用来表达屋顶形式、排水方式及其他设施的图样。

12.3.4　建筑平面图的主要内容

(1)建筑物平面的形状及总长、总宽等尺寸。

(2)建筑物内部各房间的名称、尺寸、大小、承重墙和柱的定位轴线、墙的厚度、门窗的宽度等,以及走廊、楼梯(电梯)、出入口的位置。

(3)各层地面的标高。一层地面标高定为±0.000,并注明室外地坪的绝对标高,其余各层均标注相对标高。

(4)门、窗的编号,位置,数量及尺寸,一般图纸上还有门窗数量表用以配合说明。

(5)室内的装修做法,如地面、墙面及顶棚等处的材料做法。较简单的装修,一般在平面图内直接用文字注明;较复杂的工程应另列房间明细表及材料做法表。

(6)标注尺寸。在平面图中,一般标注三道外部尺寸。最外面一道尺寸为建筑物的总长和总宽,表示外轮廓的总尺寸,又称外包尺寸;中间一道为房间的开间及进深尺寸,表示轴线间的距离,称为轴线尺寸;里面一道尺寸为门窗洞口、墙厚等尺寸,表示各细部的位置及大小,称为细部尺寸。在平面图内还需注明局部的内部尺寸,如内门、内窗、内墙厚及内部设备等尺寸。此外,底层平面图中,还应标注室外台阶、花池、散水等局部尺寸。

(7)其他细部的配置和位置情况,如楼梯、搁板、各种卫生设备等。

(8)室外台阶、花池、散水和雨水管的大小与位置。

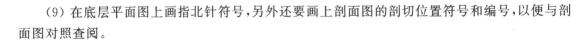

（9）在底层平面图上画指北针符号，另外还要画上剖面图的剖切位置符号和编号，以便与剖面图对照查阅。

12.3.5　建筑平面图的阅读方法

1. 看图名、比例

了解平面图层次及图例，绘制建筑平面图的比例有 1 ∶ 50、1 ∶ 100、1 ∶ 200、1 ∶ 300，常用1 ∶ 100。

2. 看图中定位轴线编号及其间距

了解各承重构件的位置及房间的大小。

3. 看房屋平面形状和内部墙的分隔情况

了解房屋内部各房间的分布、用途、数量及其相互间的联系情况。

4. 看平面图的各部分尺寸

主要是看房间的开间、进深的大小、门窗的平面位置及墙厚、柱的断面尺寸等。

5. 看楼地面标高

平面图中标注的楼地面标高为相对标高，且是完成面的标高。一般在平面图中地面或楼面有高度变化的位置都应标注标高。

6. 看门窗的位置、编号和数量

图中门窗除用图例画出外，还应注写门窗代号和编号。只有洞口尺寸、分格形式、用料、层数、开启方式均相同的门窗才能作为一个编号。门的代号用"M"表示，如 M—1、M—2、M—3；窗的代号用"C"表示，如 C—1、C—2、C—3。如门和窗结合在一起（俗称门连窗），此时用"MC"表示。有些特殊的门窗如防火门用"FM"表示，人防建筑的密闭防护门用"MM"表示，等等。

门窗的开启方向关系到建筑物的使用功能以及安全、通风组织等。门窗开启线就是用来表达门窗开启的设计意图的，分为平面和立面上的两种。例如立面图上的开启线则有所不同，细实线表示朝外开，虚线表示朝里开，线段交叉的地方是门窗开启时转动轴的所在。如在立面上不标注开启线的，就表明是固定扇。在平面图中，平开时用弧线或直线线段表示门窗开启过程中转动的轨迹；平移时用虚线表示门窗开启或关闭时的位置。常用构造及配件图例详见表12.2。

表 12.2　常用构造及配件图例

序号	名　称	图　例	备　注
1	墙体		应加注文字或填充图例表示墙体材料，在项目设计图纸说明中列材料图例表给予说明
2	隔断		①包括板条抹灰、木制、石膏板、金属材料等隔断 ②适用于到顶与不到顶隔断

续表

序号	名称	图例	备注
3	楼梯	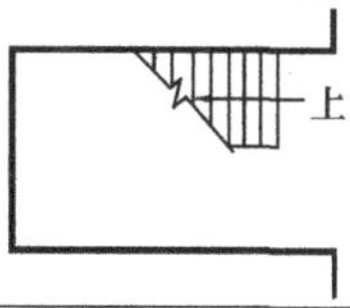 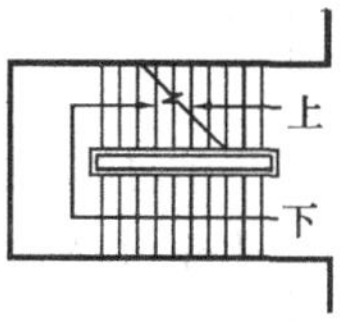 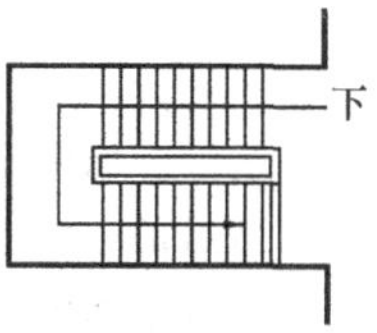	①上图为底层楼梯平面,中图为中间层楼梯平面,下图为顶层楼梯平面 ②楼梯及栏杆扶手的形式和体段踏步数应按实际情况绘制
4	坡道	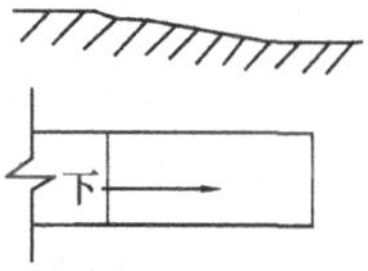 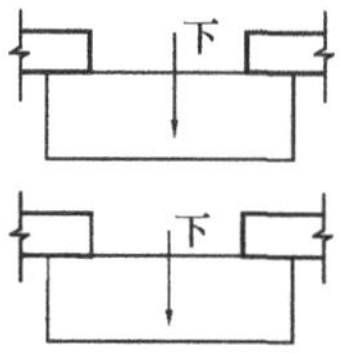	上图为长坡道,下图为门口坡道
5	平面高差	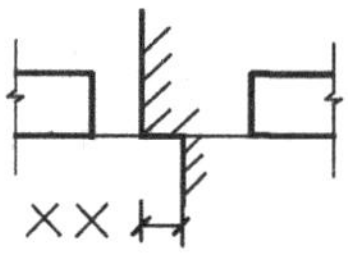	适用于高差小于 100 的两个地面或露面相接处
6	检查孔	 	左图为可见检查孔 右图为不可见检查孔
7	孔洞		阴影部分可以涂色代替
8	坑槽		
9	墙预留洞	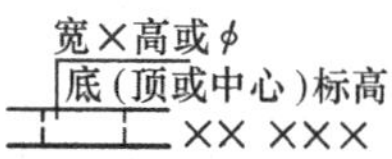 宽×高或ϕ 底(顶或中心)标高 ××　×××	①以洞中心或洞边定位 ②宜以涂色区别墙体和留洞位置
10	墙预留槽	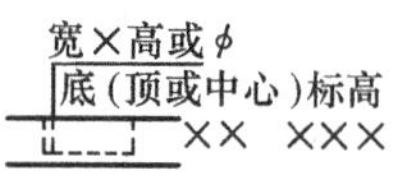 宽×高或ϕ 底(顶或中心)标高 ××　×××	

续表

序号	名 称	图 例	备 注
11	空抹门洞	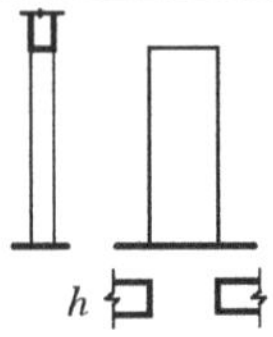	h 为门洞高度
12	单扇门（包括平开或单面弹簧）	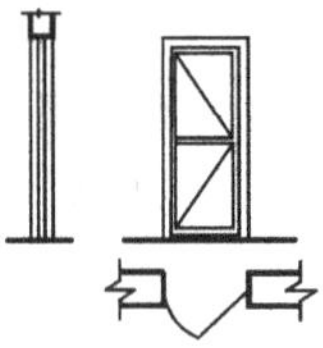	①图例中剖面图左为外、右为内，平面图下为外、上为内
13	双扇门（包括平开或单面弹簧）	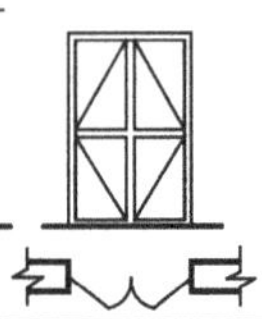	②立面图上开启方向线交角的一侧为安装铰链的一侧，实线为外开，虚线为内开 ③平面图上门线应90°或45°开启，开启弧线宜绘出
14	对开折叠门	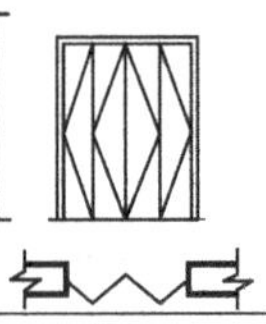	④立面图上的开启方向线在一般设计图中可以不表示，在详图及室内设计图上应表示 ⑤立面形式应按实际情况绘制
15	推拉门	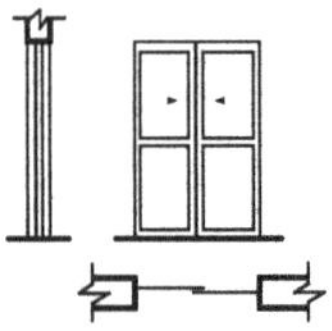	①图例中剖面图左为外、右为内，平面图下为外、上为内 ②立面形式应按实际情况绘制
16	墙外双扇推拉门	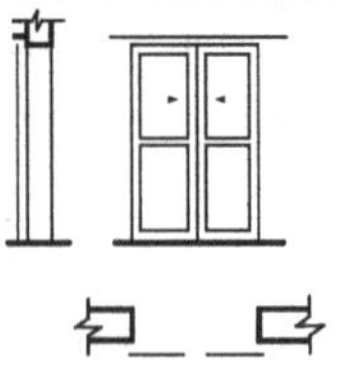	
17	单扇双面弹簧门	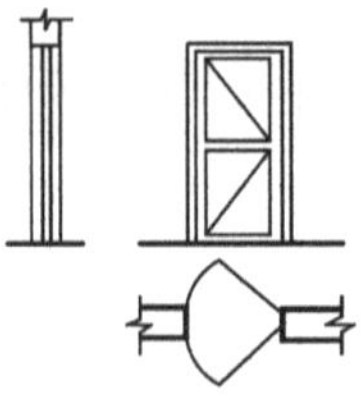	①图例中剖面图左为外、右为内，平面图下为外、上为内 ②立面图上开启方向线交角的一侧为安装铰链的一侧，实线为外开，虚线为内开 ③平面图上门线应90°或45°开启，开启弧线宜绘出
18	双扇双面弹簧门	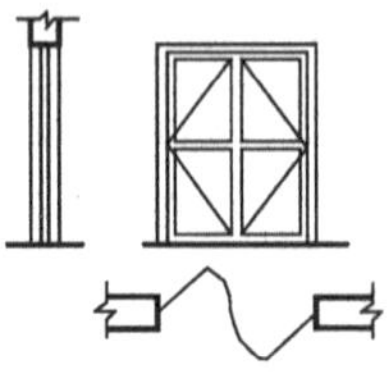	④立面图上的开启方向线在一般设计图中可不表示，在详图及室内设计图上应表示 ⑤立面形式应按实际情况绘制

续表

序号	名　称	图　　例	备　　注
19	单层外开平开窗	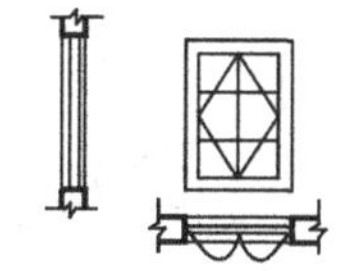	①立面图中的斜线表示窗的开启方向,实线为外开,虚线为内开;开启方向线交角的一侧为安装铰链的一侧,一般设计图中可不表示
20	双层内外开平开窗	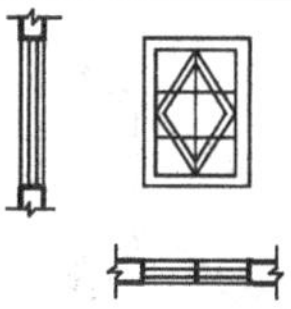	②图例中,剖面图所示左为外、右为内,平面图所示下为外、上为内 ③平面图和剖面图上的虚线仅说明开关方式,在设计图中不需表示 ④窗的立面形式应按实际绘制 ⑤小比例绘图时,平、剖面的窗线可用单粗实线表示
21	推拉窗	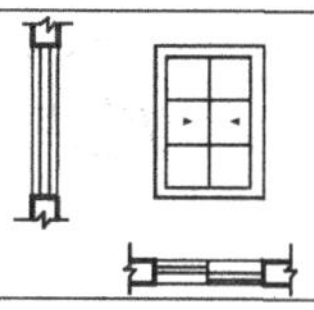	
22	上推拉窗	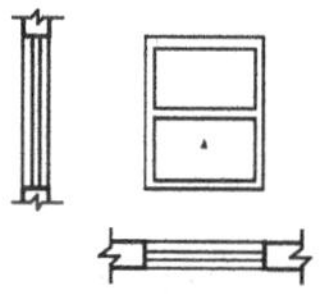	①图例中,剖面图所示左为外、右为内,平面图所示下为外、上为内 ②窗的立面形式应按实际绘制 ③小比例绘图时,平、剖面的窗线可用单粗实线表示
23	高窗	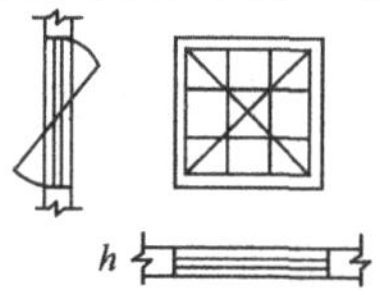	h 为窗底距本层楼地面的高度

为便于施工,一般情况下,在首页图上或在本平面图内,附有门窗表,列出门窗的编号、名称、尺寸、数量及其所选标准图集的编号等内容。

7. 看剖面的剖切符号及指北针

在底层平面图中了解剖切部位,了解建筑物朝向。

12.4　建筑立面图

12.4.1　建筑立面图的形成和用途

建筑立面图是按正投影方法绘制的,如图 12.6 所示,主要用于表示建筑物的体型和外貌、立面各部分配件的形状及相互关系、立面装饰要求及构造做法等。

12.4.2　建筑立面图的命名与数量

每一个立面图下都应标注立面图的名称。标注方法:按建筑两端的轴线编号进行命名,如图 12.6 所示的①～④立面图、Ⓐ～Ⓑ立面图;按建筑各个立面的朝向,分别命名为东立面图、西

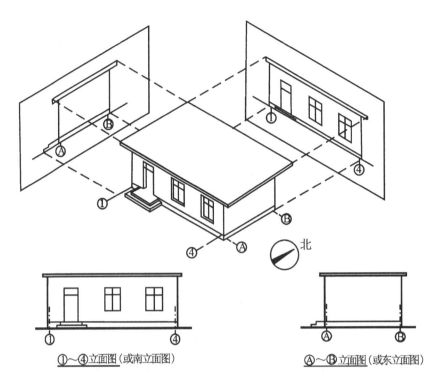

①～④立面图（或南立面图） Ⓐ～Ⓑ立面图（或东立面图）

图 12.6 房屋建筑的立面图

立面图、南立面图、北立面图等。

平面形状曲折的建筑物，可绘制展开立面图。圆形或多边形平面的建筑物，可分段展开绘制立面图，但均应在图名后加注"展开"二字。

立面图的数量是根据房屋各立面的形状和墙面的装修要求决定的，当房屋各立面造型不同、墙面装修不同时，就需要画出所有立面图。

12.4.3　建筑立面图的内容

（1）表明建筑物的立面形式和外貌，外墙面装饰做法和分格。

（2）表示室外台阶、花池、勒脚、窗台、雨篷、阳台、檐沟、屋顶，以及雨水管等的位置、立面形状及材料做法。

（3）反映立面上门窗的布置、外形及开启方向（应用图例表示）。

（4）用标高及竖向尺寸表示建筑物的总高以及各部位的高度。

12.4.4　立面图的阅读方法

（1）看图名、比例、轴线及其编号。立面图的绘图比例、编号与建筑平面图上的应一致，并对照阅读。

（2）看房屋立面的外形、门窗、檐口、阳台、台阶等形状及位置。

（3）看立面图中的标高尺寸。这主要包括室内外地坪、檐口、屋脊、女儿墙、雨篷、门窗、台阶等处的标高。

（4）看房屋外墙表面装修的做法和分格线等。

12.5 建筑剖面图

12.5.1 建筑剖面图的形成和用途

假想用一个平行于投影面的剖切平面,将房屋剖开,移去观察者与剖切平面之间的房屋部分,作出剩余部分的房屋的正投影,所得图样称为建筑剖面图,简称剖面图。将沿着建筑物短边方向剖切后形成的剖面图称为横剖面图,如图 12.7 所示,将沿着建筑物长边方向剖切形成的剖面图称为纵剖面图。一般多采用横剖面图。

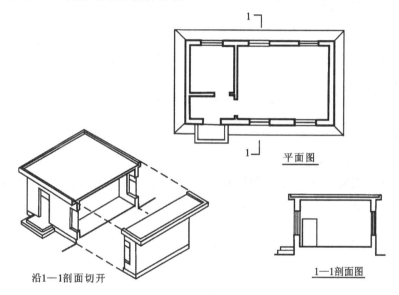

图 12.7 房屋建筑的剖面图

建筑剖面图是表示房屋的内部垂直方向的结构形式、分层情况、各层高度、楼面和地面的构造以及各配件在垂直方向上的相互关系等内容的图样。在施工中,可作为分层、砌筑内墙、铺设楼板、屋面板和内装修等工作的依据,是与平、立面图相互配合的不可缺少的重要图样之一。

12.5.2 建筑剖面图的剖切位置及数量

剖面图的剖切部位,应根据图样的用途或设计深度,在平面图上选择能反映全貌、构造特征以及有代表性的部位剖切。一般在楼梯间、门窗洞口、大厅以及阳台等处。

根据工程规模大小或平面形状复杂程度确定剖面图的数量。一般规模不大的工程中,房屋的剖面图通常只有一个。

12.5.3 建筑剖面图的内容

(1)表示被剖切到的房屋各部位,如各楼层地面、内外墙、屋顶、楼梯、阳台、散水、雨罩等的构造做法。

(2)用竖向尺寸表示建筑物、各楼层地面、室内外地坪以及门窗等各部位的高度。竖向尺寸包括高度尺寸和标高尺寸。

高度尺寸也有三道:第一道尺寸注明靠近外墙,从室外地面开始的门墙身垂直方向分段尺寸,如门窗洞口、窗间墙等的高度尺寸;第二道尺寸注明各层层高;第三道尺寸注明建筑物的总高度。

标高尺寸主要是注出室内外地面、各层楼面、阳台、楼梯平台、檐口、圈梁、屋脊、女儿墙、雨篷、门窗、台阶等处的标高。

(3)表示建筑物主要承重构件的位置及相互关系,如各层的梁、板、柱及墙体的连接关系等。

(4)表示屋顶的形式及泛水坡度等。

(5)索引符号。

(6)施工中需注明的有关说明等。

12.5.4　建筑剖面图的阅读方法

(1)看图名、比例、剖切位置及编号。

根据图名与底层平面图对照,确定剖切平面的位置及投影方向,从中了解该图所画出的是房屋的哪一部分的投影。

(2)看房屋内部的构造、结构形式和所用建筑材料等内容。如各层梁板、楼梯、屋面的结构形式、位置及其与墙(柱)的相互关系等。

(3)看房屋各部位竖向尺寸。

(4)看楼地面、屋面的构造。

在剖面图中表示楼地面、屋面的多层构造时,通常用通过各层引出线,按其构造顺序加文字说明来表示。有时将这一内容放在墙身剖面详图中表示。

阅读时要和平面图对照同时看,按照由外部到内部、由上到下,反复查阅,最后在头脑中形成房屋的整体形状,有些部位要和详图结合起来阅读。

12.6　建筑详图

建筑详图就是把房屋的细部或构配件的形状、大小、材料和做法等,按正投影的原理,用较大的比例绘制出来的图样(也称为大样图或节点图)。它是建筑平面图、立面图和剖面图的补充,详图比例常用1:1~1:50。

某些建筑构造或构件的通用做法,可采用国家或地方制定的标准图集(册)或通用图集(册)中的图纸,一般在图中通过索引符号注明,不必另画详图。

建筑详图表示的主要内容有以下几点。

(1)表示建筑构配件(如门、窗、楼梯、阳台等)的详细构造及连接关系。

(2)表示建筑物细部及剖面节点(如檐口、窗台、明沟、楼梯扶手、踏步、楼层地面、屋顶层等)的形式、做法、用料、规格及详细尺寸。

(3)表明施工要求及制作方法。

建筑详图包括墙身剖面图和楼梯、阳台、雨篷、台阶、门窗、卫生间、厨房、内外装修等详图。

12.6.1　外墙详图

1. 外墙详图的形成

假想用一个垂直于墙体轴线的铅垂剖切平面,将墙体某处从防潮层到屋顶剖开,得到的建筑剖面图的局部放大图即为外墙详图。外墙详图主要用来表示外墙各部位的详细构造、材料做法及详细尺寸,如檐口、圈梁、过梁、墙厚、雨罩、阳台、防潮层、室内外地面、散水等。

外墙详图根据底层平面图中剖切位置线的位置和投影方向或剖面图上索引符号所指示的节点来绘制,常用比例 1∶20 或 1∶50。

在画外墙详图时,一般在门窗洞口中间用折线断开,实际上成了几个节点详图的组合,有时也可不画整个墙身的详图,而是把各个节点的详图分别单独绘制。在多层建筑中,如果中间各层墙体的构造相同,则只画底层、中间层和顶层的三个部位组合图。

2. 外墙详图的内容

(1) 墙的轴线编号、墙的厚度及其与轴线的关系。有时一个外墙身详图可适用于几个轴线。按国标规定:如一个详图适用于几个轴线时,应同时注明各有关轴线的编号。通用详图的定位轴线应只画圆,不注写轴线编号,轴线端部圆圈直径在详图中宜为 10 mm。

(2) 各层楼板等构件的位置及其与墙身的关系。

(3) 门窗洞口、底层窗下墙、窗间墙、檐口、女儿墙等的高度,室内外地坪、防潮层、门窗洞的上下口、檐口、墙顶及各层楼面、屋面的标高。

(4) 屋面、楼面、地面等为多层次构造。多层次构造用分层说明的方法标注其构造做法。多层次构造的共用引出线,应通过被引出的各层。文字说明宜用 5 号或 7 号字注写在横线的上方或横线的端部,说明的顺序由上至下,并应与被说明的层次相互一致。如层次为横向排列,则由上至下的说明顺序应与由左至右的层次相互一致。

(5) 立面装修和墙身防水、防潮要求,及墙体各部位的线脚、窗台、窗楣、檐口、勒脚、散水等的尺寸、材料和做法,或用引出线说明,或用索引符号引出另画详图表示。

3. 外墙详图的识读

(1) 根据外墙详图剖切平面的编号,在平面图、剖面图或立面图上查找出相应的剖切平面的位置,以了解外墙在建筑物的具体部位。

(2) 看图时应按照从下到上的顺序,一个节点、一个节点的阅读,了解各部位的详细构造、尺寸、做法,并与材料做法表相对照,检查是否一致。先看位于外墙最底部部分,依次进行。

12.6.2　楼梯间详图

楼梯详图一般分建筑详图和结构详图,分开绘制并分别编入建筑施工图和结构施工图中。但对于构造和装修比较简单的楼梯,其建筑和结构详图可合并绘制,编入建筑施工图中,或者编入结构施工图中均可。

楼梯建筑详图包括楼梯平面图、楼梯剖面图以及栏杆(或栏板)、扶手、踏步等详图。

1. 楼梯平面图

楼梯平面图是距楼地面 1.0 m 以上的位置,用一个假想的剖切平面,沿着水平方向剖开(尽量剖到楼梯间的门窗),然后向下作投影得到的投影图,如图 12.8 所示。

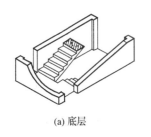  

（a）底层　　　　　　　　　　（b）中间层　　　　　　　　　　（c）顶层

图 12.8　楼梯平面直观图

楼梯平面图一般应分层绘制。如果中间几层的楼梯构造、结构、尺寸均相同的话,可以只画底层、中间层和顶层的楼梯平面图。

楼梯平面图中,各层被剖切到的梯段,按国标规定,均在平面图中以一根 45°的折断线表示。在每一梯段处画有一长箭头,并注写"上"或"下"字和踏步级数,表明从该层楼(地)面往上或往下走多少步可到达上或下一层的楼(地)面。在底层平面图中还应注明楼梯剖面图的剖切位置和投影方向。

楼梯平面图主要表示楼梯平面的布置详细情况,如楼梯间的尺寸大小、墙厚、楼梯段的长度和宽度、楼梯上行或下行的方向、踏面数和踏面宽度、楼梯平台和楼梯位置等。

阅读楼梯平面图时,要掌握各层平面图的特点。

底层平面图中,只有一个被剖切的梯段及栏板,并注有"上"字的长箭头。

中间层平面图中,既画出被剖切的往上走的梯段(即画有"上"字的长箭头),还应画出该层往下走的完整的梯段(画有"下"字的长箭头)、楼梯平台以及平台往下的梯段。这部分梯段与被剖切的梯段的投影重合,以 45°折断线为分界(以楼层为参照点标注"上"、"下")。

顶层平面图中,由于剖切平面在水平安全栏板之上,在图中画有两段完整的梯段和楼梯平台,在梯口处只有一个注有"下"字的长箭头。

2. 楼梯剖面图

假想用一个铅垂平面,通过各层的一个梯段和门窗洞将楼梯剖开,向另一未剖到的梯段方向投影所作的剖面图,即为楼梯剖面图。楼梯剖面图主要表示楼梯段的长度、踏步级数、楼梯结构形式及所用材料、房屋地面、楼面、休息平台、栏杆和墙体的构造做法,以及楼梯各部分的标高和详图索引符号。

阅读楼梯剖面图时,应与楼梯平面图对照起来,要注意剖切平面的位置和投影方向。

另外在多层建筑中,如果中间各层的楼梯构造相同时,则剖面图可以只画出底层、中间层和顶层的剖面,中间用折断线断开。

3. 楼梯踏步、扶手、栏板(栏杆)详图

踏步详图表明踏步截面形状及大小、材料与面层及防滑条做法。

栏杆(栏板)和扶手详图表明其形式、大小、材料和连接方式等。

12.6.3　门窗详图

各省市和地区一般都制定统一的各种不同规格的门窗详图标准图册,以供设计者选用。因此在施工图中只要注明该详图所在标准图册中的编号,可不必另画详图。如果没有标准图册,就一定要画出详图。

门窗详图一般用立面图、节点详图、截面图以及五金表和文字说明等来表示。

1. 立面图

立面图主要表明门、窗的形式，开启方向及主要尺寸，还标注出索引符号，以便查阅节点详图。在立面图上一般标注三道尺寸，最外一道为门、窗洞口尺寸，中间一道为门、窗框的外沿尺寸，最里面一道为门、窗扇尺寸。

2. 节点详图

节点详图为门、窗的局部剖面图，表示门、窗扇和门、窗框的断面形状、尺寸、材料以及互相的构造关系，也表明门、窗与四周（如过梁、窗台、墙体等）的构造关系。

3. 截面图

截面图用比较大的比例（如1：5,1：2等）将不同门窗用料和截口形状、尺寸单独绘制，便于下料加工。在门窗标准图集中，通常将截面图与节点详图画在一起。

12.6.4　阳台详图

阳台详图主要反映阳台的构造、尺寸和做法，详图由剖面图、阳台栏杆构件平面布置图和阳台局部平面图组成。

1. 建筑设计分为几个阶段？建筑施工图的作用是什么？包括哪些内容？

2. 建筑平面图是怎样形成的？其主要内容有哪些？

3. 建筑平面图中的尺寸标注主要包括哪些内容？

4. 建筑立面图的命名规则是什么？

5. 建筑剖面图的主要内容有哪些？

6. 外墙详图是如何得到的？应包括哪些内容？

7. 楼梯详图应包括哪些内容？标注"上"、"下"参照点在哪里？

第13章

结构施工图

知识目标

(1) 了解结构施工图的作用，熟悉结构施工图的组成。

(2) 了解钢筋混凝土结构的基本知识。

(3) 掌握基础施工图、楼层施工图、构件详图形成、图示内容及识读方法。

(4) 熟悉建筑结构制图标准的相关内容及常用构件代号。

(5) 掌握混凝土结构施工图平面整体表示方法的基本知识。

能力目标

(1) 能正确识读结构施工图中出现的钢筋代号、一般钢筋的常用图例、钢筋画法、构件代号等。

(2) 能正确地识读一般的结构施工图。

13.1 概述

建筑施工图是在满足建筑物的使用功能、美观、防火等要求的基础上,表明房屋的外形、内部平面布置、细部构造和内部装修等内容。为了建筑物的安全,还应按建筑各方面的要求进行力学与结构计算,决定建筑承重构件(如基础、梁、板、柱等)的布置、形状、尺寸和详细设计的构造要求,并将其结果绘制成图样,用以指导施工,这样的图样称为结构施工图。

13.1.1 结构施工图的内容

结构施工图的组成一般包括:结构设计图纸目录、结构设计总说明、结构平面图和构件详图。

1. 结构设计图纸目录和设计总说明

结构图纸目录可以使我们了解图纸的总张数和每张图纸的内容,核对图纸的完整性,查找所需要的图纸。结构设计总说明的主要内容包括以下方面。

(1) 设计的主要依据(如设计规范、勘察报告等)。

(2) 结构安全等级和设计使用年限、混凝土结构所处的环境类别。

(3) 建筑抗震设防类别、建设场地抗震设防烈度、场地类别、设计基本地震加速度值、所属的设计地震分组以及混凝土结构的抗震等级。

(4) 基本风压值和地面粗糙度类别。

(5) 人防工程抗力等级。

(6) 活荷载取值,尤其是荷载规范中没有明确规定或与规范取值不同的活荷载标准值及其作用范围。

(7) 设计±0.000 标高所对应的绝对标高值。

(8) 所选用结构材料的品种、规格、型号、性能、强度等级,对水箱、地下室、屋面等有抗渗要求的混凝土的抗渗等级。

(9) 结构构造做法(如混凝土保护层厚度、受力钢筋锚固搭接长度等)。

(10) 地基基础的设计类型与设计等级,对地基基础施工、验收要求以及对不良地基的处理措施与技术要求。

2. 结构布置平面图

结构布置图是房屋承重结构的整体布置图,主要表示结构构件的位置、数量、型号及相互关系,与建筑平面图一样,属于全局性的图纸,通常包含基础布置平面图、楼层结构平面图、屋顶结构平面图、柱网平面图。

3. 结构构件详图

构件详图是表示单个构件形状、尺寸、材料、构造及工艺的图样,属于局部性的图纸。其主要内容有:基础详图,梁、板、柱等构件详图,楼梯结构详图,其他构件详图。

13.1.2 结构施工图的有关规定

采用正投影法绘制的结构施工图,除应遵守《房屋建筑制图统一标准》中的基本规定外,还必须遵守《建筑结构制图标准》,如图 13.1 所示。

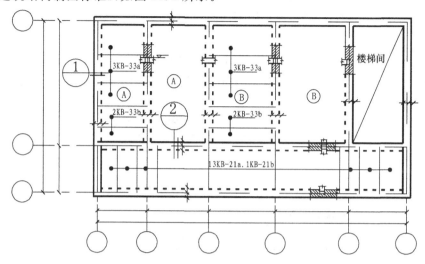

图 13.1　用正投影法绘制结构平面图

1. 图线

结构施工图中各种图线的用法如表 13.1 所示。

表 13.1　建筑结构专业制图图线的选用

名称		线　型	线宽	一　般　用　途
实线	粗		b	螺栓、主钢筋线、结构平面图中的单线结构构件线、钢木支撑及系杆线,图名下横线、剖切线
	中		$0.5b$	结构平面图及详图中剖到或可见的墙身轮廓线、基础轮廓线、钢、木结构轮廓线、箍筋线、板钢筋线
	细		$0.25b$	可见的钢筋混凝土件的轮廓线、尺寸线、标注引出线、标高符号、索引符号
虚线	粗		b	不可见的钢筋、螺栓线,结构平面图中的不可见的单线结构构件线及钢、木支撑线
	中		$0.5b$	结构平面图中的不可见构件、墙身轮廓线及钢、木构件轮廓线
	细		$0.25b$	基础平面图中的管沟轮廓线、不可见的钢筋混凝土构件轮廓线
单点长画线	粗		b	柱间支撑、垂直支撑、设备基础轴线图中的中心线
	细		$0.25b$	定位轴线、对称线、中心线
双点长画线	粗		b	预应力钢筋线
	细		$0.25b$	原有结构轮廓线
折断线			$0.25b$	断开界线
波浪线			$0.25b$	断开界线

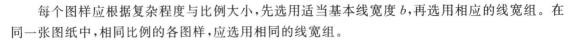

每个图样应根据复杂程度与比例大小,先选用适当基本线宽度 b,再选用相应的线宽组。在同一张图纸中,相同比例的各图样,应选用相同的线宽组。

2．比例

绘制结构施工图应选用表 13.2 中的常用比例,特殊情况下也可以选用可用比例。当结构纵横向断面尺寸相差悬殊时,也可以在同一详图中纵横向选用不同比例。轴线尺寸与构件尺寸也可选用不同比例绘制。

表 13.2　绘制结构施工图常用比例

图　　名	常用比例	可用比例
结构平面图	1：50,1：100	1：60
基础平面图	1：150,1：200	
圈梁平面图、总图中管沟、地下设施等	1：200,1：500	1：300
详图	1：10,1：20	1：5,1：25,1：4

3．构件代号

在结构施工图中,为了方便阅读,简化标注。规范规定:构件的名称应用代号来表示,代号后应用阿拉伯数字标注该构件的型号或编号,也可为构件的顺序号。构件的顺序号采用不带角标的阿拉伯数字连续编排。当采用标准、通用图集中的构件时,应用该图集中的规定代号或型号注写。表示方法用构件名称的汉语拼音字母中的第一个字母表示。常用的结构构件代号参见表 13.3。

表 13.3　常用结构构件代号

序号	名称	代号	序号	名称	代号	序号	名称	代号
1	板	B	15	吊车梁	DL	29	基础	J
2	屋面板	WB	16	圈梁	QL	30	设备基础	SJ
3	空心板	KB	17	过梁	GL	31	桩	ZH
4	槽形板	CB	18	连系梁	LL	32	柱间支撑	ZC
5	折板	ZB	19	基础梁	JL	33	水平支撑	SC
6	密肋板	MB	20	楼梯梁	TL	34	垂直支撑	CC
7	楼梯板	TB	21	檩条	LT	35	梯	T
8	盖板或沟盖板	GB	22	屋架	WJ	36	雨篷	YP
9	挡雨板或檐口板	YB	23	托架	TJ	37	阳台	YT
10	吊车安全走道板	DB	24	天窗架	CJ	38	梁垫	LD
11	墙板	QB	25	框架	KJ	39	预埋件	M
12	天沟板	TGB	26	刚架	GJ	40	天窗端壁	TD
13	梁	L	27	支架	ZJ	41	钢筋网	W
14	屋面梁	WL	28	柱	Z	42	钢筋骨架	G

注:预应力钢筋混凝土构件代号,应在构件代号前加注"Y—",例如 Y—KB 表示预应力混凝土空心板。

4. 标高与定位轴线

在结构平面图中,构件应采用轮廓线表示,如能用单线表示清楚时,也可用单线表示。定位轴线应与建筑平面图或总平面图一致,并标注结构标高,如图 13.2 所示。

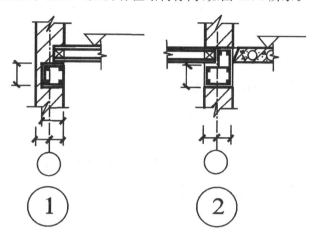

图 13.2　节点详图及结构标高

5. 尺寸标注

结构施工图上的尺寸应与建筑施工图相符合,但也不完全相同,结构施工图中所注尺寸是结构的实际尺寸,即一般不包括结构表面粉刷层或面层的厚度。

6. 编号

结构平面图中的剖面图、断面详图的编号顺序宜按下列规定编排,如图 13.3 所示。

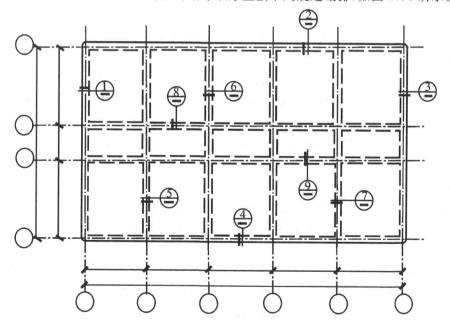

图 13.3　结构平面图中剖面图,断面详图的编号顺序表示方法

(1)外墙按顺时针方向从左下角开始编号。

（2）内横墙从左至右、从上至下编号。

（3）内纵墙从上至下、从左至右编号。

13.2 钢筋混凝土结构图

13.2.1 钢筋混凝土结构图基本知识

用钢筋混凝土制成的梁、板、柱、基础等称为钢筋混凝土构件。

1. 常用钢筋符号

钢筋按其强度和品种分成不同等级。普通钢筋一般采用热轧钢筋,符号参见表13.4。

表 13.4 常用钢筋符号

种 类		强度等级	符号	强度标准值 f_{yk}/(N/mm²)
热轧钢筋	HPB235（Q235）	I	φ	235
	HRB335（20MnSi）	II	Φ	335
	HRB400（20MnSiV、20MnSiNb、20MnTi）	III	⌀	400
	RRB400（K20MnSi）	III	$⌀^R$	400

2. 钢筋的名称、作用和标注方法

配置在钢筋混凝土结构构件中的钢筋,一般按其作用分为以下几类。

1）受力钢筋

它是承受构件内拉、压应力的受力钢筋,其配置根据通过受力计算确定,且应满足构造要求。梁、柱的受力筋亦称纵向受力筋,应标注数量、品种和直径,如4φ18,表示配置4根II级钢筋,直径为18 mm。

板的受力筋,应标注品种、直径和间距,如φ10@150,表示配置I级钢筋,直径10 mm,间距150 mm（@是相等中心距符号）。

2）架立筋

架立筋一般设置在梁的受压区,与纵向受力钢筋平行,用于固定梁内钢筋的位置,并与受力筋形成钢筋骨架。架立筋是按构造配置的,其标注方法同梁内受力筋。

3）箍筋

箍筋的作用是承受梁、柱中的剪力、扭矩和固定纵向受力钢筋的位置等。标注时应说明箍筋的级别、直径、间距,如φ8@100。构件配筋图中箍筋的长度尺寸,应指箍筋的里皮尺寸。弯起钢筋的高度尺寸应指钢筋的外皮尺寸,如图13.4所示。

4）分布筋

它用于单向板、剪力墙中。

单向板中的分布筋与受力筋垂直。其作用是将承受的荷载均匀地传递给受力筋,并固定受

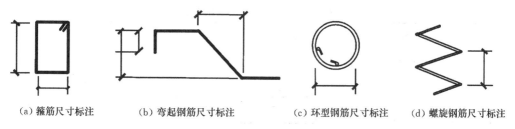

(a)箍筋尺寸标注　　(b)弯起钢筋尺寸标注　　(c)环型钢筋尺寸标注　　(d)螺旋钢筋尺寸标注

图 13.4　钢箍尺寸标注法形式

力筋的位置以及抵抗热胀冷缩所引起的温度变形。标注方法同板中受力筋。

剪力墙中布置的水平和竖向分布筋,除上述作用外,还可参与承受外荷载,其标注方法同板中受力筋。

5)构造筋

它是因构造要求及施工安装需要而配置的钢筋,如腰筋、吊筋、拉结筋等。

各种钢筋的形式及在梁、板、柱中的位置及其形状,如图 13.5 所示。

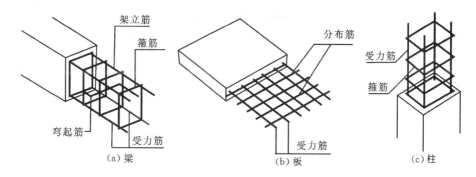

(a)梁　　　　　　　　(b)板　　　　　　　　(c)柱

图 13.5　钢筋混凝土梁板柱配筋示意图

3.钢筋的弯钩

为了增强钢筋与混凝土的黏结力,表面光圆的钢筋两端需要做弯钩。弯钩的形式如图13.6所示。

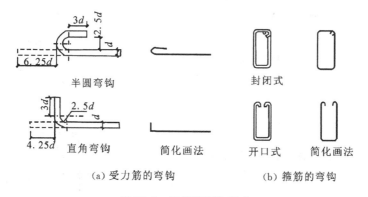

半圆弯钩　　　　封闭式

直角弯钩　　简化画法　　开口式　　简化画法

(a)受力筋的弯钩　　　　(b)箍筋的弯钩

图 13.6　钢筋的弯钩形式

4.钢筋的一般表示方法

钢筋的一般表示方法参见表13.5,钢筋、预应力钢筋和钢筋网片在结构构件中的画法参见表 13.6、表 13.7 和表 13.8。

表 13.5　一般钢筋的表示方法

序号	名　　称	图　　例	说　　明
1	钢筋横断面	·	
2	无弯钩的钢筋端部		下图表示长、短钢筋投影重叠时，短钢筋的端部用 45°斜画线表示
3	带半圆形弯钩的钢筋端部		
4	带直钩的钢筋端部		
5	带丝扣的钢筋端部		
6	无弯钩的钢筋搭接		
7	带半圆率钩的钢筋搭接		
8	带直钩的钢筋搭接		
9	花篮螺栓钢筋接头		
10	机械连接的钢筋接头		用文字说明机械连接的方式（或冷挤压，或锥螺纹等）

表 13.6　钢筋在结构构件中的画法

序号	说　　明	图　　例
1	在结构平面图中配置双层钢筋时，底层钢筋的弯钩应向上或向左，顶层钢筋的弯钩则向下或向右	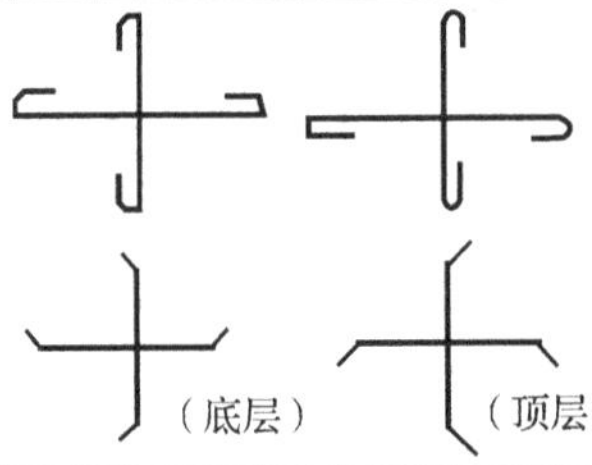 （底层）　　（顶层）
2	钢筋混凝土墙体配双层钢筋时，在配筋立面图中，远面钢筋的弯钩应向上或向左，而近面钢筋的弯钩向下或向右（JM 近面，YM 远面）	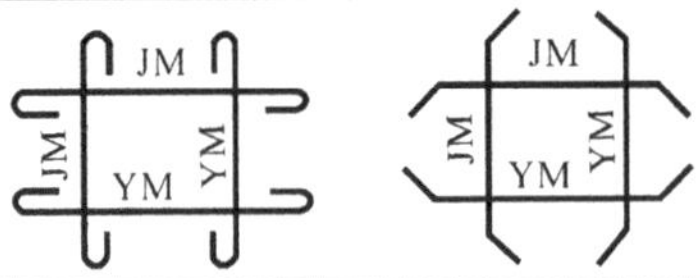
3	若在断面图中不能表达清楚的钢筋布置，应在断面图外增加钢筋大样图（钢筋混凝土墙、楼梯等）	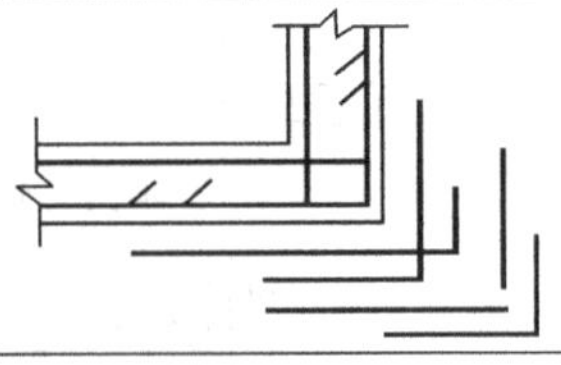
4	图中表示的箍筋、环筋等布置复杂时，可加画钢筋大样图（如钢筋混凝土墙、楼梯等）	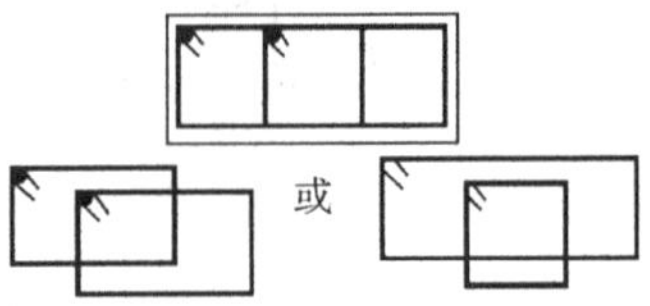 或
5	每组相同的钢筋、箍筋或环筋，可用一根粗实线表示，同时用一两端带斜短画线的横穿细线，表示其余钢筋及起止范围	

表 13.7　预应力钢筋在结构构件中的画法

序号	名　　称	图　　例
1	预应力钢筋或钢绞线	
2	后张法预应力钢筋断面 无黏结预应力钢筋断面	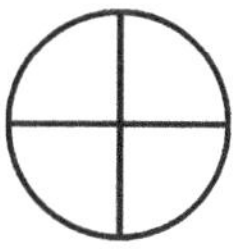
3	单根预应力钢筋断面	
4	张拉端锚具	
5	固定端锚具	
6	锚具的端视图	
7	可动连接件	
8	固定连接件	

表 13.8　钢筋网片

序号	名　　称	图　　例
1	一片钢筋网平面图	 W-1
2	一行相同的钢筋网平面图	 3W-1

5. 钢筋的保护层

为了防止构件中的钢筋被锈蚀,加强钢筋与混凝土的黏结力,构件中的钢筋不允许外露,构件表面到钢筋外缘必须有一定厚度的混凝土,这层混凝土被称为钢筋的保护层。保护层的厚度因构件不同而异,根据钢筋混凝土结构设计规范规定,一般情况下,梁和柱的保护层厚为 $25\sim30$ mm,板的保护层厚为 $10\sim15$ mm。

6. 预埋件、预留孔洞的表示方法

(1) 在混凝土构件上设置预埋件时,可在平面图或立面图上表示。引出线指向预埋件,并标注预埋件的代号,如图 13.7 所示。

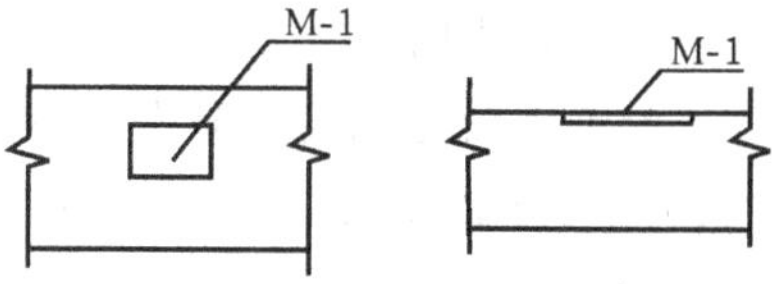

图 13.7　预埋件的表示方法

（2）在混凝土构件的正、反面同一位置均设置相同的预埋件时，引出线为一条实线和一条虚线并指向预埋件，同时在引出横线上标注预埋件的数量及代号，如图13.8所示。

（3）在混凝土构件的正、反面同一位置设置编号不同的预埋件时，引出线为一条实线和一条虚线并指向预埋件。引出横线上标注正面预埋件代号，引出横线下标注反面预埋件代号，如图13.9所示。

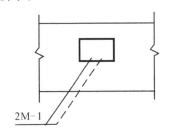

图13.8　同一位置正、反预埋件均相同的表示方法

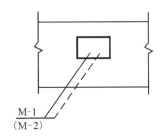

图13.9　同一位置正、反预埋件不相同的表示方法

（4）在构件上设置预留孔、洞或预埋套管时，可在平面或断面图中表示。引出线指向预留（埋）位置，引出横线上方标注预留孔、洞的尺寸，预埋套管的外径。横线下方标注孔、洞（套管）的中心标高或底标高，如图13.10所示。

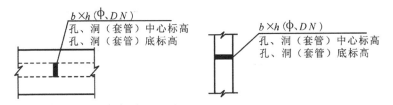

图13.10　预留孔、洞及预埋套管的表示方法

13.2.2　钢筋混凝土构件图的图示方法

钢筋混凝土构件图是加工制作钢筋、浇筑混凝土的依据，其内容包括模板图、配筋图、钢筋表和文字说明四部分。

1. 模板图

模板图是为浇筑构件的混凝土而绘制的，主要表达构件的外形尺寸、预埋件的位置、预留孔洞的大小和位置。对于外形简单的构件，一般不必单独绘制模板图，只需在配筋图中把构件的尺寸标注清楚即可。对于外形较复杂或预埋件较多的构件，一般要单独画出模板图。

模板图的图示方法就是按构件的外形绘制的视图。外形轮廓线用中粗实线绘制，如图13.11所示。

2. 配筋图

配筋图就是钢筋混凝土构件（结构）中的钢筋配置图，主要表示构件内部所配置钢筋的形状、大小、数量、级别和排放位置。

1）板

（1）钢筋在平面图中的配置应按图13.12所示的方法表示。当钢筋标注的位置不够时，可

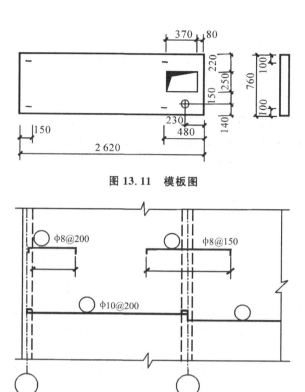

图 13.11　模板图

图 13.12　楼板配筋结构平面图

采用引出线标注。引出线标注钢筋的斜短画线应为中实线或细实线。

（2）当构件布置较简单时,结构平面布置图可与板配筋平面图合并绘制。

（3）平面图中的钢筋配置较复杂时,可按表 13.6 中序号 5 的方法绘制,如图 13.13 所示。

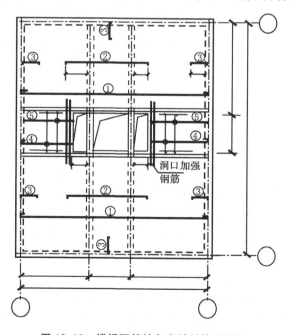

洞口加强钢筋

图 13.13　楼板配筋较复杂的结构平面图

2) 梁平法施工图的表示方法

注写每一种编号梁的截面尺寸、配筋情况和标高时,有平面注写或截面注写两种方式。

(1) 平面注写方式是在梁平面布置图上,分别在不同编号的梁中各选择一根,在其上注写截面尺寸和配筋的具体数值。按照《混凝土结构施工图平面整体表示方法制图规则和构造详图》(11 G101—1),梁平面注写包括集中标注和原位标注,集中标注表达梁的通用数值,原位标注表达梁的特殊数值。当在梁的某一部位存在原位标注时,原位标注取值优先,集中标注不再适用。

梁集中标注的主要内容包括以下几点。

① 梁的编号。

梁平法施工图中,梁的编号方法与其他构件不同,除包括梁的类型代号、序号外,还应注明跨数及是否带有悬挑。跨数和有无悬挑的表示方法为(××)、(××A)、(××B),意思是××跨而无悬挑、××跨且一端有悬挑、××跨且两端有悬挑,悬挑不计入跨数。对井字梁而言,井字梁通常由非框架梁构成,并以框架梁为支座。一般用单粗虚线表示井字梁(当井字梁顶面高出板面时用单粗实线表示),用双细虚线表示框架梁或作为井字梁支座的其他梁(当梁顶面高出板面时用双细实线表示)。当在结构平面布置中仅有由四根框架梁框起的一片网格区域时,所有在该区域相互正交的井字梁均为单跨;当有多片网格区域相连时,贯通多片网格区域的井字梁为多跨,且相邻两片网格区域分界处即为该井字梁的中间支座。井字梁的跨数为其总支座数减去1。应特别注意纵横两个方向梁相交处同一层面钢筋的上下交错关系(指梁上部或下部的同层面交错钢筋何梁在上,何梁在下)。以及在该相交处两方向梁箍筋的布置要求。

② 梁的截面尺寸。

$b \times h$ 表示等截面梁,如 250×500;$b \times h Y c_1 \times c_2$ 表示加腋梁,其中 c_1 为腋宽,c_2 为腋高,如 $300 \times 700 Y 500 \times 250$;$b \times h_1/h_2$ 表示当有悬挑梁且根部和端部的高度不同的变截面梁,如 $250 \times 600/400$,其中 600 为根部高度,400 为端部高度。

③ 梁的箍筋。

它包括箍筋的级别、直径、加密区与非加密区间距及肢数。如:

φ8@100/200	表示采用Ⅰ级钢,直径 8 mm,加密区间距 100 mm,非加密区间距 200 mm;
φ8@100	表示采用Ⅰ级钢,直径 8 mm,间距均为 100 mm;
φ10@100/200(2)	表示采用Ⅰ级钢,直径 10 mm,加密区间距 100 mm,非加密区间距 200 mm,均为双肢箍;
φ10@100(4)/150(2)	表示采用Ⅰ级钢,直径 10 mm,加密区间距 100 mm,加密区为四肢箍,非加密区间距 150 mm,非加密区为双肢箍。

加密区范围根据相应的抗震级别查有关的标准构造图集。在抗震结构的非框架梁、悬挑梁、井字梁,及非抗震结构的各类梁中,斜线"/"表示采用的箍筋间距和肢数不同。斜线前面代表梁支座端部的箍筋(包括箍筋的箍数、级别、直径、间距及肢数),斜线后面代表梁跨中部分的箍筋间距及肢数。如:

12φ8@150/200(2)	表示箍筋采用Ⅰ级钢,直径 8 mm,梁的两端各有 12 个双肢箍,间距为 150 mm,梁的跨中部分,间距为 200 mm,双肢箍;
16φ10@150(4)/200(2)	表示箍筋采用Ⅰ级钢,直径 10 mm,梁的两端各有 16 个四肢箍,间距为 150 mm,梁的跨中部分,间距为 200 mm,双肢箍。

④ 梁的上部通长筋或架立筋。

当同排纵筋中既有通长筋又有架立筋时,用加号"＋"将两者相连,加号前面代表角部纵筋,加号后面的括号内为架立筋,如"2φ20＋(4φ12)"表示 2φ20 为通长筋,4φ12 为架立筋;当梁的上部纵筋和下部纵筋均为通长筋,且多数跨配筋相同时,在分号";"后面加注下部纵筋的配筋值,如"3φ20;3φ18"表示梁的上部配置 3φ20 的通长筋,梁的下部配置 3φ18 的通长筋。

⑤ 梁的侧面纵向构造钢筋或受扭钢筋。

当梁的腹板高度 $h_w \geqslant 450$ mm 时,需在梁的侧面设对称配置,如"G 4φ12"表示梁的两个侧面共配置 4φ12 的纵向构造钢筋,每侧各配置 2φ12;当梁的侧面需设置受扭钢筋时,以大写字母 N 打头,其后注写的是设置在梁两个侧面的总配筋值,且为对称配置,如"N 6φ18"表示梁的两个侧面共配置 6φ18 的受扭纵向钢筋,每侧各配置 3φ18。梁的侧面有受扭纵向钢筋时,不必再重复设置纵向构造钢筋,但受扭纵向钢筋应满足纵向构造钢筋的间距要求。

⑥ 梁顶面标高高差。

仅在相对于结构层楼面有高差时注写,并写在括号内,没有注写就表示无高差;对于结构夹层的梁,系指相对于结构夹层楼面标高的高差;当梁的顶面高于所在结构层的楼面标高时,其标高高差为正值,反之为负值。如:某结构层的楼面标高为 8.750 m,当某梁的梁顶面标高高差注写为(−0.050)时,就表示该梁顶面标高相对于 8.750 m 低 0.050 m,即为 8.700 m。

梁的集中标注如:

KL2(2A)300×700	表示楼层框架梁 KL2(两跨,一端悬挑)截面 300×700mm;
φ8@100/200(2),2φ25	箍筋Ⅰ级钢、直径 8 mm、加密区间距 100 mm/非加密区间距 200 mm(2 肢箍);上部通长筋 2 根、Ⅱ级钢、直径 25 mm;
N4φ18	梁的两侧共配置 4φ18 的受扭纵向钢筋,每侧各 2φ18;
(−0.100)	梁顶面标高低于结构层楼面标高 0.100 m。

梁原位标注的主要内容包括以下几点。

梁的原位标注即直接在图中梁的上、下的相应部位注写梁的上、下纵向钢筋。

⑦ 梁支座上部纵筋。当上部纵筋多于一排时,用斜线"/"将各排纵筋自上而下分开,如 6φ22 4/2 表示上一排纵筋为 4φ22,下一排纵筋为 2φ22。当同排纵筋有两种直径时,用加号"＋"将两种直径的纵筋相连,且角筋在前。如 2φ22＋2φ20 表示梁支座上部共有四根纵筋,2φ22 放在角部,2φ20 放在中部。当梁中间支座两边的上部纵向钢筋相同时,仅在支座的一边标注配筋值,另一边省去不注,否则两边分别标注。

⑧ 梁的下部纵筋。当下部纵筋多于一排时,用斜线"/"将各排纵筋自上而下分开,如 6φ22 2/4 表示上一排纵筋为 2φ22,下一排纵筋为 4φ22,全部伸入支座。当梁的下部纵筋不全部伸入支座时,梁支座下部纵筋减少的数量以负数写在括号内,如:

2φ25＋3φ22(−3)/5φ25	表示梁下部纵向钢筋双排布置,上排纵筋为 2φ25＋3φ22,其中 3φ22 不伸入支座,下排纵筋为 5φ25,全部伸入支座。

⑨ 梁的附加箍筋或吊筋。直接画在平面图的主梁上,施工时需注意:附加箍筋或吊筋的几何尺寸应按照标准构造详图,结合其所在位置的主梁和次梁的截面尺寸而定。

梁的平面注写方式示例如图 13.14 所示。

(2) 截面注写方式。截面注写方式是在分标准层绘制的梁平面布置图中,对梁进行编号(有高差时注写高差)后,分别在不同编号的梁中各选择一根用"单边截面号"从梁上引出配筋图。

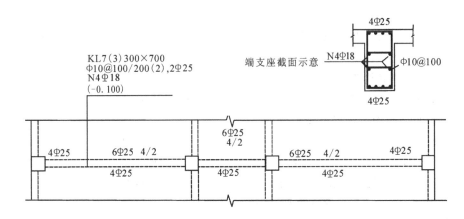

图 13.14 梁的平面注写方式

在截面配筋详图中注写梁的截面尺寸 $b×h$、上部筋、下部筋、侧面筋和箍筋的具体数值。

截面注写方式可单独使用，也可与平面注写方式结合使用。

目前普遍使用的建筑设计软件 PKPM 梁的平面注写方式与上述《混凝土结构施工图平面整体表示方法制图规则和构造详图》(03G101—2001) 略有不同。其集中标注的内容为梁的编号 (同上)、截面尺寸 $b×h$、上部通长筋；其余纵筋原位标注，双排钢筋按上下顺序以分数形式表示，梁上部中间标注该跨上部通长筋 (加括号者为部分钢筋通长)；箍筋一般写在梁中间下部。

(3) 梁平法施工图的主要内容。

梁平法施工图的主要内容如下。

① 图名和比例。梁平法施工图的比例应与建筑平面图相同。

② 定位轴线及其编号、间距尺寸。

③ 梁的编号、平面布置。

④ 每一种编号梁的截面尺寸、配筋情况和标高。

⑤ 必要的设计详图和说明。

(4) 梁平法施工图的识读步骤。

梁平法施工图的识读步骤如下。

① 查看图名、比例。

② 首先校核轴线编号及其间距尺寸，要求必须与建筑图、剪力墙施工图、柱施工图保持一致。

③ 与建筑图配合，明确梁的编号、数量和布置。

④ 阅读结构设计说明或有关说明，明确梁的混凝土强度等级及其他要求。

⑤ 根据梁的编号，查阅图中标注或截面标注，明确梁的截面尺寸、配筋和标高。再根据抗震等级、设计要求和标准构造详图确定纵向钢筋、箍筋和吊筋的构造要求 (如纵向钢筋的锚固长度、切断位置、弯折要求和连接方式、搭接长度等，箍筋加密区的范围，附加箍筋、吊筋的构造)。

应特别注意主次梁交汇处钢筋的高低位置要求。

3) 柱

柱平法是施工图的表示方法。

注写每一种编号柱的截面尺寸、纵筋和箍筋的配置情况，可采用列表注写或截面注写两种方式。

(1) 列表注写方式。列表注写方式是在柱平面布置图上,分别在同一编号的柱中选择一个(有时几个)截面标注几何参数代号,在柱表中注写柱号、柱段起止标高、几何尺寸(含柱截面对轴线的偏心情况)与配筋的具体数值,并配以各种柱截面形状及其箍筋类型图的方式,来表达柱平法施工图。

柱表的主要内容包括以下几个方面。

① 柱编号。如 KZ2 表示第 2 号框架柱;仅是柱的分段截面尺寸与轴线的关系不同,而柱的总高、分段截面尺寸和配筋均对应相同时,仍可属于同一柱编号。

② 柱段起止标高。自柱根部往上已变截面位置或截面未变但配筋改变处为分段界限。框架柱和框支柱的根部标高是指基础顶面标高;梁上柱的根部标高是指梁顶面标高;心柱的根部标高是指根据结构实际需要而定的起始位置标高;剪力墙上柱的根部标高是指墙顶面标高(当柱纵筋锚固在墙顶部时),或墙顶面往下一层的结构层楼面标高(当柱与剪力墙重叠一层时)。

③ 柱几何尺寸。矩形柱含截面尺寸 $b \times h$ 及与轴线关系的几何参数代号 b_1、b_2 和 h_1、h_2,其中 $b = b_1 + b_2$,$h_1 + h_2$,若 b_1、b_2、h_1、h_2 中的某项为零或为负值,则表示截面的某一边收缩变化至与轴线重合或偏到轴线的另一侧。圆柱则用直径数字前加 d 表示,与轴线的关系也用 b_1、b_2 和 h_1、h_2 表示,且 $d = b_1 + b_2 = h_1 + h_2$。

④ 柱纵筋。柱纵筋分角筋、截面 b 边中部筋和 h 边中部筋三项。若只注写"一侧中部筋",则表示矩形截面柱采用对称配筋,对称边省略了;若纵筋注写在"全部纵筋"一栏,则表示柱纵筋直径相同、各边根数也相同。

⑤ 柱箍筋类型号及箍筋肢数。在柱表的上部或图中的其他位置,有各种箍筋类型图和箍筋复合的具体形式,并编有类型号以及与表中相对应 b、h。

⑥ 柱箍筋。包括钢筋级别、直径和间距。柱端箍筋加密区与柱身非加密区长度范围内的箍筋间距不同,用斜线"/"区分,施工时应根据标准构造详图,在规定的几种长度值中取最大值作为加密区长度;没有斜线"/",则表示箍筋沿柱全高为一种间距;箍筋前面有"L",表示圆柱采用螺旋箍筋。如:

φ10@l00/200　　　表示箍筋采用 I 级钢,直径 φ10,加密区间距 100 mm,非加密区间距 200 mm;

φ12@100　　　　表示箍筋采用 I 级钢,直径 φ12,间距均为 100 mm,沿柱全高加密;

Lφ10@100/200　　表示采用螺旋箍筋,I 级钢,直径 φ10,加密区间距 100 mm,非加密区间距 200 mm。

(2) 截面注写方式。截面注写方式是在分标准层绘制的柱平面布置图的柱截面上,分别在同一种编号的柱中选择一个截面,按另一种比例原位放大绘制柱截面配筋图。并在各配筋图上继其编号后再注写截面尺寸 $b \times h$ 角筋或全部纵筋(当纵筋采用同一直径且能够图示清楚时)、箍筋的具体数值,以及在柱截面配筋图上标注柱截面与轴线关系的具体数值。当纵筋采用两种直径时,需再注写截面各边中部钢筋的具体数值(对于采用对称配筋的矩形截面柱,可仅在一侧注写中部钢筋,对称边省略不写)。

(3) 柱平法施工图的主要内容。

柱平法施工图的主要内容如下。

① 图名和比例。柱平法施工图的比例应与建筑平面图相同。

② 定位轴线及其编号、间距尺寸。

③ 柱的编号、平面布置应反映柱与轴线的直线关系。

④ 每一种编号柱的标高、截面尺寸、纵向钢筋和箍筋的配置情况。

⑤ 必要的设计说明。

（4）柱平法施工图的识读步骤。

柱平法施工图的识读步骤如下。

① 查看图名、比例。

② 校核轴线编号及其间距尺寸。要求必须与建筑图、基础平面图保持一致。

③ 与建筑图配合，明确各柱的编号、数量及位置。

④ 阅读结构设计总说明或有关说明，明确柱的混凝土强度等级。

⑤ 根据各柱的编号，查阅图中截面标注或柱表，明确柱的标高、截面尺寸和配筋情况。再根据抗震等级、设计要求及标准构造详图确定纵向钢筋和箍筋的构造要求（如纵向钢筋连接的方式、位置和搭接长度、弯折要求、柱头锚固要求，箍筋加密区的范围）。

4）钢筋的简化表示方法

（1）当构件对称时，钢筋网片可用一半或 1/4 表示，如图 13.15 所示。

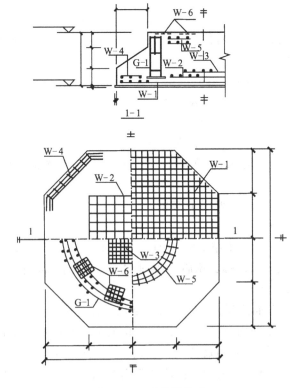

图 13.15 配筋简化法

（2）钢筋混凝土构件配筋较简单时，可按下列规定绘制配筋平面图。

独立基础在平面模板图左下角，绘出波浪线，绘出钢筋并标注钢筋的直径、间距等，如图 13.16(a) 所示。

其他构件可在某一部位绘出波浪线,绘出钢筋并标注钢筋的直径、间距等,如图 13.16(b) 所示。

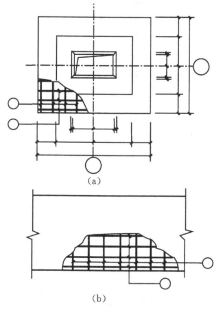

(a)

(b)

图 13.16 配筋简化法

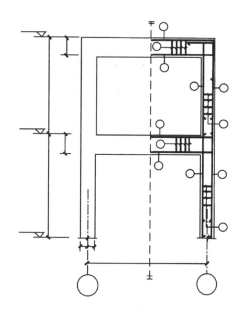

图 13.17 配筋简化法

(3)对称的钢筋混凝土构件,可在同一图样中一半表示模板,另一半表示配筋,如图 13.17 所示。

5)板、梁、柱的立面图、断面图和钢筋详图

(1)立面图是假定构件为一透明体而画出的一个纵向正投影图。它主要表示构件中钢筋的立面形状和上下排列位置。通常构件外形轮廓用细实线表示,钢筋用粗实线表示。当钢筋的类型、直径、间距均相同时,可只画出其中的一部分,其余可省略不画。

(2)断面图是构件横向剖切投影图。它主要表示钢筋的上下和前后的排列、箍筋的形状等内容。凡构件的断面形状、钢筋的数量和位置有变化之处,均应画出其断面图。断面图的轮廓为细实线,钢筋横断面用黑点表示。

(3)钢筋详图是按规定的图例画出的一种示意图。它主要表示钢筋的形状,以便于钢筋下料和加工成型。同一编号的钢筋只画一根,并注出钢筋的编号、数量(或间距)、等级、直径及各段的长度和总尺寸。

(4)钢筋的编号。为了区分钢筋的等级、形状、大小,应将钢筋予以编号。钢筋编号是用阿拉伯数字注写在直径为 6 mm 的细实线圆圈内,并用引出线指到对应的钢筋部位。同时在引出线的水平线段上注出钢筋标注内容。

3.钢筋明细表

为了便于编造施工预算、统计用料,在配筋图中还应列出钢筋表,表内应注明构件代号、构件数量、钢筋编号、钢筋简图、直径、长度、数量、总数量、总长和重量等。对于比较简单的构件,可不画钢筋详图,只列钢筋表即可(见表 13.9)。

表 13.9　梁钢筋表

编号	钢筋简图	规格	长度	根数	重量
①	3 790	φ20	3 790	2	
②	3 950	φ12	4 700	2	
③	190　350	φ6	1 180	23	
总重					

13.3　楼层结构布置平面图

13.3.1　楼层结构平面图的形成

在结构施工图中，表示建筑物上部的结构布置的图样，称为结构布置图。在结构布置图中，以结构平面图的形式为最多。楼层结构平面图是用一个假想水平剖切面沿着楼面将房屋剖切后作的楼层水平投影，称为楼层结构平面图，也称为楼层结构平面布置图。它是用来表示每层楼层的梁、板、柱、墙的平面布置，现浇钢筋混凝土楼板的构造与配筋，以及它们之间的结构关系。

13.3.2　楼层结构平面图的内容和用途

（1）建筑物各层结构布置的平面图。

（2）各节点的截面详图。

（3）构件统计表及钢筋表和文字说明。

楼层结构平面图是施工时安装梁、板、柱等各种构件或现浇各种构件的依据，也是计算构件数量、编制施工预算的依据。

13.3.3　楼层结构布置平面图的阅读方法

（1）看图名、轴线、比例。

（2）看预制楼板的平面布置及其标注。

（3）看现浇楼板的布置。

现浇楼板在结构平面图中的表示方法有两种：一种是直接在现浇板的位置处绘出配筋图，并进行钢筋标注；另一种是在现浇板范围内画一对角线，并注写板的编号，该板配筋另有详图。

（4）看楼板与墙体（或梁）的构造关系。

在结构平面图中，配置在板下的圈梁、过梁、梁等钢筋混凝土构件轮廓线可用中虚线表示，也可用单线（粗虚线）表示，并应在构件旁侧标注其编号和代号。

13.4 基础图

基础图是表示房屋地面以下基础部分的平面布置和详细构造的图样。它是进行施工放线、基槽开挖和砌筑的主要依据,也是施工组织和预算的主要依据。基础图通常包括基础平面图和基础详图。

13.4.1 基础平面图

1.基础平面图的形成

假想用一个水平剖切面,沿建筑物首层室内地面与基础之间把建筑物水平剖开,移去剖切面以上的建筑物和回填土,向下作水平投影,所得到的图称为基础平面图。

在基础平面图中,只要画出基础墙、柱以及它们基础底面的轮廓线,至于基础的细部轮廓线都可以省略不画。这些细部的形状,将具体反映在基础详图中。基础墙和柱是剖到的轮廓线,应画成粗实线,未被剖到的基础底部用细实线表示。基础内留有孔、洞的位置用虚线表示。由于基础平面图常采用1:100的比例绘制,故材料图例的表示方法与建筑平面图相同,即剖到的基础墙可不画砖墙图例(也可在透明描图纸的背面涂成红色)、钢筋混凝土柱涂成黑色。

当房屋底层平面中开有较大门洞时,为了防止在地基反力作用下导致门洞处室内地面的开裂,通常在门洞处的条形基础中设置基础梁,并用粗点画线表示基础梁的中心位置。

2.基础平面图的主要内容

(1)反映基础的定位轴线及编号,且与建筑平面图要相一致。

(2)定位轴线的尺寸,基础的形状尺寸和定位尺寸。

(3)基础墙、柱、垫层的边线以及与轴线间的关系。

(4)基础墙身预留洞的位置及尺寸。

(5)基础截面图的剖切位置线及其编号。

3.基础平面图的识读

(1)看图名、比例、说明。

(2)看基础的平面布置,即基础墙、柱以及基础底面的形状、大小及其与轴线的关系。将此图的定位轴线及其编号与建筑平面图相对照,看看两者是否一致;基础平面图中的轴线尺寸、基础大小尺寸及定位尺寸。

(3)看基础梁的位置和代号。主要了解基础哪些部位有梁,根据代号可以统计梁的种类、数量和查阅梁的详图。

(4)看地沟与孔洞。

(5)看基础平面图中剖切符号及其编号。根据基础平面图中的剖切平面位置和编号去查阅相应的基础详图,以了解各部分基础断面形状。

13.4.2 基础详图

1.基础详图的形成和作用

假想用剖切平面垂直剖切基础,用较大比例画出的断面图称为基础详图,又称基础断面图。

用于表示基础的截面形状、细部尺寸、材料、构造及基底标高等内容。

一般情况下，对于构造尺寸不同的基础应分别画出其详图，但是当基本构造形式相同，只是部分尺寸不同时，可以用一个详图来表示，但应注出不同的尺寸或列出表格说明。对于条形基础只需画出基础断面图，而独立基础除了画出基础断面图外，有时还要画出基础的平面图或立面图。

2. 基础详图的内容

（1）表明基础的详细尺寸，如基础墙的厚度、基础底面宽度和它们与轴线的位置关系。

（2）表明室内外、基底、管沟底的标高，基础的埋置深度。

（3）表明防潮层的位置和勒脚、管沟的做法。

（4）表明基础墙、基础、垫层的材料标号，配筋的规格及其布置。

（5）用文字说明图样不能表达的内容，如地基承载力、材料标号及施工要求等。

3. 基础详图的识读

（1）看图名、比例。基础详图的图名常用1—1、2—2……断面或用基础代号表示。基础详图比例常用1∶20。根据基础详图的图名编号或剖切位置编号，以此去查阅基础平面图，两图应对照阅读，明确基础所在的位置。

（2）看基础详图中的室内外标高和基底标高，可算出基础的高度和埋置深度。

（3）看基础的详细尺寸。

（4）看基础墙、基础、垫层的材料标号，配筋的规格及其布置。

第14章

建筑装饰施工图

知识目标

（1）了解装饰施工图的内容及识读时应注意的问题。

（2）掌握装饰平面图、立面图、剖面图、装饰节点详图的识读方法。

（3）熟悉装饰施工图中常用的图例、符号。

能力目标

（1）能熟练应用有关的图例、符号来识读装饰施工图。

（2）能识读一般的装饰施工图。

装饰施工图是装饰设计人员以建筑施工图为依据,按正投影的方法和制图标准详细准确的表达设计思想及装饰构造、装饰造型、饰面要求的一套图样,是装饰工程施工、验收及预算的依据。

一套装饰施工图包括首页图(图样目录、设计说明、材料、工艺的要求等)、平面布置图、立面图、顶棚平面图、剖面图、节点详图,必要时增绘效果图及家具图。

阅读整套装饰施工图时,应采用大体了解、顺序阅读、前后呼应、详图细读的识读方法。

(1) 大体了解,顺序阅读。先阅读首页图和效果图,以大致了解图样组成、工程概况、设计依据、施工标准和要求等。然后按照平面布置图、立面图、顶棚平面图、剖面图、节点详图的顺序逐次阅读,对室内装饰造型、色彩的选择、材料的要求有一个初步的认识。

(2) 前后呼应,详图细读。读完平面布置图后,结合投影符号看立面图;结合剖面符号及轴线看剖面图;结合轴线看顶棚平面图;结合详图索引符号阅读详图。对于详图中的构造组成、材料要求、细部尺寸、技术措施做到心中有数,遇到问题可先记录下来,待到图样会审时再向设计人员咨询。

14.1　平面布置图

14.1.1　平面布置图的形成及作用

平面布置图是假想用一个水平的剖切面距离楼地面1.2～1.5 m的位置将房屋剖切后,对剖切面以下的部分作出的水平正投影图,它主要用于表示房间的平面形状、大小,家具及陈设的布置,地面的图案划分与材料要求等。

14.1.2　平面布置图的基本内容及图线表示

1. 图名、比例

平面布置图的图名是按房间的使用功能命名的,比例不小于1∶50(常用1∶50)。

2. 室内家具、陈设、隔断、卫生设备的布置方式

平面布置图中包含室内家具、陈设、隔断、卫生设备的布置方式。

3. 尺寸标注

尺寸分为外部尺寸和内部尺寸。外部尺寸有三道,各道尺寸的标注与建筑施工图相同。内部尺寸一般标注以下内容。

(1) 家具设备的尺寸及人使用家具设备时所需要的空间尺寸。

(2) 地面的图案划分尺寸。平面布置图中地面的图案划分线与家具重合的部分可用虚线表示或者不表示。

(3) 室内空间区域的尺寸及标高。

4. 文字说明

家具及陈设的名称,材料、色彩的选择,地面的材料、色彩的要求等。

5．立面的投影关系和视图编号

平面布置图中应表现出立面的投影关系和视图编号。

6．其他

（1）表明墙、柱的定位轴线以便于对照阅读其他图纸。

（2）平面布置图中引有详图或剖面图，应表明详图索引符号及剖面图的剖切位置和编号。

（3）如要表明跌级吊顶棚的转折面与平面布置的关系则用虚线表示。

（4）应表明墙、柱造型的外轮廓线。

图中凡属于建筑施工图的部分（如墙、柱、门窗等），与建筑施工图的线型、粗细相同；图中的家具、地面的图案、尺寸线、引出线均为细实线；木骨架或轻钢龙骨隔墙用中粗线表示。

14.1.3 平面图的识读

（1）平面布置图是装饰施工图的主要图纸，其他图纸都是以平面图为依据进行绘制的，看平面布置图时，应先阅读图名和比例，了解房间的名称、使用功能和平面布局。

（2）了解房间的建筑平面形式、平面尺寸和结构类型，确定房间的面积以及承重构件、非承重构件的位置等。

（3）根据室内的家具布置方式了解室内的分区布局方法，以便于了解顶棚平面图的灯具布置、格局以及立面图中各墙面造型处理等。

（4）通过文字说明及细部尺寸了解地面及家具的饰面材料、规格类型、色彩的选择、工艺要求等，以便于制定材料清单和施工组织计划。

（5）了解平面布置图内的立面投影符号、剖切符号和详图索引符号，读图时应结合相关图纸对照阅读。

14.2　顶棚布置图

14.2.1 顶棚布置图的形成及作用

顶棚布置图也称"吊顶"平面图或"天花"平面图。它以地面为镜面，对地面内所影射的顶棚图像作出正投影，所以也称为顶棚镜像平面图，主要表达顶棚的造型样式、灯具的规格类型、通风口的位置等。

14.2.2 顶棚布置图的基本内容及图线表示

1．图名、比例

顶棚布置图的图名应与平面布置图的图名相一致。比例不小于1：50，且一般与平面布置图比例相同。

2．文字说明

说明顶棚的造型样式及各造型样式面层的材料、色彩的选择和工艺的要求等。

3．标高

标高可以分出顶棚的跌级层数。

4．尺寸标注

顶棚的四周轮廓尺寸应标出定位轴线间的距离、顶棚长度和宽度的净尺寸等，内部尺寸应标出顶棚造型的定位尺寸和灯具、通风口、音响、消防报警系统的大小及位置。

5．灯具的类型和规格

顶棚中所用的灯具有筒灯、射灯、牛眼灯、日光灯、吸顶灯、吊灯、日光灯盘、荧虹灯带等。

6．消防报警系统、音响、通风口的大小与位置

顶棚布置图中应标出消防报警系统、音响、通风口的大小与位置。

7．其他

(1) 顶棚剖面图的剖切位置及编号，定位轴线的位置及编号。

(2) 若引有详图应标明详图索引符号。

顶棚布置图的四周轮廓线用中粗线表示，其他部分用细实线，荧虹灯带用虚线表示。

14.2.3 顶棚布置图识读

(1) 阅读图名，确定该顶棚平面图的位置。

(2) 分析细部尺寸，了解灯具的布置以及通风口、音箱及消防报警系统的尺寸和位置，了解各造型的定型尺寸、定位尺寸等。

(3) 根据标高确定顶棚是一级顶棚还是多级顶棚，以及顶棚跌级变化的位置。

(4) 通过文字说明了解灯具的规格类型，了解各造型块的材料及色彩的要求等。

(5) 了解顶棚剖面图的剖切位置以及详图索引符号。

14.3 装饰立面图

14.3.1 装饰立面图的形成及作用

装饰立面图的形成方法有以下三种。

一是人站在室内对某一墙面所作出的正投影图，主要用于直接式顶棚或与该立面相接处的吊顶棚标高一致时。

二是以一定的顺序连续地绘出室内各墙面的正投影图所得到的墙面展开图。为区分各墙面，要求标注各墙面转角处的定位轴线。这种方法可以准确地确定相邻墙面造型的相互衔接关系，便于观察室内墙面造型的整体效果。

三是用剖面图的方法绘制立面图，即绘制铅垂剖切平面的正投影面。它应表明铅垂剖切平面处顶棚面的基本形式。这种方法主要用于与该立面相接处的顶棚存有高差时。

装饰立面图主要是用于表达室内墙面的造型样式、面层的材料和色彩的选择、灯具的规格，以及位置、墙面陈设的布置、施工工艺的要求等。

14.3.2 装饰立面图的基本内容及图线表示

(1) 图名及比例。装饰立面图的图名应与平面布置图内的立面图投影编号相一致，比例不

小于 1∶50(最好与平面布置图比例相同)。

(2)表明墙面的造型样式,电器设备的位置(如壁灯等),若家具固定在墙面上(如壁柜),则应表示出家具的外观样式及尺寸。

(3)墙面造型样式简单时,立面图上应画出活动式家具及其陈设;墙面造型样式复杂时,为避免家具对墙面造型的遮挡则不用表示。

(4)尺寸标注。

水平尺寸:第一道标注定位轴线之间的距离,第二道标注各造型的长度尺寸,第三道标注各造型的细部分割尺寸。

垂直尺寸:第一道标注顶棚的高度尺寸,第二道标注各造型的高度尺寸。

细部尺寸:地台和踏步的高度尺寸、造型内部的定位尺寸、顶棚跌级造型的相互关系尺寸。

(5)如有门窗、隔断等构件,则应表明它们的位置、样式、材料及尺寸。

(6)表明墙面与顶棚的衔接处理方式。

(7)用文字说明各造型部位的材料、颜色、线脚的类型、窗帘的材料以及颜色等。

(8)若从装饰立面图中引有详图或剖面图,应表明详图索引符号及剖面图的剖切位置、编号,标出墙面两端的定位轴线及编号。

在装饰立面图中,墙面的外轮廓线及墙面展开图中的面与面的转折线用中粗线表示;墙面造型、灯具及开关等设备,门窗、隔断的分格线等均用细实线表示。

14.3.3　立面图的识读

(1)通过图名确定该立面图在平面图中的位置。

(2)了解立面图上分为几个装饰面,它们所用的材料以及施工工艺要求等。

(3)在立面图上各装饰面之间的过渡收口较多,应对照墙身剖面图或节点详图以了解过渡收口的方式、工艺和所用的材料等。

(4)注意灯具、电源开关、电源插座在墙面上的位置,以便在施工中预留位置。

(5)了解墙身剖面图的剖切位置和详图索引符号。

14.4　装饰剖面图

14.4.1　装饰剖面图的形成及作用

装饰剖面图是将室内某一装饰部位沿水平或铅垂剖切面作整体或局部剖切,以表达其内部结构、细部构造、尺寸大小、材料选择、工艺要求的视图。它与平面布置图、立面图、顶棚平面图等相配合,是施工图中不可缺少的图样,它的数量应根据室内各部位装修的复杂程度和施工要求而定。为了图示清楚,装饰剖面图一般用较大的比例绘制,如 1∶20、1∶10、1∶5 等。剖面图的剖切位置和剖切方向可从顶棚平面图、立面图、平面布置图中查到。

14.4.2　顶棚剖面图

1. 顶棚剖面图的形成及作用

顶棚剖面图的剖切位置一般选择在顶棚造型比较复杂的部位及有跌级变化的部位。它主要用于表达剖切部位顶棚跌级层次的变化及不同材料顶棚面层衔接的处理方式。

2．顶棚剖面图的基本内容及图线表示

（1）图名及比例。图名应与顶棚平面图内的剖切位置的编号相一致。

（2）顶棚剖面图内首先应表达出剖切位置顶棚块面的划分情况。

（3）表明吊顶龙骨的材料，吊筋的分布情况及顶棚跌级变化处龙骨的连接关系。

（4）表明不同材料面层之间及跌级变化部位面层的接缝处理。

（5）表明顶棚与墙面的连接处理。

（6）表明顶棚剖切处的灯具、灯槽、通风口、窗帘盒的构造。

（7）尺寸包括水平尺寸、垂直尺寸、细部尺寸。

水平尺寸：第一道标注定位轴线之间的距离，第二道标注顶棚高度变化部位之间的距离，第三道标注各级顶棚中不同材料的定位尺寸。

垂直尺寸：标注垂直方向各级顶棚的高差。

细部尺寸：灯槽的尺寸、线脚的尺寸、通风口的尺寸等。

（8）文字说明包括材料的要求、线脚的编号、灯具的规格等。

（9）用多层构造引出线标出顶棚的构造做法。

（10）标出顶棚剖面图两端的定位轴线及编号，以便与顶棚平面图对照阅读。

（11）若引有节点详图应注明详图索引号。

在顶棚剖面图中被剖到的墙体、面板、线脚的轮廓线均为中粗线，玻璃、灯具、内部填充材料、吊筋等可见部分为细实线。

14.4.3 墙身剖面图

1．墙身剖面图的形成及作用

墙身剖面图的剖切位置一般选择在门窗洞口处或立面造型比较复杂的部位，它反映墙面装修的尺寸、构造做法、前后关系、内部结构处理等。墙身剖面图中，除必须画出剖切到的部分（如踢脚、墙裙），还应画出投影方向未剖切到的可见部分。为了便于绘图，墙身剖面图可在适当的部位断开（如门窗洞口处）。

2．墙身剖面图的基本内容

（1）图名及比例。墙身剖面图的剖切位置及编号一般标注在立面图中。其图名应与剖切位置的编号相一致，比例选用一般较大（如1：20、1：30）。

（2）表明踢脚、墙裙、台度内部的结构、材料、工艺要求等。

（3）表明剖切处墙身各造型部位的基本构造层次。

（4）表明门窗的位置，窗台的构造及墙裙、台度与窗台板的连接方式等。

（5）表明窗帘盒与顶棚的衔接方式及窗帘轨道的材料。

（6）如墙面在剖切位置设有灯槽，则应表示出灯槽的剖面构造及灯具的规格类型。

（7）表明墙面与顶棚的衔接收口方式。

（8）标注尺寸。

垂直尺寸：第一道标注踢脚、墙裙（或台度）、造型块、窗帘盒等的高度尺寸，第二道标注垂直方向的细部尺寸。

水平尺寸:标注水平方向的细部尺寸。

（9）文字说明包括各部位材料、色彩、连接固定方式及线脚的要求等。

（10）用多层构造引出线标出各部位的构造做法。

（11）标出定位轴线及编号。图中若引有详图,应标注详图索引符号。

14.4.4　隔墙剖面图

室内装修工程中,隔墙主要有木龙骨胶合板隔墙、轻钢龙骨隔墙、铝合金玻璃隔墙等。隔墙剖面图的剖切位置以及编号可在平面布置图或立面图中找到。隔墙剖面图的识读方法如下。

（1）根据图名及轴线编号从立面图或平面图中查找到剖面图的剖切位置和投射方向。

（2）对照平面图或立面图分析剖面图中的标高和尺寸,确定出造型块的数量,然后分块细读。

（3）根据剖面图中的材料符号、文字说明、尺寸标注,来确定装饰结构与建筑结构的连接固定方式、细部构造处理和工艺要求等。

14.5　装饰节点详图

节点详图是装饰平面布置图、立面图、剖面图的补充,详细地表达设施(如线脚、装饰柱、地面、灯槽、通风口、固定家具等)的形状、尺寸、材料、做法,是指导装饰施工和编制装饰预算的依据,也是阅读理解装饰施工图的关键。

装饰节点详图特点是"一大三详",具体内容如下。

（1）比例大。常用的比例有 1∶1、1∶2、1∶5、1∶10、1∶20 等。

（2）图样详。要求详图内各部分的位置应准确,线形应分明,层次应清晰,构配件的连接方法应详细,材料填充应无误。

（3）尺寸详。应完整无误地标出各部分的定型尺寸、定位尺寸、标高等。

（4）文字详。详细地表达各层次的材料、做法、颜色和工艺要求等。

14.6　家具施工图

在装饰工程中为使家具与室内装饰风格、色调相协调,保证室内装饰的整体效果,常将室内的家具(如壁柜、酒吧台、酒柜等)与室内装修一起设计,这就需要绘制家具施工图。

室内家具类型繁多,从结构上分有框架式家具、板式家具、拆装式家具、折叠式家具等,从材料上分有木质家具、藤竹家具、金属家具、塑料家具等。

一套家具施工图包括有家具立体图、家具平面图(即俯视图)、家具立面图、家具剖面图和节点详图等。

（1）家具立体图一般采用轴测图或透视图的方法绘制。它包括外观立体图和细部做法分析立体图,主要作为辅助图形帮助阅读理解家具图纸的内容。

（2）家具平面图主要表示家具的平面形状、顶面的图案划分、材料和颜色的要求等。图内应详细标出四周的轮廓尺寸以及内部的定型、定位尺寸。

（3）家具立面图主要表示家具主要立面的外形轮廓和立面上柜门、抽屉、把手、隔板的形式和数量，以及分割尺寸，表示柜门的开启方式和面层的材料、颜色的要求等。

（4）家具剖面图表示家具内部结构以及部件装配关系的图纸，它可分为水平剖面图和铅垂剖面图。

① 水平剖面图沿水平方向表示内部骨架的大小和布置方式，表示内部的水平分割数量和内部的长度、宽度方向的细部尺寸。当家具顶面形状比较简单时，可以兼做家具平面图。

② 铅垂剖面图主要用于表示内部框架的基本组成情况、家具脚部的处理方式、垂直方向层数的划分、门扇的材料及结构形式、封边收口方法等。

（5）节点详图主要表达家具特殊部位的细部构造。

第15章

给排水施工图

知识目标

(1) 熟悉建筑给排水施工图中的各种图例和符号。

(2) 掌握建筑给排水平面图、系统图的图示内容和识图方法。

(3) 学会看懂一整套完整的给排水施工图。

能力目标

通过课堂教学与识图实训，掌握建筑给排水施工图的主要内容、表示方法和识读要点，培养学生熟练阅读建筑给排水施工图的能力。

15.1　概述

给排水工程是现代城市建设的重要基础设施，由给水工程和排水工程两部分组成。

绘制给排水施工图应遵守《给水排水制图标准》，还应遵守《房屋建筑制图统一标准》中的各项基本规定。

15.1.1　管道及配件知识

1. 管道的分类

1）按管路系统分类

给水管分为生产、生活、消防给水管等，排水管分为生产和生活排水管、雨水管等。

2）按管内介质有无压力分类

给水管为压力管道，排水管为重力管道。

3）按管道材料分类

按管道材料分为金属管和非金属管。金属管包括钢管、铸铁管、铜管、铅管……非金属管包括混凝土管、钢筋混凝土管、石棉水泥管、陶土管、橡胶管、塑料管……

4）按管道连接分类

法兰连接适用于钢管、铸铁管等，螺纹连接适用于钢管、塑料管等，承插连接适用于铸铁管、混凝土管、钢筋混凝土管、陶土管等，焊接适用于钢管、铅管、塑料管等。

2. 常用管件

管道是由管件装配连接而成的。常用的管件有弯头、三通管、四通管、异径管、存水弯、管堵、管箍、活接头等，它们分别起着连接、改向、变径、分支、封堵等作用。

3. 控制配件

为了控制管道内介质的流动，在管道上设置各种阀门，起着开启、关闭、逆止、调节、分配、安全、疏水等作用。常用的阀门有截止阀、闸阀、旋塞阀、球阀、蝶阀、浮球阀、止回阀、减压阀、疏水阀等，另外还有各种水龙头（水嘴）。

4. 量测配件

量测配件包括压力表（指示压力值）、文氏表（测定流量）、水表（统计供水量）。

5. 升压设备

通常用离心式水泵将水提升加压。

15.1.2　管道图的画法

1. 管道的基本画法

工程图中应用最多的是单线管道图。为充分表达管道所占有的空间尺度，以及与其相连的设备和相邻构配件的位置关系，则需要采用双线管道图的画法，如图15.1所示。

2. 管道和配件的常用画法

（1）管道弯折（转向）画法如图15.2所示。

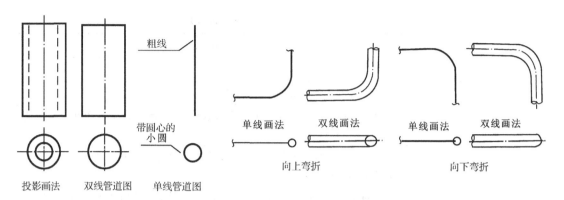

图 15.1　管道的基本画法　　　　图 15.2　管道弯折(转向)的画法

(2)管道相交(分支)画法如图 15.3 所示。

(3)管道交叉画法如图 15.4 所示。

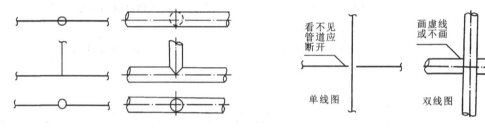

图 15.3　管道相交(分支)的画法　　　图 15.4　管道交叉的画法

(4)不同管径的管道连接画法如图 15.5 所示。

图 15.5　异径管的画法

(5)管道的连接。

一般情况下用文字说明,图中不必画出。若要表示,画法如图 15.6 所示。

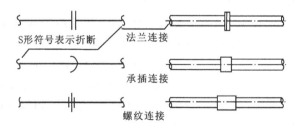

图 15.6　管道的连接和折断的画法

(6)管道的折断画法如图 15.6 所示,在折断处用 S 形折断符号表示。

15.1.3　给排水制图的一般规定

1. 图线
给排水制图采用的各种图线宜符合表 15.1 的规定。

313

表 15.1　给排水施工图中图线的选用

名称	线宽	一 般 用 途
粗实线	b	新设计的各种排水和其他重力流管线
粗虚线	b	新设计的各种排水和其他重力流管线的不可见轮廓线
中粗实线	$0.75b$	新设计的各种给水和其他压力流管线,原有的各种排水和其他重力流管线
中粗虚线	$0.75b$	新设计的各种给水和其他压力流管线及原有的各种排水和其他重力流管线的不可见轮廓线
中实线	$0.50b$	给排水设备、零(附)件的可见轮廓线,总图中新建的建筑物和构筑物的可见轮廓线,原有的各种给水和其他压力流管线
中虚线	$0.50b$	给水排水设备、零(附)件的不可见轮廓线,总图中新建的建筑物和构筑物的不可见轮廓线,原有的各种给水和其他压力流管线的不可见轮廓线
细实线	$0.25b$	建筑的可见轮廓线,总图中原有的建筑物和构筑物的可见轮廓线,制图中的各种标注线
细虚线	$0.25b$	建筑的不可见轮廓线,总图中原有的建筑物和构筑物的不可见轮廓线
单点长画线	$0.25b$	中心线、定位轴线
折断线	$0.25b$	断开界线
波浪线	$0.25b$	平面图中水面线,局部构造层次范围线,保温范围示意线等

2. 比例

给排水制图常采用的比例宜与专业一致。但水处理流程图、水处理高程图和建筑给排水系统原理图均不按比例绘制。

3. 标高注法

高程以米为单位,一般注写到小数点后第三位。在总平面图及相应的小区(厂区)给排水图中可注写到小数点后第二位。

室内工程应标注相对高程,室外工程宜标注绝对高程,当无绝对高程资料时,可注写相对高程,但应与总图专业一致。

不同直径的压力管道的连接是以管中心为基准平接,因此压力管道宜注管中心高程。重力管道的连接有管顶平接和管中心平接两种,一般重力管道宜注管内底高程,但在室内多种管道敷设且共用支架时,为方便标注,重力管道也可注管中心高程,图中应加以说明。

图中应注写标高的部位有沟渠和重力流管道的起讫点、转角点、连接点、变坡点、变尺寸(管径)点及相交点,压力流管道中的标高控制点,管道穿外墙、剪力墙和构筑物的壁及底板等处,不同水位线处,构筑物和土建部分的相关高程位置。

在不同图样中标高的注法如下。

(1) 平面图、系统(轴测)图中,管道的标高注法如图 15.7 所示。

(2) 剖面图中,管道及水位的标高注法如图 15.8 所示。

(3) 平面图中,沟渠的标高注法如图 15.9 所示。

在建筑工程中,管道也可注相对本层建筑地面的标高,标注方法为 $h+\times\times\times\times$,$h$ 表示本层建筑地面标高(如 $h+0.250$)。

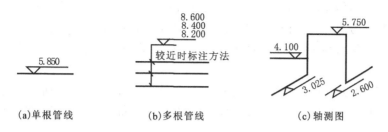

(a)单根管线　　　(b)多根管线　　　(c)轴测图

图 15.7　平面图、系统图中管道的标高注法

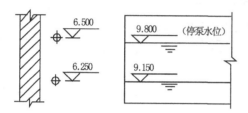

图 15.8　剖面图中管道及水位的标高注法

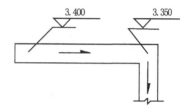

图 15.9　平面图中沟渠的标高注法

4. 管径注法

管径应以 mm 为单位。

(1) 公称直径用 DN 表示(如 DN15、DN50)；水煤气输送钢管(镀锌或非镀锌)、铸铁管等管材(见图 15.10)。

(2) 外径 D×壁厚表示(如 D108×4、D159×4.5 等)：无缝钢管、焊接钢管(直缝或螺旋缝)、钢管、不锈钢管等管材。

(3) 内径 d 表示(如 d230、d380 等)：钢筋混凝土(或混凝土)管、陶土管、耐酸陶瓷管、缸瓦管等管材。

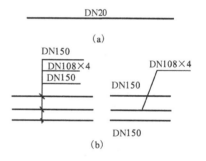

图 15.10　管径的注法

(4) 塑料管材，管径宜按产品标准的方法表示；当设计均用公称直径 DN 表示时，应有公称直径 DN 与相应产品规格对照表。

5. 编号方法

当建筑物的给水引入管或排水排出管数量多于一根时，宜按系统编号。标注方法如图 15.11 所示。

建筑物内穿过楼层的立管，其数量多于一根时，应用阿拉伯数字编号，表示形式为"管道类别和立管代号—编号"。标注方法如图 15.12 所示。

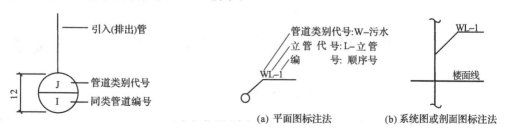

图 15.11　管道系统编号标注方法

(a) 平面图标注法　　　(b) 系统图或剖面图标注法

图 15.12　立管编号标注方法

315

在总平面图中,当给排水附属构筑物(阀门井、检查井、水表井、化粪池等)多于一个时宜编号,编号用构筑物代号后加阿拉伯数字表示。构筑物代号应采用汉语拼音的首字母表示。

给水构筑物的编号顺序宜为从水源到用户,从干管到支管再到用户,按给水方向依次编写。

排水构筑物的编号顺序宜为从上游到下游,先支管后干管,按排水方向依次编写。

当给排水机电设备的数量超过一台时宜编号,并应有设备编号与设备名称对照表。

6. 图例

常用室内给、排水器材图例参见表 15.2 和表 15.3。

表 15.2 常用室内给水器材图例

序号	名　称	图　例	序号	名　称	图　例
1	管道	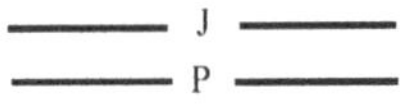 —— J —— —— P ——	11	止回阀	
2	多孔管		12	龙头	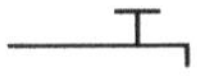
3	向后、向下90° 弯折		13	室内消火栓 （单口）	
4	向前、向上90° 弯折管		14	室内消火栓 （双口）	
5	法兰连接管	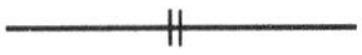	15	淋浴喷头	
6	螺纹连接管	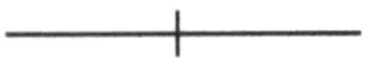	16	水表井	
7	活接头连接管		17	水表	
8	管道固定支架		18	自动记压表	
9	截止阀		19	泵	
10	闸阀				

表 15.3 室内排水器材及卫生设备图例

序号	名　称	图　例	序号	名　称	图　例
1	S/P 存水弯		11	浴盆	
2	检查口		12	化验盆 洗涤盆	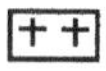
3	清扫口		13	污水池	
4	通气帽、铅丝球		14	挂式小便斗	
5	排水漏斗		15	蹲式大便器	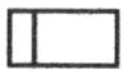
6	圆形地漏		16	坐式大便器	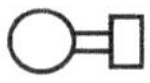
7	方形地漏		17	小便槽	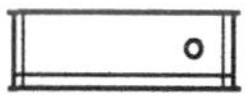
8	管道承插连接		18	矩形化粪池	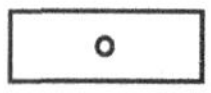 HC
9	洗脸盆		19	圆形化粪池	 HC
10	自动冲洗水箱		20	矩形化粪池	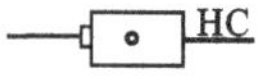 HC

15.2　室内给水施工图

15.2.1　概述

（1）室内给水工程的任务是在保证水质、水压、水量的前提下，将净水自室外给水总管引入室内，并分别送到各用水点。

（2）室内给水工程的组成如图 5.13 所示。

① 给水引入管是从室外给水管网将自来水引入房屋内部的一段水平管道，宜靠近用水量大的房间和用水点。一般还附有水表和阀门。

② 给水管网一般包括水平干管、立管和支管。一般情况下管道沿墙靠柱作直线走向，布置呈环状或树枝状。

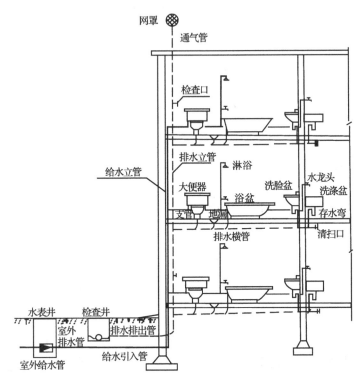

图 15.13　室内给、排水组成示意图

③ 配水附件包括管路上的各种阀门、水表、水龙头等。

④ 升压设备包括水泵、水箱、蓄水池等。

（3）给水方式。房屋常用的给水方式有下行上给、上行下给、混合式，如图 15.14 所示。

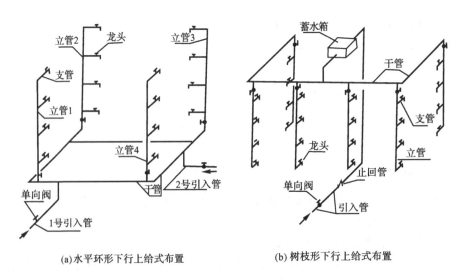

(a)水平环形下行上给式布置　　　　(b)树枝形下行上给式布置

图 15.14　室内给水工程的组成和布置方式

（4）室内给水施工图的内容主要包括给水平面图、给水系统图、节点详图和说明等部分。

15.2.2　室内给水平面图

室内给水平面图是以建筑平面图为基础(细实线画出建筑平面图)表明给水管道、用水设备、器材等平面位置的图样。

1. 表达内容

(1) 给水引入管的位置及与室外管网的连接关系。

(2) 各给水干管、立管、支管的平面位置和走向。

(3) 管路上各配件的位置。

(4) 各种卫生器具和用水设备的类型、位置等。

2. 图示方法和画法特点

(1) 绘图比例。采用和建筑平面相同的比例,画出整个房屋的平面图。用水房间的局部平面图用较大比例(如 1∶50 或 1∶20 等)。

(2) 平面图的数量。一般应画出底层平面图。多层房屋应分层绘制,如各楼层管道布置相同,仅画出标准层平面图即可。

(3) 房屋平面的画法。细实线简要画出房屋的平面图形,其余细部均可略去。

(4) 剖切位置。不受高度限制,凡为本层设施配用的管道均应画在该层平面图中。

(5) 卫生器具的画法。通常都另有安装标准图或施工详图表示,在平面图中只需按比例画出图例或外形即可。卫生器具的规格一般写在施工说明中。

(6) 管道画法。采用单线绘制平面图中管道,一般给水管道用粗实线表示。给水管道一般是螺纹连接的,平面图中不需要特别表示。

(7) 尺寸标注。

① 标注:楼地面的标高、定位轴线的编号和尺寸。

② 不标注:各段管道的长度、管径、坡度和标高。

③ 卫生器具和管道是沿墙靠柱设置的,且另有安装详图表示,平面图中通常不注其定位尺寸,必要时可以墙面或轴线为基准标注。

15.2.3　室内给水系统图

室内给水系统图是表明室内给水管网和用水设备的空间关系,及管网、设备与房屋相对位置、尺寸等情况的图样。具有较好的立体感,能较好地反映给水系统的全貌,是对给水平面图的重要补充。

1. 表达内容

(1) 给水引入管、给水干管、立管、支管的空间位置和走向。

(2) 各种配件如阀门、水表、水龙头等在管路上的位置和连接情况。

(3) 各段管道的管径和标高等。

2. 图示方法和画法

(1) 轴测类型。系统图一般采用 45°三等正面斜等测绘制,如图 15.15 所示。

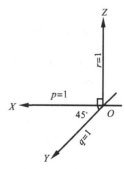

图 15.15　正面斜等测

（2）绘图比例一般与平面图一致。这样 *OX* 轴在 *OY* 轴向尺寸可从平面图中直接量取。*OZ* 轴向尺寸要根据房屋的层高、横管的标高、用水设备以及水龙头的安装高度等条件确定。

如果局部管道按比例绘制时图线重叠不清楚，也允许不按比例画，可适当将管线伸长或缩短。

（3）管道画法。管道用粗实线表示。相交处应将不可见管线断开绘制。

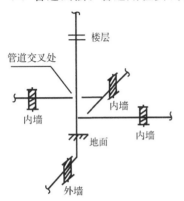

图 15.16　管道与房屋构件的关系

当楼房的各层管网布置相同时，可只详细画出其中一层，其余各层省略，这时应在折断的支管处注明"同×层"。

（4）房屋构件的位置。在系统图中应画出管道穿过墙、地面、楼面、屋面处的位置，如图15.16所示。

（5）管道配件的画法。管道上的各种配件如阀门、水表、水龙头等均应按图例绘制。制图标准中图例不够用时，可自编图例但应在图中说明。

（6）尺寸标注。在系统图中，各段管道均应注出管径，当连续几段管道的管径相同时，也可仅注出两端的管径，中间管段省略不注。图中未注管径的管段，可在施工说明中集中写明。凡有坡度的横管都应注出坡度，坡度符号的箭头是指向下坡方向。在系统图中所注标高均为相对标高，一般要注出横管、阀门、水箱、水龙头等处的标高，对于房屋的地面、楼面、屋面等标高也应注出。

15.2.4　节点详图

给水施工详图是详细表明给水施工图中某一部分管道、设备、器材的安装大样图。目前国家及各省市均有相关的安装手册或标准图，施工时应参见有关内容。

15.2.5　目录、说明

说明是对室内给水施工图的施工安装要求、引用标准图、管材材质及连接方法、设备规格型号等内容用文字作一交代。目录表明室内给水施工图的编排顺序及每张图的图名。

15.3　室内排水施工图

15.3.1　概述

室内排水工程的任务是将房屋卫生设备或生产设备排除的污水通过室内排水管排至室外排水窨井中。

1. 室内排水工程的组成

室内排水工程的组成如图 15.13 所示。

（1）排水管网。排水管网一般包括连接管、横向支管、立管、排出管。

（2）通气管。排水立管伸出屋面外，顶端设通气帽。

（3）排水附件。排水附件通常有存水弯、地漏、检查口，如图 15.17 所示。

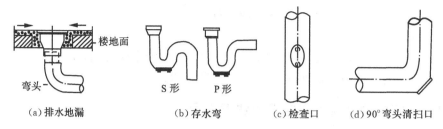

图 15.17　排水附件

（4）卫生器具。常用的卫生器具有大便器、小便器、浴盆、水池等。

2. 室内排水系统分类

（1）按排水性质分类，可分为生活污水排水系统、生产污（废）水排水系统和雨水排水系统。

（2）按排水制度分类，可分为分流制和合流制两种。分流制是将不同来源的污（废）水分别设置独立的管道系统排放，合流制是不同来源的污（废）水合用一套管道系统排放。

3. 排水管道的布置要求

排水出户管应选择最短途径与室外管道连接，连接处应设检查井。排水立管宜靠近污水量大、脏物最多的排水点。排水横管布置根据卫生器具的位置确定，一般在底层是埋设在地面下，在楼层是悬吊在楼板下。排水管道应尽量减少转弯以免阻塞，还应便于安装和检修。排水管道是无压力管，推动水流的动力是水体的重力，故排水横管必须坡向污水排出方向，通常坡度为1‰～3‰。排水管道的管径较粗，且管路上无阀门等配件。

15.3.2　室内排水施工图的内容

室内排水施工图的内容主要包括排水平面图、排水系统图、节点详图及说明等。对内容简单的建筑，其排水平面图、说明等可与室内给水施工图放在一起来表达。

（1）排水平面图是以建筑平面图为基础画出的，它主要反映卫生洁具、排水管材、器材的平面位置、管径以及安装坡度要求等内容，图中应注明排水立管的编号。

（2）排水系统图采用45°三等正面斜轴测画出，表明排水管材的标高、管径大小、管件及用水设备下接管的位置，管道的空间相对关系、系统图的编号等内容。

（3）节点详图主要是反映排水设备及管道的详细安装方式，可参见有关安装手册。说明可并入给排水设计总说明中，用文字表明管道连接方式、坡度、防腐方法、施工配合等诸方面的要求。

室内排水施工图的图示方法、反映的主要内容及识读要求等与室内给水施工图类似。此处不再阐述。

15.4　室内给排水施工图的识读

15.4.1　室内给水施工图的识读程序

1. 室内给水施工图的特点

室内给水施工图具有首尾相连、有始有终，不突然产生、也不突然消失，管道来龙去脉清楚等特点。识读时要根据上述特点循序渐进地进行。

2．识读程序

先从目录入手，了解设计说明，根据给水系统的编号，沿水流方向，由干管、立管、支管到用水设备，识读时要将平面图与系统图结合起来，对照识读。

15.4.2 室内给水施工图的识读注意事项

（1）室内给水管道具有很强的连贯性，从用水设备开始，顺着给水管道这条线就可以找到室外水源，反之亦然。

（2）某些细部的构造做法及尺寸数值，在图纸上一般不加说明，施工时应遵从有关设计规范和施工操作规程的规定。

（3）在轴测图中，相同布置的管网，可以省略不画，而注明"同某层"，建筑物的楼地面用细水平线表示并标注标高。管道所注标高除特别注明外均指管中心标高。

（4）卫生设备在平面图中注明其位置，而在系统图中则可不画。

（5）管道在室内布置分明装与暗装两种，当管道暗装时应特别说明。

（6）对建筑构造和尺寸不明时，应查阅土建施工图。

第16章

建筑电气施工图

知识目标

（1）熟悉建筑电气施工图的特点和有关规定。

（2）掌握室内电气照明施工图的内容和识图方法。

能力目标

通过课堂教学与识图实训，掌握建筑电气施工图的主要内容、表示方法和识读要点，培养学生熟练阅读建筑电气施工图的能力。

在现代房屋建筑内常需要安装各种电气设备，如家用电器、照明灯具、电视电话、网络接口、电源插座、控制装置、动力设备等，将这些电气设施的布局位置、安装方式、连接关系和配电情况表示在图纸上，就是建筑电气施工图。

绘制建筑电气施工图要遵守《房屋建筑统一制图标准》和《电气制图标准》中的有关规定。

本章主要介绍最常用的室内电力照明施工图。

16.1　概述

16.1.1　电气施工图的特点和有关规定

1. 导线的表示法

电气图中导线用线条表示，方法如图16.1(a)所示。导线的单线表示法可使电气图更简洁，故最常用，如图16.1(b)、(c)所示，单线图中当导线为两根时通常可省略不注。

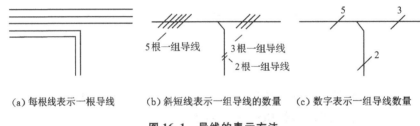

(a) 每根线表示一根导线　　(b) 斜短线表示一组导线的数量　　(c) 数字表示一组导线数量

图 16.1　导线的表示方法

2. 电气图形符号

电气图中包含有大量的电气图形符号，各种元器件、装置、设备等都是用规定的图形符号表示的。建筑电气施工图中常用的图形符号参见与本书配套的《建筑识图与构造实训图册》中"电施01的主要材料表"。

3. 电气文字符号

电气图中还常用文字代号注明元器件、装置、设备的名称、性能、状态、位置和安装方式等。电气文字代号分基本代号、辅助代号、数字代号、附加代号四部分。基本代号用拉丁字母（单字母或双字母）表示名称，如"G"表示电源，"GB"表示蓄电池。辅助符号也是用拉丁字母表示，如"AUT"表示自动，"PE"表示保护接地。电气文字符号及其含义详见表16.1。

4. 线路、照明灯具的标注方法

常用导线、照明灯具的型号、敷设方式、敷设部位和代号见表16.1。

16.1.2　电力照明工程的基本知识

1. 室内电力照明工程的任务

将电力从室外电网引入室内，经过配电装置，然后用导线与各个用电器具和设备相连，构成一个完整的、可靠的、安全的供电系统，使照明装置、用电设备正常运行，并进行有效控制。

表 16.1 电气照明施工图中文字标志的含义

Ⅰ.电力或照明配电设备	代 号	Ⅱ.线路的标注	代 号
a——设备编号； b——型号； c——设备容量(kW)； d——导线型号； e——导线根数； f——导线截面积(mm²)； g——导线敷设方式	$a\dfrac{b}{c}$ 或 $a-b-c$ $a\dfrac{b-c}{d(e\times f)-g}$	a——线路编号或线路用途的代号； b——导线型号； c——导线根数； d——导线截面面积； e——敷线方式符号及穿管管径； f——线路敷设部位代号	a—b(c×d)e—f 如 N3-BV(4×6)-SC25-WC，表示第 N3 回路的导线为铜芯聚氯乙烯绝缘线，四根，每根截面面积为 6 mm²，穿直径为 25 mm² 的电线管沿墙暗敷设
Ⅲ. 照明灯具的标注	代 号	Ⅳ. 照明灯具安装方式	代 号
a——灯具数； b——型号； c——每盏灯具的灯泡数； d——灯泡容量(W)； e——安装高度(m)； f——安装方式	$a-b\dfrac{c\times d}{e}f$ 1. 2-BKBl40 $\dfrac{3\times40}{2.10}$ B，表示二盏花篮壁灯，型号为 BKB140,每盏三只灯泡，灯泡容量为 40 W，安装高度为 2.10 m,壁装式 2. 为简明图中标注，通常灯具型号可不标注，而在施工说明中写出	线吊式	X
		链吊式	L
		管吊式	G
		吸顶式	D
		壁装式	B
		嵌入式	R
Ⅴ. 线路敷设方式	代 号	Ⅵ. 线路敷设部位	代 号
明敷	E	沿梁下弦	B
暗敷	C	沿墙	W
用钢索敷设	M	沿地板	F
用瓷瓶敷设	K	沿柱	C
塑料线卡敷设	PL	沿天棚	CE
穿焊接钢管敷设	SC	Ⅶ. 导线型号	代 号
穿电线管敷设	T	铝芯塑料护套线	BLVV
Ⅶ.电力或照明配电设备	代 号	Ⅷ. 线路的标注	代 号
穿硬塑料管敷设	PVC	铜芯塑料护套线	BVV
金属线槽敷设	MR	铝芯聚氯乙烯绝缘线	BLV
塑料线槽	PR	铜芯塑料绝缘线	BV
塑料管	P	铝芯橡皮绝缘电缆	XLV

2. 供电方式

室内电气照明除特殊要求外，通常采用 380/220 V 三相四线制低压供电。从变压器低压端引出三根相线（俗称火线，分别用 L_1、L_2、L_3 表示）和一根中性线（俗称零线，用 O 表示）。相线与相线间的电压为 380 V，称为线电压，相线与中性线间的电压为 220 V，称为相电压。

根据整个建筑物内用电量的大小，室内供电方式可采用单相二线制（负荷电流小于 30 A），或采用三相四线制（负荷电流大于 30 A）。

3. 室内电力照明工程的组成

（1）室外接户线。室外接户线是从室外低压架空线（或地下低压电缆）接至进户横担的一段线。

（2）进户线。进户线是从横担至室内总配电盘（箱）的一段导线。

（3）配电装置。配电装置是对室内的供电系统进行控制、保护、计量和分配的成套装置，通常称为配电盘（箱）。一般包括熔断器、电度表和电路开关。

（4）供电线路。供电线路一般包括供电干线（从总配电箱敷设到房屋的各个用电地段，与分配电箱相连接）、供电支线（从分配电箱连通到各用户的电表箱）、配线（从用户电表箱连接至照明灯具、开关、插座等，组成配电回路）。

（5）用电器具和设备。民用建筑内主要安装有各种照明灯具、开关和插座。普通照明灯有白炽灯、荧光灯等，与之相配的控制开关一般为单极开关，结构形式上有明装式、暗装式、拉线式、定时式、双控式等。各种家用电器如电视机、电冰箱、电风扇、空调器、电热器等，它们的位置是不固定的（吊扇除外），所以室内应设置电源插座，电源插座分明装和暗装两类，常用的有单相两孔和单相三孔。电源插座应使用方便，安全可靠。

4. 线路敷设方式

室内电力照明线路的敷设方式可分为明敷和暗敷两种（见表 16.1）。

线路明敷时常用瓷夹板、塑料管、电线管、槽板等配线，线路是沿墙、天棚、屋架或预制板缝敷设。

线路暗敷时常用焊接钢管、电线管、塑料管配线，先将管道预埋入墙内、地坪内、顶棚内或预制板缝内，在管内事先穿好铁丝，然后将导线引入，有时也可利用空心楼板的圆孔来布设暗线。

5. 照明灯具的开关控制线路

照明灯具开关控制的基本线路如图 16.2 所示，图 16.2(a) 所示为一只单联开关控制一盏灯，图 16.2(b) 为一只单联开关控制一盏灯以及连接一只单相双眼插座。如果有接地线，还需

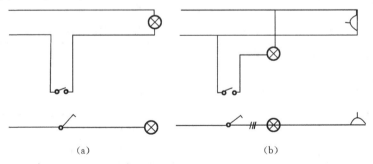

| (a) | (b) |

图 16.2　灯具控制的基本线路

要分别再加一根导线。线路图分别用多线表示法和单线表示法绘制,以便于对照阅读。由于与灯具和插座相连接的导线至少需要两根才能形成回路,故单线图中当导线为两根时通常可省略不注。照明灯具的开关控制线路有多种形式,这里仅介绍最常见的两种,其他可参考有关的电气专业教材,它们的图示方法基本相同。

16.2 室内电气照明施工图

16.2.1 室内电气照明施工图的内容

室内电气照明施工图是以建筑施工图为基础(建筑平面图用细线绘制),并结合电气接线原理而绘制的,主要表明建筑物室内相应配套电气照明设施的技术要求,一般由下列内容组成。

1. 图纸目录及设计说明

目录表明电气照明施工图的编制顺序及每张图的图名,便于查阅。

设计说明中主要说明电源来路、线路材料及敷设方法、材料及设备规格、数量、技术参数、施工中的有关技术要求等。

2. 电气照明施工平面图

电气照明施工平面图是在建筑平面图的基础上绘制而成的。

(1)电气照明施工平面的主要内容如下。

① 电源进户线的位置、导线规格、型号、根数、引入方法(架空引入时注明架空高度,从地下敷设引入时注明穿管材料、名称、管径等)。

② 配电箱的位置(包括主配电箱、分配电箱等)。

③ 各用电器材、设备的平面位置、安装高度、安装方法、用电功率。

④ 线路的敷设方法,穿线器材的名称、管径,导线名称、规格、根数。

⑤ 从各配电箱引出回路的编号。

⑥ 屋顶防雷平面图及室外接地平面图,还反映避雷带布置平面,选用材料、名称、规格,防雷引下方法,接地极材料、规格、安装要求等。

(2)图示方法和画法。

电气照明施工平面图的图示方法和画法如下。

① 绘图比例。室内照明平面图一般与房屋的建筑平面图所用比例相同,土建部分应完全按比例绘制,而电气部分(如线路和设备的形状尺寸)则可不完全按比例绘制。

② 土建部分画法。用细线简要画出房屋的平面形状和主要构配件,并标注定位轴线的编号和尺寸。

③ 电气部分画法。配电箱、照明灯具、开关、插座等均按图例绘制,有关的工艺设备只需用细线画出外形轮廓。供电线路采用单线表示法,用粗实线(或中实线)绘制。

④ 平面图的剖切位置和数量。按建筑平面图来说,是在房屋的门窗位置剖切的,但在照明平面图中,与本层有关的电气设施(包括线路)不管位置高低,均应绘制在同一层平面图中。多层房屋应分层绘制照明平面图,如果各层照明布置相同,可只画出标准层照明平面图。

⑤ 尺寸标注。在照明平面图中所有的灯具均应按前述方法标注数量、规格和安装高度,重

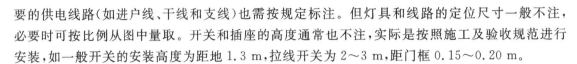

要的供电线路(如进户线、干线和支线)也需按规定标注。但灯具和线路的定位尺寸一般不注，必要时可按比例从图中量取。开关和插座的高度通常也不注，实际是按照施工及验收规范进行安装，如一般开关的安装高度为距地 1.3 m，拉线开关为 2～3 m，距门框 0.15～0.20 m。

3. 配电系统图

一般的房屋除了绘制电力照明平面图外，还需要画出配电系统图，来表示整个照明供电线路的全貌和连接关系。

(1) 表达内容。

表达内容包括以下几点。

① 建筑物的供电方式和容量分配。

② 供电线路的布置形式，进户线和各干线、支线、配线的数量，规格和敷设方法。

③ 配电箱及电度表、开关、熔断器等的数量和型号等。

(2) 图示方法和画法。

配电系统图是由各种电气图形符号用线条连接起来，并加注文字代号而形成的一种简图，它不表明电气设施的具体安装位置，所以它不是投影图，也不按比例绘制。

各种配电装置都是按规定的图例绘制，相应的型号注在旁边。供电线路采用单线表示，且画为粗实线，并按规定格式标注出各段导线的数量和规格。系统图能简明地表示出室内电力照明工程的组成、互相关系和主要特征等基本情况。

4. 电气安装大样图

电气安装大样图是表明电气工程中某一部位的具体安装节点详图或安装要求的图样，通常参见现有的安装手册，除特殊情况外，图纸中一般不予画出。

16.2.2　室内电气照明施工图的识读

建筑电气施工图的专业性较强，要看懂图不仅需要投影知识，还应具备一定的电气专业基础知识，如电工原理、接线方法、设备安装等，还要熟悉各种常用的电气图形符号、文字代号和规定画法。读图时，首先要阅读电气设计和施工说明，从中可以了解到有关的资料，如供电方式、照明标准、电力负荷、设备和导线的规格等情况。

电气设施的安装和线路的敷设与房屋的关系十分密切，所以还应该通过查阅建筑施工图，来搞清楚房屋内部的功能布局、结构形式、构造和装修等土建方面的基本情况。

建筑电气施工图除电气照明施工图外，还有电话、电视等弱电施工图。下面以某项目住宅楼的建筑电气施工图的识读为例，说明一般建筑物室内电气施工图纸的基本内容和识读方法。参见配套表材《建筑识图与构造实训图册》中电气施工图。

16.2.3　工程实例

以某项目住宅楼的建筑电气施工图的识读为例进行说明。

1. 识读电气施工图的步骤与方法

阅读建筑电气施工图，在了解电气施工图的基本知识的基础上，还应该按照一定顺序进行，才能比较快速地读懂图纸，从而实现识图的目的。

一套建筑电气施工图所包括的内容较多，图纸往往有很多张，一般应按一定的顺序阅读，并应相互对照阅读。

（1）识读标题栏图纸目录：了解工程名称、项目名称、设计日期等。

（2）识读设计说明：了解工程总体概况及设计依据，了解图纸中未能表达清楚的有关事项。如供电电源、电压等级、线路敷设方式及敷设部位，设备安装高度及安装方式、防雷接地措施等电位联结等，补充使用的非标准图形符号，施工时应注意的事项。有些分项所涉及的局部问题是在各分项工程的图纸上说明的，看分项工程图纸时，也要先看设计说明。

（3）识读材料表：了解该工程所使用的设备、材料的型号、规格及数量，以便编制购置主要设备、材料等；了解图例符号，以便识读平面图。

（4）识读系统图：各分项工程的图纸中一般均包含有系统图，如变配电工程的供电系统图，电力工程的电力系统图，电气照明工程的照明系统图、电话系统图以及电视电缆系统图等。识读系统图的目的是了解系统的基本组成，主要电气设备、元件等连接关系，以及它们的规格、型号、参数等，从而掌握该系统的基本情况。

（5）识读电路图和接线图：了解各系统中用电设备的电气自动控制原理，用来指导设备的安装和控制系统的调试工作。识读图纸时，应依据功能关系从上到下或从左到右一个回路一个回路地识读。在进行控制系统的配线和调校工作中，还可配合阅读接线图和端子图进行。

（6）识读平面布置图：平面布置图是建筑电气施工图的重要图纸之一。识读平面布置图时，了解设备安装位置、安装方式、安装容量，了解线路敷设部位、敷设方式，以及所用导线型号、规格、数量、管径等。

识读建筑电气施工图纸的顺序，没有统一的规定，可根据需要，自行掌握，并应有所侧重。有时一张图纸需对照并反复识读多遍。为了更好地利用图纸指导施工，使之安装质量符合要求，识读图纸时，还应配合识读有关施工及验收规范、质量评定标准以及全国通用电气装置标准图集，详细了解安装技术及具体安装方法。

下面针对住宅楼的建筑电气施工图纸，谈谈此工程的识读方法。

2．识读住宅楼建筑电气施工图纸

1）识读标题栏图纸目录

了解到此工程总称、项目名称、设计日期。从图纸目录上了解到建筑电气施工图纸共有10张，电施01为设计说明、主要材料表，电施02为配电系统图（一），电施03为配电系统图（二），电施04为电话系统图、电视系统图，电施05为地下室配电平面图，电施06为一至五层配电平面图（一），电施07为一至五层配电平面图（二），电施08为六层配电平面图（一），电施09为六层配电平面图（二），电施10为屋顶防雷平面图。

2）识读设计说明

了解此工程的设计范围、设计依据、供电电源、设备安装、防雷接地、保护措施、线路敷设情况、施工注意事项、施工标准等。

供电电源：一路380/220 V三相低压电源、埋地引入。进线处设重复接地，采用TN-C-S低压系统（即保护线PE与中性线N从进户重复接地处分开，且在分开后，N与PE就不能再合并，中性线绝缘水平应与相线绝缘水平相同）引至总配电计量箱ALA，所有用电设备的金属外壳均与PE线连接。

设备安装：指明了配电箱、跷板开关、插座等的安装方式和安装高度。

线路敷设：线路的导线型号、穿管管材、敷设方式、敷设部位。

3）识读材料表

了解该工程所使用到的图例符号，设备、材料的型号及规格、数量等。

4）识读系统图

该工程的系统图分为配电系统图和弱电系统图，共三张。配电系统图分为总配电系统图、每户配电系统图、楼梯间公共区域的配电系统图、总等电位联结系统图。弱电系统图分为电话系统图、电视系统图。

（1）总配电系统图。

为了分析总配电系统图，应先了解该工程的情况。该工程仅有一个单元，该单元有地下室和一至六层。地下室有储藏间、车库，一至六层为住户，一梯两户，共十二户。

在电施 02 配电系统图（一）中可以看出以下几方面内容。

① 该工程 $P_e=102$ kW，$K_c=0.5$，$\cos\phi=0.7$，$P_j=51$ kW，$I_j=110.4$ A。其中 $P_e=102$ kW 表示设备总容量为 102 kW，$K_c=0.5$ 表示需要系数为 0.5，$\cos\phi=0.7$ 表示功率因数为 0.7，$P_j=51$ kW 表示计算功率为 51 kW，$I_j=110.4$ A 表示计算电流为 110.4 A。

② 电源进线：VV22-1KV-4X70-SC70-FC，表示采用 VV22 型电力电缆，该电缆的额定电压为 1kV，4 根（其中 3 根为相线，1 根为中性线 N）截面为 70 mm² 的导线穿直径为 70 的钢管（SC），沿地板（F）暗敷设（C）。

③ 重复接地：$R\leqslant1\Omega$，表示重复接地电阻不大于 1Ω。经过重复接地后，保护线 PE 与中性线 N 从进户处分开后，所有用电设备的金属外壳均与 PE 线连接。重复接地后，电源线变为 VV 22-1 kV-4X70＋1X35-SC70-FC WC，导线根数变为 5 根，增加了一根截面为 35 mm² 的导线作为 PE 保护地线。敷设部位是地板（F）或墙（W），敷设方式仍为暗敷设。

④ 总开关：CM1-225L/3 160A/3P 表示断路器的型号为 CM1，额定电流为 225 A，带漏电保护，额定电流为 160 A，极数为 3 极。

⑤ 总计量：该单元的总计量装置在小区的中心配电房，此系统未设置。

⑥ 分支回路：共计 15 个分支回路，分别是 12 户，每户一个分支回路，公共用电一个回路，备用 2 个回路。

因为 WL1～WL12 回路的情况是一样的，现以 WL1 路为例进行说明：RT14-40A 表示熔断器的型号为 RT14，额定电流为 40 A；DT862-4-10-(40)A 表示电度表的型号为 DT862-4，计量电流的范围为 10(40)A；C65N-C40A/2P 表示断路器的型号为 C65N 普通型、极数为 2、额定电流为 40 A。因为图幅的原因，总系统图中的部分内容画在电施 03 中。结合电施 03，可以看出，从 C65N-C40A/2P 断路器的负载侧分出三条支路：一路供住户室内配电箱 AL，一路供地下室的储藏间用电，一路供车库用电（没有车库的该支路为备用回路）。

下面对三条支路的情况进行介绍。

W1 供给住户室内配电箱 AL 支路的情况：采用导线 BV-3X10-PVC32-WC，表示采用 3 根截面为 10 mm² 的 BV 型（铜芯塑料绝缘）导线，穿直径为 32 的 PVC 管沿墙暗敷设至室内配电箱 AL，用虚线框表示配电箱 AL 中的元件，住户室内配电箱 AL 的识读在后面介绍。

W2 供给地下室的储藏间用电的支路：采用导线 BV-3X2.5-PVC20-WC CC，表示采用 3 根截面为 2.5 mm² 的 BV 型（铜芯塑料绝缘）导线，穿直径为 20 的 PVC 管沿墙、天棚暗敷设至储藏间，开关采用 C65N-C16A/1P(30 mA)，表示普通型 C65N 开关，额定电流为 16 A，漏电电流为 30 mA，该开关装设在总配电计量箱 ALA 中。

W3 供给车库用电的支路,识读类似于 W2,若没有车库的住户,此支路作为预留,暂不引出导线。

结合电施 02、03,介绍 WL13 分支回路。标注的熔断器 RT14-40A、电度表 DD862-4 10 (40A)、开关 C65N-C40A/2P 的含义同 WL1 中相同,在此不再赘述。

(2) 分配电系统图。

住户室内配电系统图 AL 的分析如下。

① 进线说明。供给住户室内配电箱 AL 的进线导线采用 BV-3X10-PVC32-WC,含义同前。

② 总开关说明。C65N-C40A/2P 表示断路器的型号为 C65N 普通型、极数为 2、额定电流为 40 A。

③ 进线保护说明。

④ 支路标注说明。N1 C65N-C16A/1P BV-2×2.5-PVC20-CC 照明,其中 N1 表示支路编号为 N1,C65N-C16A/1P 表示开关的型号为 C65N-C、极数为 1、额定电流为 16 A,BV-2×2.5 表示采用 2 根 BV 型(即聚氯乙烯铜芯绝缘导线)截面面积为 2.5 mm² 的导线,PVC20 表示穿管径为 20 mm 阻燃型 PVC 管,CE 表示敷设部位为天棚,C 表示敷设方式为暗敷设(若将此处的 C 换成 E,则表示明敷设);N2 C65N-C20A/2P(30 mA)BV-3×4-PVC20-FC 厨房,其中 N2 表示支路编号为 N2,C65N-C20A/2P(30 mA)表示开关的型号为 C65N-C、极数为 2、额定电流为 20 A、漏电电流为 30 mA,BV-3X4 表示采用 3 根 BV 型(即聚氯乙烯铜芯绝缘导线)截面面积为 4 mm² 的导线,PVC20 表示穿管径为 20 mm 阻燃型 PVC 管,F 表示敷设部位为地板,C 表示敷设方式为暗敷设;N3~N8 含义类似于 N2,仅是供电区域不同,在此不再赘述。

楼梯间公共区域的配电系统图的分析如下。

① N1 C65N-C16A/1P BV-2×2.5-PVC20-CC 照明,分析方法与住户室内配电系统图 AL 中的 N1 回路相同。

② N2 C65N-C20A/2P(30mA) BV-3×2.5-PVC20-FC 弱电插座,分析方法与住户室内配电系统图 AL 中的 N2 回路相同;N3 C65N-C20A/2P(30mA) BV-3×4-PVC20-FC 对讲电源,分析方法与住户室内配电系统图 AL 中的 N2 回路相似,导线保护 PRDB/1P+N 表示为防止雷电波侵入而采用的保护元件,RT14-20A 表示熔断器;N4 回路分析方法与 N3 回路相同,在此不再赘述。该区域的熔断器、断路器、防止雷电波侵入而采用的保护元件均安装在 ALA 总配电计量箱中。

(3) 总等电位联结系统图。

总等电位联结能降低建筑物内间接接触电击的接触电压、不同金属部件的电位差,并消除自建筑物外经电气线路和各种金属管道引入的危险故障电压的危害。它应通过进线配电箱近旁的总等电位联结端子板(接地母排)将下列导电部分互相连通:进线配电箱的 PE(PEN)母排;公用设施的金属管道,如上下水、热力、煤气等管道;若有可能,应包括建筑物金属结构;若做人工接地,也包括其接地极引线;建筑物每个电源进线均应做总等电位联结,各个总等电位联结端子板应互相连通。

(4) 弱电系统图。

本系统中,弱电系统图仅包括电话系统图、电视系统图。

电话系统图的介绍具体如下。

一般建筑物,电话系统只表示出电话分线箱、电话电缆、电话线的型号及规格、安装方式、安装部位等。

对电话系统图进行说明：电话信号由室外引入，采用 HYVV-20(2×0.5)型的电话电缆穿管径为 40 mm 的钢管沿地板、墙暗敷设至一层的电话分线箱 TPA 中，该电话分线箱的型号为 STO-20、规格为 400×650×160、距地 1.4 m 暗装，由 TPA 分线箱分出十二对电话线，分别引至十二个住户中，每户设一个电话插座，电话线的标注为：RVS-2×0.5-PVC16-WC FC，表示采用一对 RVS-2×0.5 型电话线穿管径为 16 mm 的阻燃型 PVC 管沿墙、地板暗敷设。经过楼梯间的所有电话线敷设在同一根 PVC 管中，根据电话线的根数采用适当的管径，如 12 对电话线采用管径为 32 mm 的阻燃型 PVC 管。

电视系统图的分析具体如下。

共用电视天线系统图：在我国称为 CATV 系统，它是用来接收、整理、传输以及分配电视信号的设备，其主要目的是要向电视用户提供强度稳定、不失真的电视信号。电视电缆系统由两部分组成：前端设备（电视天线、天线放大器、混合器、前端箱等）和分配系统（分配器、分支器、终端电阻等）。在系统图上要将这些电气元件的电气特性和线路长度反映出来。目前大多数城市共用的电视系统中可能没有前端设备，只有分配系统，但根据线路情况，会增加线路延长放大器等器件。

此共用电视天线系统图包括主干电缆和分支电缆。图中标注有电缆、线路延长放大器、分配器、分支器、终端电阻的型号、规格等。

对共用电视天线系统图进行说明：电视信号由室外引入，采用 SYV-7-9 型电视电缆穿管径为 32 mm 的钢管、沿地板暗敷设至一层的电视分配箱 TVA 中线路延长放大器 F，再由 F 将电视信号传送至一层的二分支器，由该二分支器分出两支路电视信号，供本层的两住户使用（由分支器至用户电视插座的电视电缆采用 SYV-7-5 型，穿管径为 20 mm 的阻燃型 PVC 管沿地板暗敷设），主信号采用 SYV-7-9 型电视电缆，穿管径为 25 mm 的阻燃型 PVC 管，沿墙暗敷设至二层的二分支器。在二层中，由一层二分支器的主信号引来的电视信号经二层的二分支器分出两支路电视信号，供本层的两住户使用，主信号引至三层的二分支器，分析方法类似于一层。三层至六层的分配情况与二层相同，只是在六层，二分支器分出的主信号接 75Ω 的终端电阻。

识读电路图和接线图：此工程简单，无电路图和接线图。

（5）识读平面布置图

建筑电气安装工程与土建工程及其他安装工程（给排水管道、通风空调管道）关系密切，在阅读配电平面图时，要同时阅读有关土建工程及其他安装工程的施工图，看是否存在位置的冲突或距离太近的现象，以便及早提出建议，要求设计单位修改设计图纸，避免更大的返工。

本工程属于简单的民用建筑，平面布置比较简单，故将照明平面图和弱电平面图布置在一起，为了使照明和插座的布线分明，将这两部分又分开绘制。

（6）识读配电平面图。

照明与插座布置图统一称为配电平面图。阅读配电平面图纸时，可根据电流入户方向，即按进户点→配电箱→支路→支路上的用电设备的顺序进行阅读。下面进行详细的介绍。

① 进户线：在一层照明平面的右上角，标有 $\dfrac{0.4/0.23\text{kV 三相四线}}{\text{VV22-4×70SC70}}$ 的地方表示电源进线，其

中 0.4/0.23 kV 三相四线表示电源为三相四线制、电压为 0.4/0.23 kV；VV22-4×70-SC70-FC 表示进线采用 4 根 VV22 型（即聚氯乙烯绝缘、聚氯乙烯护套裸细钢丝铠装电力电缆）截面面积 70 mm² 的电力电缆，穿直径为 70 mm 的钢管埋地暗敷设。

② 重复接地及总等电位联结：本工程的重复接地与防雷接地共用，并引至总等电位联结端子箱 MEB。

③ 配电箱：配电箱的位置在地下室 E 轴与⑥轴相交处，配电箱的规格及内部元件见系统图说明，安装方式（暗装）及安装高度（底口距地 1.4 m）见电气设计说明。

④ 支路：结合系统图和配电平面图，分清每一条支路上的设备及线路的走向。大家可以根据支路的编号顺序来识读每条支路。根据系统图可知，每户从总配电计量箱 ALA 引出三路（或两路，此时没有车库）导线，分别至储藏间和车库、住户室内配电箱 AL，现以其中的某一住户（假设该户有车库，若没有，则不标示出此支路的导线）布置情况进行分析说明。W1 支路沿楼梯间引至住户室内配电箱 AL，W2 支路沿地下室天棚引至储藏间，供电给灯具和插座，图中导线标注为数字 3，表示有 3 根导线，图中导线标注为数字 9，表示有 9 根导线。对于照明线路，未标注根数的为 2 根，对于插座回路，未标注根数的为 3 根。W3 支路沿地下室顶棚引至对应车库。

⑤ 住户室内配电：以其中的某一住户的配电进行分析。根据 AL 的系统图可知，导线的型号、根数、截面、穿管管材管径、敷设部位、敷设方式等。根据平面图，可以看出导线的走向、照明支线的根数、设备的所在位置等。下面识读各个回路：N1 供给室内所有照明用电，识读时，从配电箱 AL 处开始沿导线的走向观察上面所连接的设备，以及灯具所对应的控制开关，并要分清导线的根数；N2 供给厨房插座，识读时，从配电箱 AL 处开始沿导线的走向观察上面所连接的设备（在图形绘制时，为了避免各支线相互交叉，并没有从配电箱 AL 处绘制所引出的 N2 回路上的全部导线，识读时应注意到这一点），根据系统图标注的敷设部位、敷设方式，并按尽可能短的线路布置导线的原则，确定导线的布置；其他回路参见 N2 说明。

⑥ 设备主要有灯具、开关、插座等。根据房间的功能，布置灯具和插座，选择灯具的款型；根据使用的方便性，布置开关的位置。如一层起居室的花灯，其标注为 $1\dfrac{6\times25}{-}$S，其中表示有 1 盏、每盏灯有 6 只灯泡、每只灯泡的容量为 25 W，安装高度为 0，安装方式为悬挂式，其控制开关布置在靠近沙发，便于操作。在识读灯具和开关时，搞清楚它们之间的对应关系。插座、开关均沿地板布置，其型号、规格见材料表，安装方式及安装高度见设计说明。

（7）弱电平面图。

本工程弱电部分只有电话和电视两部分，因这两部分比较简单，故没有单独出图，而是将它们绘制在配电平面图上。

① 电话：由图电施 06 可知，电话系统由市电话系统引入 20 对电话线，埋地敷设后，引至一层 E 轴与⑧轴相交处的电话分线箱 TPA，实际引出 12 路电话，每户一部电话。

② 电视：由图电施 06 可知，电视信号由市电视系统引入，埋地敷设后，引至一层 E 轴与⑧轴相交处的电视箱 TVA，每户预留一个电视出线盒。

弱电设备的安装方式及安装高度参见表 16.2。

表16.2　弱电设备的安装方式及安装高度

名　　称	安装方式	安装高度
电话插座	暗装	中心距地 0.3 m
电视插座	暗装	中心距地 0.3 m
串接二分支器	暗装	中心距地 1.4 m
电视箱	暗装	中心距地 1.4 m
电话分线箱	暗装	底口距地 1.4 m

复习思考题

1. 识读建筑电气施工图的一般顺序以及各部分包含的主要内容是什么？

2. 该工程各房间的功能是什么？

3. 该工程的设计说明包括哪些内容？

4. 该工程材料表中罗列了哪些设备？是否核实了设备的名称、图例符号、型号及规格、数量？

5. 该工程系统中指出的设备总量、需要系数、功率因数、计算负荷、计算电流各是多少？

6. 该工程系统中指出配电箱、熔断器、电度表、断路器的型号及规格是什么？

7. 该工程系统中指出有多少条支路？哪些是照明支路？哪些是插座支路？各支路的具体意义是什么？

8. 结合系统图和平面图，搞清楚各支路所连接的设备及线路走向。

9. 该工程从何处进线？是如何对进线进行标注的？

10. 该工程有哪些不同形式的灯具，是如何标注的？

11. 根据房间功能的不同，插座的形式及安装高度有何不同？为什么要这样做？

12. 该工程的弱电系统包括了哪些部分？

13. 电话系统是如何分配的？采用电话线的型号及规格、安装方式是什么？安装部位在哪里？

14. 电视系统是如何分配的？采用电视电缆线的型号及规格、安装方式是什么？安装部位在哪里？

15. 该工程是否有与土建及其他设备冲突的地方？若有，如何协调处理？

附录 A 墙身构造设计任务书

依照下列要求,设计某建筑的墙身剖面节点大样。

一、设计条件

两层楼建筑物,外墙采用砖墙(墙厚根据各地区的特点自定),墙上设窗。层高 2.900 m,室内外高差 300 mm。室内地坪层次分别为素土夯实,3:7 灰土厚 100 mm,C10 级素混凝土层厚 80 mm,素水泥浆结合层一遍,1:3 水泥砂浆厚 18 mm,素水泥浆结合层一遍,1:2 水泥石子厚 12 mm。采用钢筋混凝土楼板,楼板层构造参考第 6 章和第 10 章内容由读者自定。

二、设计内容

要求沿外墙窗纵剖,直至基础以上,绘制墙身剖面(见图 A-1)。重点绘制以下大样(比例为 1:10 或 1:20):

(1) 楼板与砖墙结合节点;

(2) 过梁;

(3) 窗台;

(4) 勒脚及其防潮处理;

(5) 明沟或散水。

三、图纸要求

用一张 3# 图纸完成,图中线条、材料符号等,一律按建筑制图标准表示。

四、说明

(1) 如果图纸尺寸不够,可在节点与节点之间用折断线断开,亦可将五个节点分为两部分布图。

(2) 图中必须注明具体尺寸,注明所用材料。

(3) 要求字体工整,线条粗细分明。

五、主要参考资料

(1) 建筑设计资料集第三集. 北京:中国建筑工业出版社,1978。

（2）国家及各地区统一标准图集。

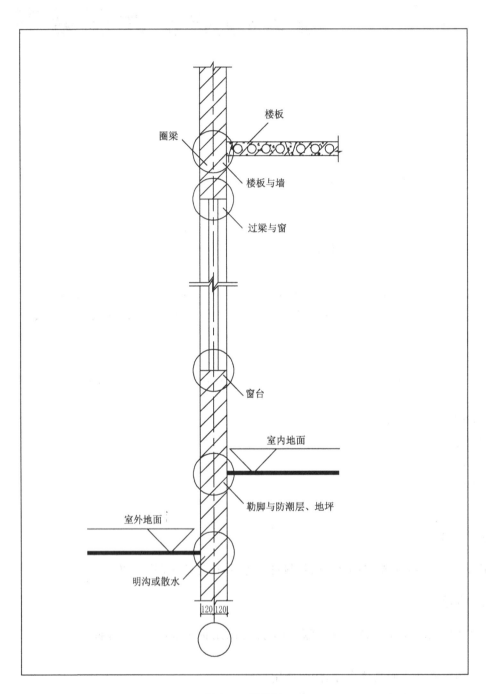

图 A-1 示意图

附录 B　楼梯构造设计任务书

依下列条件和要求,设计某住宅的钢筋混凝土双跑楼梯。

一、设计条件

该住宅为三层,层高为 3.0 m。底层设有住宅出入口,楼梯间四壁均系承重结构并具防火能力。室内外高差 700 mm。

二、设计要求

(1) 根据以上条件,设计楼梯段宽度、长度、踏步数及其高、宽尺寸。
(2) 确定休息平台宽度。
(3) 经济合理地选择结构支承方式。
(4) 设计栏杆形式及尺寸。

三、图纸要求

(1) 用一张 2# 图纸绘制楼梯间顶层、二层、底层平面图和剖面图,比例 1∶50。
(2) 绘制 2～3 个节点大样图。比例 1∶10,反映楼梯各细部构造(包括踏步、栏杆、扶手等)。
(3) 简要说明所设计方案及其构造做法特点。
(4) 全部用铅笔完成,要求字迹工整、布图匀称。所有线条、材料图例等均应符合制图统一规定要求。

四、几点提示

(1) 楼梯选现浇。楼梯段结构形式可选板式,亦可选梁板式。
(2) 栏杆可选漏空,亦可选实体栏板。
(3) 底层出入口处地坪应与室外有高差,门上需设雨篷。
(4) 楼梯间外墙可开窗,亦可作预制花格。
(5) 平面图中均以各楼层地面为参照点表示楼梯"上、下"。

五、主要参考资料

(1) 建筑设计资料集第三集。北京:中国建筑工业出版社,1978。

（2）住宅建筑模数协调标准（GB/T 50100—2001）。北京：中国建筑工业出版社，2001。

（3）各地区统一标准图集。

（4）刘建荣，龙世潜主编。房屋建筑学课程设计任务书及设计基础知识。北京：中国广播电视大学出版社，1987。

附录 C 屋顶构造设计任务书

一、目的要求

练习屋顶有排水组织设计和屋顶节点构造详图设计。

二、设计内容

根据图 C-1 和图 C-2 给定的条件(某住宅剖面图和平立图)完成以下设计内容(2 号图一张,墨线条)。

(1) 屋顶平面图(1:200)。

(2) 屋顶节点构造详图(1:10)。

选择有代表性的详图 2~4 个。

三、屋顶方案选择(采用有组织排水)

(1) 防水层方案:油毡屋面或刚性防水屋面。

(2) 排水方案:檐沟外排水,或女儿墙外排水,或女儿墙内排水。

(3) 隔热保温方案:根据学生所在地区气候条件考虑是只隔热或只保温,或既保温又隔热。保温方案:选择保温材料与构造做法。隔热方案:架空通风隔热屋面,或吊顶通风屋面,或蓄水隔热屋面。

四、图纸深度要求

1. 屋顶平面图

(1) 画出屋顶排水系统,包括屋脊线、坡面流水方向箭头、坡度值、雨水口位置、天沟纵坡及坡度值。突出屋顶上的结构物应加以表示。

(2) 采用刚性防水屋面应画出纵横分格缝。

(3) 采用蓄水屋面除画分格缝外,还应画分仓壁、过水孔、溢水孔、泄水孔。

(4) 采用架空隔热屋面,应在屋顶平面图一角表示架空层。

(5) 标出二道尺寸(轴线尺寸,雨水口到附近轴线的距离)。

2. 节点构造详图

根据所选择的排水方案画出具有代表性的节点构造详图,如雨水口及天沟详图、女儿墙泛水详图、高低屋面之间泛水详图、上入孔详图、楼梯间出屋面详图、分格缝详图（刚性防水屋面）、分仓壁及过水孔详图（蓄水屋面）等。

每一详图应反映构件之间的相互连接关系，屋面的构造层次及各层做法，被剖切部分应反映出材料符号，标注各部分的尺寸。

五、主要参考资料

（1）房屋建筑学课程设计任务书及设计基础知识。北京：中央电大出版社，1987：55～62/17。

（2）房屋建筑学辅导。成都：成都科技大学出版社，2004：311～313。

（3）建筑设计资料集第三集。北京：中国建筑工业出版社，1978：54～61。

（4）各地现行屋面标准设计图集。

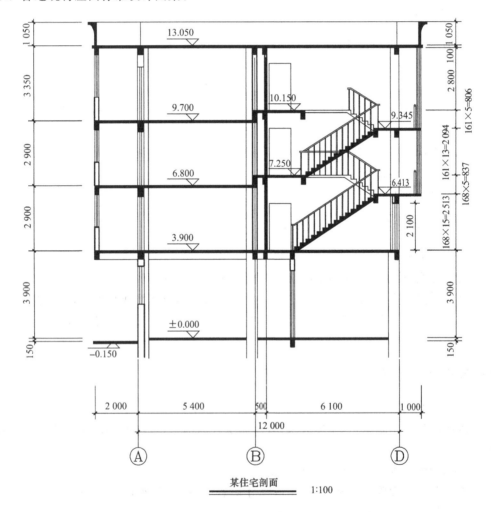

某住宅剖面　　　　1:100

图 C-1　示意图

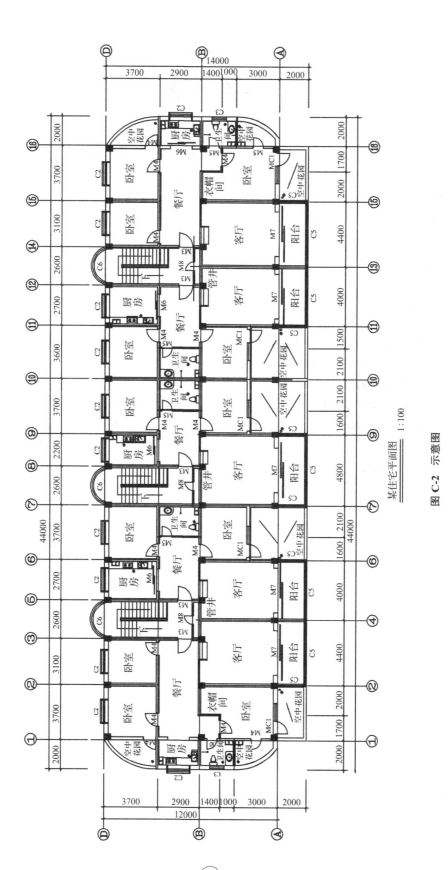

某住宅平面图 1:100

图 C-2 示意图

参 考 文 献

[1] 赵研.建筑识图与构造[M].2版.北京:中国建筑工业出版社,2008.

[2] 赵研.建筑识图与构造[M].北京:高等教育出版社,2006.

[3] 裴刚,沈粤,扈媛.房屋建筑学[M].广州:华南理工大学出版,2003.

[4] 李必瑜.房屋建筑学[M].武汉:武汉理工大学出版社,2000.

[5] 杨金铎,房志勇.房屋建筑构造[M].3版.北京:中国建材工业出版社,2001.

[6] 刘谊才,李金星,程久平.新编建筑识图与构造[M].合肥:安徽科学技术出版社,2003.

[7] 江忆南,李世芬.房屋建筑教程[M].北京:化学工业出版社,2004.

[8] 陈卫华.建筑装饰构造[M].北京:中国建筑工业出版社,2000.

[9] 危道军.建筑制图[M].北京:高等教育出版社,2008.

[10] 唐人卫.画法几何及土木工程制图[M].南京:东南大学出版社,1999.

[11] 刘昭如.建筑构造设计基础[M].北京:科学出版社,2000.

[12] 刘建荣.房屋建筑学[M].武汉:武汉大学出版社,1991.

[13] 舒秋华.房屋建筑学[M].2版.武汉:武汉理工大学出版社,2002.

[14] 符明娟.道路工程制图与CAD[M].北京:科学出版社,2004.

[15] 王全凤.快速识读钢筋混凝土结构施工图[M].福州:福建科学技术出版社,2004.

[16] 中华人民共和国建设部.建筑结构制图标准(GB/T 50105—2010)[M].北京:中国计划出版社,2002.